中国工程科技论坛

外来人兽共患病防控研究

Wailai Renshou Gonghuanbing Fangkong Yanjiu

U0343609

高等教育出版社·北京

内容提要

近年来，国外甲型 H1N1 流感、埃博拉出血热、中东呼吸综合征、裂谷热、黄病毒和寨卡病毒病等新发再发人兽共患病接连发生。随着人员往来和经济交流的日益密切、病原和输入性病例的相继发现，外来人兽共患病直接威胁着我国国民健康和生物安全。为了提高安全共识，加强管理，充分做好有效防控的物质和技术储备，中国工程院于 2017 年 3 月 26 日主办了第 244 场中国工程科技论坛——"联防联控，严防外来人兽共患病"。与会专家、领导和嘉宾围绕"合作、创新、健康、安全"的论坛主题，从不同角度就当前国内人兽共患病的防控形势、研究进展、防控策略与组织管理等议题进行了深入的交流与研讨，并进行总结，形成论坛倡议。为便于进一步交流参考，特将论坛倡议、大会报告和专家论文汇编成本书。

本书为中国工程院"中国工程科技论坛"系列丛书之一，可供在医学、动物医学、野生动物疫病学等领域从事管理、科研及疾控工作人员阅读。

图书在版编目（ＣＩＰ）数据

外来人兽共患病防控研究 ／ 中国工程院编著. -- 北京 ：高等教育出版社，2018.7
（"中国工程科技论坛"系列）
ISBN 978-7-04-049949-0

Ⅰ . ①外… Ⅱ . ①中… Ⅲ . ①人畜共患病-防治-研究 Ⅳ . ① R535② S855.99

中国版本图书馆 CIP 数据核字（2018）第 132339 号

总 策 划　樊代明

策划编辑　黄慧靖		责任编辑　张　冉	
封面设计　顾　斌		责任印制　尤　静	

出版发行	高等教育出版社	网　　　址	http://www.hep.edu.cn
社　　址	北京市西城区德外大街 4 号		http://www.hep.com.cn
邮政编码	100120	网上订购	http://www.hepmall.com.cn
印　　刷	北京新华印刷有限公司		http://www.hepmall.com
开　　本	787mm×1092mm　1/16		http://www.hepmall.cn
印　　张	18		
字　　数	335 千字	版　　次	2018 年 7 月第 1 版
购书热线	010-58581118	印　　次	2018 年 7 月第 1 次印刷
咨询电话	400-810-0598	定　　价	60.00 元

本书如有缺页、倒页、脱页等质量问题，请到所购图书销售部门联系调换
版权所有　侵权必究
物 料 号　49949-00

编委会名单

主　编
夏咸柱　樊代明

副　主　编
李　昌　杨松涛

委　员（按姓名笔画排序）

丁玉路	于康震	才学鹏	马建章	王　庆
王　军	王升启	王晓军	韦海涛	左家和
卢金星	叶俊华	田克恭	印遇龙	刘　艳
刘　琪	刘文森	刘佩红	李新实	李德发
吴祥星	邱利伟	邱香果	沈建忠	沈倍奋
张士涛	张永振	张仲秋	张改平	张学敏
张树义	陆家海	陈　薇	陈伟生	陈焕春
武桂珍	范　明	范泉水	林祥梅	罗　颖
金宁一	金梅林	周育森	庞国芳	郑静晨
赵心力	赵永坤	赵增连	贾建生	贾敬敦
钱　军	徐建国	殷晓东	栾复新	高中琪
高锦平	黄海涛	曹金山	崔　丽	章红燕
蒋　原	蒋荣永	韩　谦	韩贵清	廖　明
谭文杰	谭树义	樊双喜	薛　峰	戴亚东

目　录

第一部分

综　述

综　述

　　近年来,国外甲型 H1N1 流感、埃博拉出血热、中东呼吸综合征、裂谷热、黄病毒和寨卡病毒病等新发再发人兽共患病接连发生。随着人员往来和经济交流日益密切,病原和输入性病例的相继发现,外来人兽共患病直接威胁着我国国民健康和生物安全。为提高安全共识,加强管理,充分做好有效防控的物质和技术储备,由中国工程院主办,中国工程院农业学部、医药卫生学部和军事医学科学院共同承办,中国工程院农业学部夏咸柱院士倡议发起的第 244 场中国工程科技论坛——"联防联控,严防外来人兽共患病"在京举行。国家科技部、安全部、农业部、卫生和计划生育委员会(以下简称卫生计生委)、质量监督检验检疫总局(以下简称质检总局)、林业局、加拿大公共卫生署、军事医学科学院、中国疾病预防控制中心(以下简称中国疾控中心)、中国农业大学、华中农业大学、海南大学、中山大学等国内外 50 余家单位的 260 多位领导和专家参加了论坛。军事医学科学院科技部部长徐天昊少将主持开幕式,中国工程院副院长樊代明院士代表主办单位致辞,军事医学科学院徐卸古副院长等分别致辞,夏咸柱、马建章、陈焕春、庞国芳、李德发、印遇龙、沈建忠、沈倍奋、金宁一等院士应邀出席。

　　与会专家、领导和嘉宾围绕"合作、创新、健康、安全"的论坛主题进行了深入的交流与研讨。卫生计生委卫生应急办公室许树强主任、中国疾控中心传染病预防控制所张永振研究员、中国疾控中心病毒所谭文杰研究员、沈阳农业大学张树义教授、华中农业大学金梅林教授、加拿大公共卫生署国家微生物研究室邱香果教授、中山大学陆家海教授,以及军事医学科学院王升启研究员、陈薇研究员、杨松涛研究员十位人兽共患病领域的专家围绕"输入性突发急性传染病监测与处置""新发再发病原学研究""人兽共患病毒的跨种传播与宿主免疫应答"等分别作了主题报告,从流行病学、诊断、预防、治疗药物等不同侧面介绍了国内外研究进展,为加强联防联控提供了理论基础和数据支撑。

一、外来人兽共患病面临严峻形势

　　世界上已经证实的人兽共患病超过 250 种。研究表明,人类新发传染病中有 70% 以上与动物传染病有关。近年来,随着社会的发展进步,交通更加便捷,国际贸易、人员往来增多,地区、国家间的相对距离缩短,物流和人流的流动速度超乎想象,导致一些人兽共患病跨境传播更为迅速,特别是生物安全事件成为全球性威胁的可能性更高。同时,农业规模化生产方式、人类生产建设过程中对自然环境的破坏、全球气候变化等,使近年像 SARS(重症急性呼吸综合征)、禽流感、中东呼吸综合征等动物源性人兽共患病频发,并引发食品安全、环境保护等公共卫生问题。国家林业局野生动植物保护与自然保护区管理司贾建生副司长在论坛上介绍,人兽共患病具有传播速度快、病死率高、影响范围广、难以根除等特点,不仅给人类造成灾难,还严重影响野生动物物种资源安全,甚至可能引发重大社会公共事件。军事医学科学院夏咸柱院士认为,突发急性传染病中至少70% 以上为人兽共患病,且绝大部分来源于野生动物,如埃博拉病毒病、SARS、中东呼吸综合征等人兽共患病均来源于蝙蝠。中东呼吸综合征(MERS)传染给人类后,病死率比 SARS 还高。据世界卫生组织(WHO)统计,截至 2017 年 3 月10 日,全世界感染 MERS 的有 1 917 人,死亡的有 684 人,病死率达 35.7%,这远远高于 SARS 流行期间约 10% 的病死率。

二、亟待建立联防联控机制

本场论坛期间,中国工程院樊代明副院长、国家科技部中国农村技术开发中心(以下简称农村中心)贾敬敦主任、军事医学科学院徐卸古副院长及夏咸柱院士共同发起倡议。他们认为,人兽共患病防控关乎国计民生和国家安全,其防控关键在于强调源头管理和综合防治,应依据其发展的机制和规律,建立多部门、多领域、多学科联防联控机制。"十三五"以来,我国在国家科技计划管理改革和项目管理专业机构建设的过程中,已布局了"畜禽重大疫病防控与高效安全养殖综合技术研发"重点专项,自该专项启动实施以来,在人兽共患病方面启动了"动物流感病毒遗传变异与致病机理研究""重大突发动物源性人兽共患病跨种感染与传播机制研究""重要神经嗜性人兽共患病免疫与致病机制研究"等项目,项目承担单位涵盖国家职能部门、院校、科研单位和企业等,兽医、人医、环境控制部门一起参与到项目的研发过程中,充分体现了联合防控和多学科交叉。

三、从源头上加强外来人兽共患病防控

专家们大力倡导"关口前移,人病兽防"理念,以从源头上防控人兽共患病,主动建立多个监测哨点,为国家生物疆域安全构建前沿屏障。而在人兽共患病防控的研究方面,根据人兽共患病发生、发展的机制和规律,要做到"关口前移,人病兽防",从人兽共患病的动物源头入手,提高认识、加强管理、完善法规、依靠科学、联防联控,实现人兽共患病的全面控制。近几年,在人兽共患病领域,军事医学科学院做出了积极贡献。2003 年 SARS 暴发期间,作为人兽共患病防治研究的权威专家,夏咸柱院士参加了国家农业部 SARS 病原调查专家组,对 SARS

的病原调查提供了技术支持。"汶川地震"发生后,军事医学科学院迅速抽调了45人组成的专家防疫队星夜赶往地震灾区,为确保大灾之后无大疫发挥了重要作用,赢得了"生命卫士、防疫铁军"的赞誉,所属的某研究所被原总后勤部评为抗震救灾先进集体,并荣立集体二等功。在应对广西疑似动物源性人炭疽感染疫情等突发性公共卫生事件过程中,军事医学科学院为国家有关部委和当地卫生防疫部门提供了第一手数据和科学的决策依据。目前,军事医学科学院先后针对埃博拉病毒病、中东呼吸综合征等重要外来人兽共患病开展了综合防控技术研究。建立人兽共患病病原分子诊断技术平台,研制了针对埃博拉病毒、H7N9禽流感病毒等的基因测序、生物芯片、实时荧光PCR、即时检测(POCT)等侦检技术;研制了基于复制缺陷型人腺病毒载体的埃博拉疫苗(rAd5-EBOV),在非洲塞拉利昂开展的Ⅱ期临床试验取得了成功,是我国疫苗研究首次走出国门后的历史性突破;研制了重组抗埃博拉病毒单克隆抗体联合注射液MIL77,并成功救治了一位感染埃博拉病毒的英国患者;成功建立了病毒样颗粒疫苗和精制抗体快速研制平台,研制了针对埃博拉病毒病、中东呼吸综合征、马尔堡病毒病、西尼罗病毒病等十余种外来人兽共患病的病毒样颗粒疫苗和精制抗体。以上研究为应对外来人兽共患病、保障我国人民健康和国家安全提供了强有力的产品与技术支持。

本场论坛以"合作、创新、健康、安全"为主题,旨在进一步加强外来人兽共患病防控。外来人兽共患病防控涉及人医、兽医、商检、质检、公安、海关等多个部门和单位,必须多部门齐心协力、联防联控。为此,与会嘉宾对联防联控人兽共患病达成共识并提出以下倡议:

(1)立足全局、放眼未来。加强外来人兽共患病防控的战略研究,构筑军地一体、多部门无缝对接的人兽共患病综合防控体制机制。做到提早进行风险评估,实时监测,早期预警。

(2)加强合作、协同创新。开展跨学科的前沿性、基础性和应用性重大问题的研究,开展外来人兽共患病防控创新技术研究和产品开发。

(3)重视人才、提升能力。加强集兽医学、医学优势于一体的人才队伍和技术平台建设,做好人才储备,提升人兽共患病科学防控能力。

(4)增强意识、确保安全。积极开展国际合作,加强口岸进出境人兽共患病防控,严把国门,确保国际贸易的健康发展和国家安全。

第二部分

致　辞

中国工程院樊代明副院长致辞

尊敬的徐院长、徐部长、夏咸柱院士,尊敬的各位领导、各位院士、各位同道:

　　首先,我谨代表中国工程院、代表周济院长对本场论坛的召开表示热烈的祝贺,也对军事医学科学院和夏咸柱院士领导的会务组对这次会议成功召开所做出的贡献表示深深的感谢,也非常感谢今天来出席本次会议的所有领导、院士和同道。

　　为什么呢? 因为人兽共患病非常重要。我是做医生的,有些病光是人得,动物不得;有些病光是动物得,人不得;有些病呢,人和动物都得。不管是哪一种,对医学的促进作用和医学发现都是非常重要的。人得的病,动物不得,我们可以从动物身上找抵抗力、找药,等等。所以,中国工程院高度重视这项工作,夏院士带领他的组很长时间都在忙于这项工作。我深信,通过大家今天的努力,一定能够在这方面有所突破。中国工程院今年共有 100 场学术活动,其中包括国际高端论坛、中国工程科技论坛、学部活动。中国工程科技论坛是从工程院这个角度举办的,每一年都办得非常成功。我们深信这次会议在大家的共同努力下能办好、办成功! 再一次感谢大家!

国家卫生计生委卫生应急办公室
许树强主任致辞

尊敬的各位院士、各位专家、各位领导：

非常高兴参加本场论坛，首先我代表国家卫生计生委卫生应急办公室对本次论坛的举办表示祝贺，对长期以来关心和支持卫生应急工作的中国工程院、中国人民解放军军事医学科学院以及各位领导、专家表示衷心的感谢。

当前，全球正面临着越来越严峻的公共卫生安全形势的考验。自20世纪70年代以来，全球几乎每年都有一种及一种以上新发生的突发急性传染病出现。随着全球一体化进程的加快，全球新发突发急性传染病对人类健康安全和社会经济发展构成了严峻的威胁，而且这种威胁在不断增大。在2016年召开的第69届世界卫生大会上，通过了突发卫生事件规章一系列卫生应急方面的改革，同时在WHO经费极其紧张的情况下，还增加了1.4亿美元的应急经费。党中央、国务院高度重视突发急性传染病的防治工作，中央领导同志多次做出重要的批示。卫生厅会同相关部门、相关专家，凝聚各方面的力量，加强联防联控，多年来成功应对了H7N9、H5N1、H5N6、鼠疫等疫情，以及甲型H1N1流感的大流行与中东呼吸综合征、寨卡病毒病、黄热病、裂谷热等疫情的输入，有效地防范了西非埃博拉出血热疫情的输入。这些防治成绩的取得，离不开科学技术的有力支撑。我们不会忘记，这些来之不易的成绩中凝聚了各位院士、专家的辛劳、心血和汗水。卫生应急工作肩负着保障人民生命安全的重要职责和使命，这也是国家公共安全的重要任务；承担着重大公共卫生事件的应对和突发事件紧急救援两大职能，肩负着重大的历史使命。在卫生应急工作中，我们正面临着新发突发急性传染病的挑战，面临着很多未知的领域需要探索，面临着防治疫情新理论和新技术需要有所突破，这就迫切需要中国工程院、军事医学科学院等单位以及各位专家、学者和各个部门给予大力的支持与帮助。国家卫生计生委卫生应急办公室愿意努力协调各方面的力量，为我们的院士、专家、学者提供更好的科技创新的平台和服务。最后，预祝大会圆满成功。谢谢！

国家质检总局动植物检疫监管司
赵增连副司长致辞

尊敬的樊代明副院长、徐卸古副院长、夏咸柱院士,各位院士,各位专家、学者,各位领导:

上午好!非常高兴能够出席本场中国工程科技论坛。首先,我谨代表国家质检总局动植物检疫监管司对论坛的召开表示热烈的祝贺!

世界上已经证实的人兽共患病超过 250 种。研究表明,人类新发传染病中有 70% 以上与动物传染病有关。人兽共患病已经成为人类健康、生态安全和经济发展的最严重威胁之一。当前,由于交通的发达便捷,国际贸易、人员往来增多,地区、国家间的相对距离缩短,物流和人流的流动速度超乎想象,这些都导致一些人兽共患病跨境传播更为迅速,特别是生物安全事件成为全球性威胁的可能性更高。同时,农业规模化生产方式、人类生产建设过程中对自然环境的改造、全球气候变化等,使近年像 SARS、禽流感、MERS 等动物源性疾病严重威胁人类健康的疾病频发,并引发食品安全、环境保护等严重公共卫生问题。

改革开放以来,我国积极参与全球经济一体化进程,经济社会发展取得了举世瞩目的成就。但是,当我们把国际贸易版图和全球人兽共患病流行分布图一并打开时,不难发现我国国际贸易热点国家和地区也不同程度地存在人兽共患病流行风险:美国 48 个州发生过西尼罗河热,欧洲大部分地区存在疯牛病、痒病,"一带一路"沿线国家曾严重暴发中东呼吸综合征,非洲地区埃博拉出血热反复暴发,东南亚地区高致病性禽流感等持续存在。人兽共患病通过货物贸易、交通工具、国际旅客、宠物、候鸟迁徙,甚至走私等渠道传入我国的风险不容忽视。如果不能对外来人兽共患病实施有效防控,我国对外开放发展将面临"火中取栗"般的巨大风险。

人类、动物与环境三者在人兽共患病传播中的作用密不可分,单一学科或组织已无法应对和处理全球化背景下的人兽共患病问题。目前,世界卫生组织和世界动物卫生组织已明确形成"One World, One Health"的联防联控理念,跨学科、跨国际合作防控人兽共患病已成为一种必然的趋势。有效防范外来人兽共患病，需要集合多个学科力量、跨部门合作研究进行有效防范，集合多部门力量来实施联防联控。国家质检总局动植物检疫监管司作为全国进出境动物和动物产品检疫监管的主要职能部门，担负着保卫国门生物安全的重要职责，必须当好防控外来人兽共患病的排头兵。借助本场论坛搭建的新平台，我司非常愿意与大家分享在构建国门生物安全保障体系、防控人兽共患传染病跨境传播方面的工作成效，包括关口前移、开展境外防险共享的机制经验，口岸人兽共患病监管体系的建设以及进口动物的信息化管理和重大动物疫情应急处置等方面的工作经验。我们希望与大家互取所长，紧密协作，共谋外来人兽共患病防控大计、共筑外来人兽共患病的防控长城。

相信本场论坛将成为推进国家防控外来人兽共患病体系建设的新篇章，让我们携手围绕论坛主题，秉承"创新、协调、绿色、开放、共享"的发展理念，密切协作，推动外来人兽共患病防范工作向技术更完善、理念更先进、手段更科学、效果更显著的新阶段迈进。

最后，预祝本场论坛圆满成功！谢谢大家！

国家林业局野生动植物保护与自然保护区管理司贾建生副司长致辞

尊敬的各位领导、各位院士、各位嘉宾：

大家上午好！

非常高兴能够参加本场工程科技论坛，首先我代表国家林业局野生动植物保护与自然保护区管理司对论坛的成功召开表示热烈的祝贺，对长期以来致力于防控外来人兽共患病的院士、专家、学者们表示诚挚的敬意！

我国地处欧亚大陆板块的东南端，是欧亚大陆板块与印度洋板块、太平洋板块的交汇处，多样的气候形成了多样的生物资源，丰富的水资源也吸引了大量的鸟类，并为迁徙于不同迁徙通道的候鸟提供了丰富的食物资源。物种资源的丰富彰显了我国生态环境保护改善的成果，同时也带来了新课题——跨境迁徙物种携带着全球不同地区的不同病原体在这里交汇、混合，进而引发变异和新病毒的产生。因此，强化人兽共患病的源头控制，特别是野生动物携带的外来疫病控制工作迫在眉睫。在这里，因为我一直从事这方面的工作，有一点心得，所以我想谈几点看法。

一、认清外来人兽共患病流行形势，健全疫病防控体系

人兽共患病具有传播速度快、病死率高、影响范围广、难以根除等特点，不仅给人类造成灾难，还严重影响野生动物物种资源安全，甚至可能引发重大社会公共事件。我国陆地边境线长达 2.28 万公里，有 9 个省（自治区）与 14 个国家陆路接壤，与 6 个国家隔海相望，加之各边境地区经济发展不平衡，周边国家疫情复杂，外来人兽共患病防控形势十分严峻。近年来，尼帕病毒病、裂谷热、西尼罗河热、埃博拉出血热、中东呼吸综合征等人兽共患病在我国贸易伙伴及周边国家时有暴发，并呈现流行态势。但是，我国对外来人兽共患病疫情监测、预警预报、信息管理、疫病防控体系尚不健全，部门间的监测信息沟通不畅，不能全面掌握疫情监测信息。作为人兽共患病源头控制重要内容的野生动物携带病原体监测

工作还没有很好地开展,如西尼罗河热病毒尽管已经发现,但是溯源工作,特别是野生鸟类携带、传播的机制和规律等的溯源研究还没有有效实施。因此,针对当前外来人兽共患病防控的严峻形势,我们应当加强源头控制工作,尽量避免疫情发生后的被动应对,同时,应加强基层外来人兽共患病的多部门监测体系建设及部门间的协作,阻断外来人兽共患病跨境传播的重要路径。

二、加强野生动物疫病监测防控,拒疫于国门之外

我国生物物种资源异常丰富,很多疫病的病原体自然宿主在我国都有分布,同时其传播的生物媒介在我国也存在相同或近似物种,防控难度极大,外来疫病一旦侵入,很难根除。随着人们对传染病溯源的深入研究,发现野生动物也是许多新发突发传染病的源头。历史上出现的 335 种急性感染性事件中源于野生动物的比重接近 50%,特别是野生动物源性病原体呈现出变异加快的明显迹象,过去 25 年中平均每年都有 1~2 种新型疾病传播给人类,而近年来新发、重发的SARS、西尼罗河热、埃博拉等疫病都来源于野生动物。因此,我们应不断提高对野生动物疫病的认识和重视程度,强化跨部门、跨学科合作与交流,把野生动物源人兽共患病作为我国疾病预防、监测和防治的一个重要组成部分,为维护生态平衡、公共卫生乃至生物安全提供有力保障。

三、建立多部门协同联动机制,共同防御外来疫病

全球公共健康形势严峻,应加强"同一个世界,同一个健康"理念,加强人医、兽医、野生动物医学等多学科以及多部门的协同联动机制,共同防御外来人兽共患病。国家林业局历来高度重视人兽共患传染病的源头控制工作,自 2005年起确立了"哨卡前移、人病兽防"总体应对策略,研究采取了加强野生动物疫源疫病监测防控工作的一系列举措,并在联防联控方面取得了显著成绩。一是构建了以国家级野生动物疫源疫病监测站为主体的野生动物疫病监测体系,并依托现有资源协同建设了野生动物疫病检测实验室。二是积极推进重要野生动物疫病主动预警,与相关部门的专家共同会商研判野生动物疫病发生形势,强化疫病趋势预测和风险管理。三是强化野外监测工作,发现并有效控制了鸟类高致病性禽流感等 60 余起野生动物疫情。四是在人感染 H7N9 禽流感等突发疫情防控中,加强行业内的组织动员,特别是加强了与相关部门的协同联动,采集检测了 6 万余份野生动物样品,及时发布新型病原溯源排查结果和鸟类传播疫情的风险研判意见。应该说,国家林业局以实际行动很好地践行了"同一个世界,同一个健康"理念,很好地落实了"联防联控"机制的要求,在从源头防控人兽共患病上取得了积极的进展。

中国古语有云:"人心齐,泰山移。"让我们农业、林业、卫生等多部门以及多学科的专家同心协力,强化合作,共筑外来人兽共患病疾病防控屏障,拒疫于国门之外,携手推进外来人兽共患病联防联控。

最后,祝各位专家们、朋友们身体健康,工作顺利! 祝论坛圆满成功! 谢谢大家。

国家科技部中国农村技术开发中心
贾敬敦主任致辞

尊敬的樊代明院长、夏咸柱院士,各位领导、各位专家:

大家上午好!

很高兴再次受邀参加"联防联控,严防外来人兽共患病"的中国工程院科技论坛。我记得上次参加夏院士组织的"人兽共患病"战略咨询和工程科技论坛是在长春召开的,与上次论坛一样,诸位人兽共患病科技创新的优秀专家及其团队、相关部门的代表参加会议,这又是一次高规格的工程科技论坛,说明这一领域日益受到大家的广泛重视。当前,人兽共患病不仅影响动物生存生活,也极大地危害了人民的身体健康,挑战动物源食品的源头安全。而源头安全是解决食品安全与公共卫生安全的根本。所以,我们一直在通过各个渠道努力推进人兽共患病方面的科技创新,努力从源头科技创新保障食品安全和公共卫生安全。"十三五"以来,在国家科技计划管理改革和项目管理专业机构建设的过程中,我们及时应对这样的需求,在国家重点研发计划中布局了"畜禽重大疫病防控与高效安全养殖综合技术研发"重点专项,进行了从基础研究到共性关键技术再到应用示范的"全链条设计",我们还要推进专项的"一体化实施",使基础研究能够服务于技术创新,让技术创新得到更好的示范应用。这个专项中也部署了人兽共患病的相关研究任务,今天在座的许多专家都已经参加了相关项目的研究。2016 年,这个专项已经启动了 16 个项目,今年还将启动大约 23 个项目,明年还有一批重要的项目将要启动。

自从 2016 年专项启动实施以来,在人兽共患病方面启动了"动物流感病毒遗传变异与致病机理研究""重大突发动物源性人兽共患病跨种感染与传播机制研究""重要神经嗜性人兽共患病免疫与致病机制研究"等项目,在人兽共患病方面的投入超过了 1.3 亿元。项目承担单位不仅有农业院校和农业院所,还有军事医学科学院、中国疾控中心、中科院有关院所、相关龙头企业、中国检验检疫科学院等,兽医、人医、环境控制一起参与到项目的研发过程中,充分体现了联合防控和多学科交叉。今年,我们还将启动"畜禽重要人兽共患寄生虫病源头防控与阻断技术研究"。除此以外,还布局了"边境地区外来动物疫病阻断及防控体系研究""烈性外来动物疫病防控技术研发""珍稀濒危野生动物重要疫病防控与驯养繁殖技术研发"等研究内容,这些外来动物疫病中也有很多人兽共患病,比如前不久肆虐过的中东呼吸综合征。

根据国务院印发的《关于深化中央财政科技计划(专项、基金等)管理改革的方案》的精神,当前科技计划改革的专项立项都是通过由30多个部委联合组成的科技计划管理部际联席会共同商议决定的。力图通过联合协作,以科技创新推动各个行业的发展。科技部中国农村技术开发中心作为国家科技计划管理的专业机构,也在积极努力地推动农业科技创新和跨部门合作。多年来,我们和中国工程院农业学部开展合作,积极参与工程科技论坛、咨询项目等活动,既认真听取学界的声音,也认真研究专家们提出的相关建议,开展深入的互动。尤其是在人兽共患病、食品营养健康等方面共同推动科技创新,取得了良好的效果。不仅如此,农村中心作为科技部生物安全管理办公室的成员单位,还肩负着农业生物技术研发活动安全管理的相关职责,我们还将成立农业生物技术研发活动安全管理咨询组,近年来,在夏咸柱团队的努力下,我国的实验动物科技创新也取得了新的进展,农村中心也在采取各方面的措施,进一步加大对实验动物科技创新的支持与协调力度。我们期待,利用工程科技论坛这样的重要机会与大家一起密切跟踪前沿形势和外来疫病防控局势,积极谋划科技创新,更好地做到联防联控,严防外来人兽共患病,保障我国人民健康与食品安全,也努力保障动物的健康与安全。

最后,预祝本次论坛圆满成功,谢谢大家!

军事医学科学院徐卸古副院长致辞

尊敬的樊院长、各位领导、各位院士、各位专家：

大家上午好！

本来这次会议我们张士涛院长要参加的，但是因为他被临时抽调到新的军事科学院组建，不能请假，让我代表他表达三层意思。

第一，对于这次论坛的胜利召开表示祝贺。对各位院士、各位专家、各位代表到我院来现场指导表示欢迎和感谢。军事医学科学院对中国工程院、国家各部委的支持一并表示感谢。

第二，我们认为今天论坛的主题非常好——"联防联控，严防外来人兽共患病"。首先我认为这是对多年来我们国家防控突发性传染病的总结和延续。我记得非常清楚，2003年的时候，我们国家暴发"非典"，我那个时候在全军风险办当文秘组组长，最后总结的很重要的一条就是联防联控。我认为这个经验我们能用。其次我认为防范人兽共患病是我们这么多年以来对我们国家传染病防控的一个新的认识。过去我们认为"人是人，动物是动物"，现在看来这是一码事，是互相有关联的。刚才有同志讲，70%以上的传染病来自动物。所以我认为，防范人兽共患病，是我们对传染病防控的一个新的认识，是在我们多年经验基础上的传染病防控的一个新的起点。

第三，做好联防联控，严防外来人兽共患病。我觉得是新形势下的新挑战。习近平主席在联合国讲"人类命运共同体"，我认为也包含这方面的意思。现在随着航空事业的发展，世界各地十几个小时、二十几个小时就可以到达，地球不就是一个村吗？可能非洲的传染病，过了二十几个小时之后就传到了中国，而且人和动物之间也是相互依赖、相互依存的。这几年，我们旧的传染病没有完全控制住，新的突发传染病又相继发生。所以，我认为继续抓好联防联控，继续严防外来人兽共患病的传播，是我们当前传染病防控的一个重点，也是我们做好生物安全的一项重要工作。所以，我认为这次论坛的主题非常重要。国家各部委，包括中国工程院对这项工作予以了高度的关注，也做了相应的部署。我相信，本次论坛会对这项工作起到进一步的推进作用。军事医学科学院是1951年在烽火连天的抗美援朝时期诞生的,当年的主要任务也是为了防治美军的细菌战。60多年来,我们也始终是围绕着生防这条主线在抓科研、抓预防。我们院也面临着调整精简和下一步的体制编制改革,但是我认为,生防这条主线我们始终不会丢,我们既是八一队,也是国家队。我们将和相关的科研院所一起,共同做好人兽共患病的防控工作。

最后,预祝本次论坛取得圆满成功,谢谢大家!

军事医学科学院夏咸柱院士闭幕致辞

各位院士、各位专家、各位领导：

感谢各位的齐心协力、全力支持，今天中国工程院的第 244 场工程科技论坛就要结束，可以说我们这次论坛开得很成功、很有意义，正如毛主席在《为人民服务》中所说的，我们都是来自五湖四海，为了一个共同目标，走到一起来了。我们有来自国家农业部、卫生计生委、质检总局和林业局的院士、专家和领导，还有来自白求恩故乡——加拿大的国际友人，齐聚一堂，为了一个共同目标，就是严防外来人兽共患病。

有 10 位专家分别就当前国内外人兽共患病的发生与流行形势，病原传播媒介、发生机制、防控策略，埃博拉出血热、中东呼吸综合征和甲型 H1 流感等重要人兽共患病的防控研究作了大会交流。

还有 26 位来自中山大学、扬州大学、检科院、国家疾控中心病毒病研究所、传染病研究所、农业部兽医药品监察所、动物疫病预防控制中心，以及东北、西北、西南边境地区的检验检疫局等大专院校和科研院所的专家领导作了书面交流，进一步就流感、寨卡、西尼罗脑炎、MERS、马尔堡出血热等疫病的病原、传播媒介、防控储备研究等方面进行了交流，特别是在为严把国门，加强对进境鸟类、灵长类与具有传播作用的蜱、蚊、蝙蝠等的监测检验方面做了具体交流，具有很强的指导与应用价值。

为实现"合作、创新、健康、安全"的论坛主题，还向社会发出了"联防联控，严防外来人兽共患病"的倡议。

也可以说这次论坛也是一次严防外来人兽共患病、维护全民健康与国家安全的动员会和沟通会，希望今后我们在外来人兽共患病防控中继续保持沟通联系。

祝诸位返程旅途愉快！最后再次谢谢大家！

第三部分
主题报告及报告人简介

自然界中未知病毒的高度多样性

张永振

中国疾病预防控制中心传染病预防控制所,北京

引起人类传染病的病原体(病毒、细菌、寄生虫)几乎全部来自于动物[1-2]。近40年来,全世界频频出现由野生动物携带病原体引起的新发突发传染病,如AIDS、SARS、高致病性禽流感、新布尼亚病毒病、MERS、埃博拉出血热、寨卡病毒病引起的疾病等。自2000年起我国每年均出现新发突发传染病。在老的传染病尚未得到完全有效控制的今天,新发突发传染病不但严重危害人类健康,而且造成巨大经济损失,严重影响社会的稳定发展。近年来我国野生动物疫情也呈现出多病种、多物种、点状散发、局部连片、地域跨度大、时间持续长等特点。

国外最新的研究认为,野生动物携带的病原体至少在100万级以上[3],各种病原体在未鉴定之前均属于"未知微生物(病毒、细菌、原虫)"。在2012年前的100多年间,全世界认定的病毒仅为2 800多种(仅有个别病原为我国发现)[4],而最近5年全世界就发现了约700多种。随着新技术的发展,新病毒的发现数量快速增长。我国野生动物中到底有多少未知病原体?它们会在何时何地(在人或家养动物中)暴发流行?这是关乎国家生物安全的重大课题。

已知人类病原体约80%来源于哺乳动物。与人类活动最为密切的啮齿类动物被公认是最大的传染源,如鼠疫、野兔热、蜱传回归热、钩端螺旋体病、肾综合症出血热、拉沙热、地方性斑疹伤寒、恙虫病、Q热等,均发生过大大小小的流行和暴发。许多烈性病毒性传染病常和非人灵长类有关,如埃博拉出血热、马尔堡出血热等。蝙蝠携带的病毒目前已知的约为182余种(亚型),其中可引起人类疾病的有27种。SARS、MERS等均来源于蝙蝠。

蚊与蜱等节肢动物不但种类丰富,也是人类传染病最重要的传播媒介。全世界约有117万~500万种节肢动物,约占已知生物种数的80%以上,而且每个物种的数目多得惊人。节肢动物在世界上是无处不在的,能传播病毒、细菌、寄生虫等各种病原体,引起人类多种疾病,如登革热、西尼罗脑炎、乙脑、基孔肯雅热、立克次体病、莱姆病、疟疾等。目前,在南美流行的由伊蚊传播的寨卡病毒,引起了全世界的关注。

我们最新的研究表明,节肢动物中的未知病毒数量可能远远大于已知的病

毒数量。近年来,我们在北京、浙江、湖北、广西、新疆等地的陆地、江河、湖泊以及黄海、东海、南海等海洋中采集了九个动物门(节肢动物门、环节动物门、星虫动物门、软体动物门、线形动物门、扁形动物门、腔肠动物门、棘皮动物门、脊索动物门被囊动物亚门)超过 220 种无脊椎动物,以及啮齿类、食虫类、翼手目等哺乳动物,采用宏转录组深度测序及相关的生物信息学分析技术,在国际上率先发现了 1 600 种新病毒[5-8],极大地丰富了病毒的多样性。这些新发现病毒不但相互间的序列差异很大,而且与已知的 RNA 病毒序列差异也很大,表现出复杂多样的系统进化地位。按照现有的病毒分类规则,部分新发现病毒足以定义为新的病毒科或目(如越病毒、秦病毒、赵病毒、魏病毒、燕病毒)。

我们将新发现的病毒和已知的病毒分成 16 个进化群,在每个进化群病毒有非常广泛的宿主谱,包括不同的宿主生物门类,甚至不同的生物界;而感染不同生物门的病毒在进化树上是分散的,表现出不同模式的聚集簇。这些研究结果体现了病毒与宿主之间存在着复杂的相互作用,既有频繁的跨种间传播从而实现宿主转换,又有病毒与宿主间的局部的共进化。

病毒基因组在进化上呈现出巨大的灵活性。病毒的结构基因和非结构基因进化历史呈现出很大的不同,这意味着病毒在长期的进化历程中结构基因和非结构基因发生了广泛而频繁的基因重组。重组既可发生在负链 RNA 病毒间、正链 RNA 病毒间、正/负链 RNA 病毒间,又可发生在 RNA 病毒与 DNA 病毒间,甚至发生在 RNA 病毒与宿主之间。

RNA 病毒基因组的复杂多样还体现在基因的获得和丢失。由于 RNA 病毒序列短、进化快,导致病毒基因的获得或丢失很难发现。分析新发现的病毒基因组发现,这些事件在 RNA 病毒的进化进程中频繁发生。这表现在复杂的 RNA 病毒含有大量的辅助基因,最简单的病毒则仅由一个 RNA 聚合酶(RdRp)基因组成,这也同时提出了什么是病毒的问题。更值得注意的是,RNA 病毒也经常从细胞生物中获取基因,包括 RNA 解旋酶、甲基转移酶、核酸外切酶、蛋白酶、ADP-ribose 结合蛋白和双链 RNA 结合蛋白基因,甚至大肠杆菌群集运动蛋白(NANAR 结构域)基因等。这些基因在病毒进化史上出现的时间很不连贯,在基因组所处的位置也具有很大的灵活性,表明这些基因经历了多次独立的基因获得和缺失事件。

现有的研究认为,在病毒基因开放阅读框的数目与排列、结构和非结构蛋白基因的顺序以及病毒基因组分节段的频率和节段的数量等特征是保守的。然而,本研究发现在一些正链 RNA 病毒进化过程中出现高频率的分节段或去分节段化(即重新成为不分节段基因组)。负链 RNA 病毒也有多种分节段的组织形式,如布尼亚类病毒的基因组不仅具有原来认为的 3 基因节段,而且现在发现一些病毒由 1~7 个不等的基因节段组成。这都显示出现有知识体系和分类体系的严重缺陷。

我们在国际上首先发现了含有黄病毒科病毒基因的全新分节段病毒——荆门病毒[9]。从我国湖北、浙江等地的节肢动物中发现的荆门病毒的基因组由 4 个基因节段组成,具有分节段病毒的基因结构特征。其中 2 个基因节段的 ORF (开放阅读框)与基因组不分节段的黄病毒科病毒的 NS3 与 NS5 基因同源;另外 2 个基因节段与所有已知的病毒序列无法比对,来源不明。荆门病毒在我国广泛存在,多种蜱与蚊等节肢动物能携带该病毒,而且能传染牛。最近,在美国也发现了荆门病毒类的病毒[10]。

我们还在国际上首先发现了基因组最复杂多样的负链 RNA 病毒——楚病毒[6]。新发现的楚病毒科病毒在进化上处于分节段与分节段负链 RNA 病毒之间,是连接分节段病毒与不分节段病毒的桥梁;其基因组结构不但有完整不分节段病毒,也有分节段病毒。更独特的是,楚病毒的基因组还存在着环状结构,这种基因组结构不仅存在于不分节段病毒,也存在于分节段病毒。楚病毒也是至今世界上发现的第一个具有环状基因组结构的完整 RNA 病毒。荆门病毒科与楚病毒科的发现不但为揭示病毒基因组的遗传进化、认识新的遗传机制等提供了新思路,同时要求对现有的病毒分类规则进行重新确定。

我们在蝙蝠中还发现了龙泉病毒等,证明了蝙蝠是汉坦病毒的宿主[5],发现了褐家鼠的迁徙导致了当今汉城病毒的世界性分布[11],提出了跨种间传播在汉坦病毒起源进化中起重要作用等新理论。

在啮齿类等动物中,我们还在国际上首次发现了能引起人呼吸道疾病的新型沙粒病毒——温州病毒,该病毒是欧亚大陆除 LCMV 外发现的第二个沙粒病毒[12]。最近在柬埔寨证实温州病毒能引起人呼吸道疾病[13]。另外,还从啮齿类食虫类动物中发现了新的冠状病毒、3 种新基因型的轮状病毒等[14-15]。在国际上首次证实了沃尔巴克体能感染人并致病[16],以及 GOUV 病毒能引起人肾综合征出血热等[16]。

我国地理生态条件复杂,约有脊椎动物 6 426 种,无脊椎动物约 5 万余种。如果按照国际最新的研究方法估算,我国仅脊椎动物就有可能携带 37 万多种病毒。另外,全球 20% 以上鸟类迁徙也途经我国,这将会把国外的病原体携带到我国播散。如此复杂多样的地理生态,如此高的动物多样性,就意味着我国自然界中病原体尤其是未知病原体的高度多样性及其复杂性。因此,基于现代灵敏的检测技术方法、超强的大数据分析能力、有效的分离鉴定技术,在我国野生动物中开展未知病原体本底调查与研究,发现未知病毒与细菌,解析其与已知病原体的关系及其可能的致病性,了解已知病原体的变异规律,将对我国新发突发传染病的防控以及国家生物安全具有重要意义。

参 考 文 献

［1］ WOLFE N D,DUNAVAN C P,DIAMOND J. Origins of major human infectious diseases ［J］. Nature,2007,447(7142):279.

［2］ LLOYD-SMITH J O,GEORGE D,PEPIN K M,et al. Epidemic dynamics at the human-animal interface［J］. Science,2009,326(5958):1362-1367.

［3］ ANTHONY S J,EPSTEIN J H,MURRAY K A,et al. A strategy to estimate unknown viral diversity in mammals［J］. MBio,2013,4(5):00598-13.

［4］ KING A M Q,ADAMS M J,CARSTENS E B,et al. Virus taxonomy:IXth report of the international committee on taxonomy of viruses［J］. Annals of the American Academy of Political & Social Science,2002,173:73-77.

［5］ GUO W P,LIN X D,WANG W,et al. Phylogeny and origins of hantaviruses harbored by bats,insectivores,and rodents［J］. PLoS pathogens,2013,9(2):e1003159.

［6］ LI C X,SHI M,TIAN J H,et al. Unprecedented RNA virus diversity in arthropods reveals the ancestry of negative-sense RNA viruses［J］. eLIFE,2015,4:e05378.

［7］ SHI M,LIN X D,VASILAKIS N,et al. Divergent viruses discovered in arthropods and vertebrates revise the evolutionary history of the Flaviviridae and related viruses［J］. Journal of Virology,2015,90(2):659.

［8］ QIN X C,SHI M,TIAN J H,et al. A tick-borne segmented RNA virus contains genome segments derived from unsegmented viral ancestors［J］. Proceedings of the National Academy of Sciences of the United States of America,2014,111(18):6744-6749.

［9］ LADNER J T,WILEY M R,BEITZEL B,et al. A multicomponent animal virus isolated from mosquitoes［J］. Cell Host & Microbe,2016,20(3):357.

［10］ LIN X D,GUO W P,WANG W,et al. Migration of Norway Rats resulted in the worldwide distribution of Seoul Hantavirus today［J］. Journal of Virology,2012,86(2):972.

［11］ BLASDELL K R,VEASNA D,MARC E,et al. Evidence of human infection by a new mammarenavirus endemic to Southeastern Asia［J］. eLIFE. 2016,5:e13135.

［12］ LI K,LIN X D,WANG W,et al. Isolation and characterization of a novel arenavirus harbored by rodents and shrews in Zhejiang province,China［J］. Virology,2015,476:37-42.

［13］ WANG W,LIN X D,GUO W P,et al. Discovery,diversity and evolution of novel coronaviruses sampled from rodents in China［J］.Virology,2015,474:19-27.

［14］ Li K,LIN X D,HUANG K Y,et al. Identification of novel and diverse rotaviruses in rodents and insectivores,and evidence of cross-species transmission into humans［J］. Virology,2016,494:168-177.

［15］ CHEN X P,DONG Y J,GUO W P,et al. Detection of Wolbachia genes in a patient with non-Hodgkin's lymphoma［J］. Clinical Microbiology and Infection,2015,21(2):182.e1-182.e4.

［16］ WANG W,WANG M R,LIN X D,et al. Ongoing spillover of Hantaan and Gou hantaviruses from rodents is associated with hemorrhagic fever with renal syndrome（HFRS）in China[J]. PLoS Neglected Tropical Diseases,2013,7(10):e2484.

张永振　博士,中国疾病预防控制中心(CDC)传染病预防控制所研究员,卫生部疾病控制专家委员会委员,中华医学会热带病与寄生虫学分会副主任委员。兼任武汉大学博士生导师、贝尔格莱德大学医学院访问教授。研究方向为新病原的发现、病毒的遗传进化、动物源性病原体与宿主间的进化与生态关系及其对人传染病的影响、流行病学、立克次体等。研究团队建立了独有的样品处理体系与病毒检测体系,在世界上首次发现了141种全新病毒。

病原跨种感染与致病机制研究

黄保英　谭文杰

中国疾病预防控制中心病毒病预防控制所，
卫生部医学病毒和病毒病重点实验室，北京

一、新发动物源性人兽共患病防控形势严峻

新发传染病（emerging infectious diseases, EID）的概念最早出现于 1992 年。2003 年，世界卫生组织提出，新发传染病是指由新种或新型病原微生物引起的传染病，以及近年来导致地区性或国际性公共卫生问题的传染病。自 20 世纪 70 年代以来，全球已发现 40 多种新发传染病，其中 70% 为人兽共患病，并以病毒病为主。人兽共患病（Zoonosis），也称人畜共患病，1959 年由人兽共患病专家委员会定义为"在人和脊椎动物间自然传播的疾病和感染"。根据其传染方式可将人兽共患病分为动物传染给人的动物源性人兽共患病、人传染给动物的人源性人兽共患病及在人与动物间可以相互传染的双源性人兽共患病等。很多人兽共患病既是畜、禽的严重疾病，也是人类烈性传染病。

在传统动物源性疾病频发的同时，新的动物源性疾病也不断出现。例如 2003 年出现的重症急性呼吸综合征（several acute respiratory syndrome, SARS）和 2012 年出现的中东呼吸综合征（Middle East respiratory syndrome, MERS）。随着全球旅游和世界贸易的开展，有多种动物源性疾病入侵我国，2015 年发生了从韩国输入我国的 MERS 病例。此外，我国与中东地区贸易往来频繁，旅游及民间往来也十分频繁，这些因素极大地增加了 MERS 输入我国的风险。

虫媒病毒是通过吸血节肢动物传播的一类病毒，其传染媒介主要是蚊虫、蜱和白蛉等。随着全球化的不断发展、全球气候变化加剧以及城市化的加速，虫媒病毒的扩散也呈现全球化。进入 21 世纪，有 4 种重要的虫媒病毒传入西半球，包括西尼罗病毒（WNV）、登革热病毒、基孔肯雅病毒（CHIKV）和最近的寨卡病毒。其中，西尼罗病毒病和基孔肯雅热是人畜共患病。西尼罗病毒起初流行于东半球的非洲、中西亚、地中海及欧洲地区，后来扩散到美国，导致近万人感染和数百人死亡。2011 年，我国新疆地区首次报道西尼罗病毒感染病例，并从蚊子

体内分离获得病毒,发现了自然疫源地,对我国畜禽养殖业和公共卫生安全构成重大威胁。基孔肯雅热是由伊蚊叮咬传播,以发热、关节疼痛等为主要特征的自限性传染性疾病。全球有 37 个国家和地区呈地方性流行或具有潜在地方性流行风险。在我国云南、海南等地的患者、媒介生物和蝙蝠中分离到疑似基孔肯雅病毒,并在人以及部分哺乳动物血清中检测到抗体。2010 年在广东省东莞地区暴发了较大规模的基孔肯雅热疫情,报告 200 多病例。

此外,从 2005 年的 H5N1 禽流感疫情、2009 年的新甲型 H1N1、2012 年的中东呼吸综合征、2013 年的人感染禽流感 H7N9,到 2014 年的埃博拉疫情以及 2015 年的寨卡疫情,几乎每 1~2 年就有一种新发传染病出现。这些新发突发传染病多为动物源性人兽共患病,均涉及病原的跨物种感染与致病,具有传染性强、传播速度快、传播范围广的特点,不仅对人类生命健康和社会经济发展造成了巨大危害,同时也考验着各国公共卫生系统应对新发突发传染病的防控能力。

二、病原跨种感染与致病的影响因素及机制

病原突破种属屏障感染并适应新宿主,是病原、宿主和环境共同作用的结果,其在新宿主中的传播力和致病力与病原的生态环境、病原的变异进化、宿主受体分布、宿主限制性因子、病原与宿主受体的相互作用及宿主的免疫应答等多种因素相关。结合既往新发动物源性人兽共患病的流行病学和病原学特点,分析病原发生跨种感染与致病的影响因素及可能机制如下。

(一) 生态环境与社会因素

病原与宿主的接触是发生跨种感染的先决条件,受生态环境与社会因素的影响。宿主生态环境的交叉可导致病原直接感染人,如狂犬病和肾综合征出血热。自然因素中,环境的温度和湿度、气候变暖可以改变虫媒在全球的地区分布,增加虫媒的繁殖速度与侵袭力,缩短病原在环境中的繁殖周期;社会因素中,人类开采自然资源的过程增加了与野生动物、媒介生物等的接触机会,可直接或间接感染病原体;全球经济贸易一体化增加了疾病传播的概率和速度;生物恐怖袭击、不良生活方式、人口老龄化等也影响着新发传染病的出现。例如 1998—1999 年马来西亚尼帕病毒性脑炎暴发,主要是因为大量砍伐森林导致蝙蝠栖息地迁移,带有尼帕病毒的蝙蝠的排泄物及呼吸道分泌物污染了果园和猪圈,病毒首先感染了猪,再由猪传染至人。2003 年暴发于美国中西部的猴痘疫情,源自从非洲运送至美国的宠物鼠,通过宠物销售链在人群中传播。我国云南近年报道的多起聚集性不明原因肺炎,流行病学调查指向:患者发病前多有采矿入洞接触蝙蝠、啮齿类等动物或其分泌物的经历。

（二）病原学分子基础

病毒的基因组类型、编码蛋白、传播模式等病原学特点决定着其感染特性。病毒可以通过基因变异、缺失、获得、转移、重组和重排等方式发生进化，适应宿主和生态环境的变化。例如，2009 年的新甲型 H1N1 流感病毒主要来自猪源、禽源和人源三种流感病毒的基因片段重配；2013 年的 H7N9 流感病毒也是一种三源重配病毒，其血凝素蛋白基因上关键位点发生突变，导致其既能结合人流感受体又能结合禽流感受体，具有"双受体"结合特点，这是其突破种属屏障并比 H5N1 禽流感病毒更容易感染人的分子基础。

病毒对宿主适应性是决定其传播效率和致病性的重要因素。西尼罗病毒进入美洲大陆、基孔肯雅病毒进入欧亚大陆的过程中均发生了重要的进化事件，导致病毒在新的生态系统中广泛传播。西尼罗病毒于 1999 年进入美国，2003 年发生重要突变，并成为优势基因型，新基因型通过库蚊传播的效率更高，随后在美国的感染范围逐渐扩大并迅速扩散至大陆全境，截至 2015 年年底已有 42 000 人发生感染，超过 1 700 人死亡。野外调查显示，美国有 59 种库蚊和 284 种鸟感染西尼罗病毒。基孔肯雅病毒在非洲的传播圈主要是森林伊蚊和类人猿，2005 年在印度洋群岛病毒 E 蛋白发生了重要突变，导致病毒可以通过分布更广的白纹伊蚊传播，短短 10 年，传遍全球。

为了探讨促进新发病毒人-人传播的病原学因素，澳大利亚学者分析了 203 种人间感染病毒的病原学特征与疾病传播力的相关性。通过对基因组类型（DNA 或 RNA）、基因组长度（核苷酸数）、感染持续时间（急性或慢性）、基因组节段（分段或不分段）、重组频率（高或低）、表面包膜（有包膜或无包膜）、传播的模式（媒介传播或非媒介传播）、致死性（强或弱）等病原学特征与其传播力的关联分析发现：致死性弱、引发慢性感染、基因组不分节、表面无包膜、尤其是不经媒介传播的病毒，发生人-人传播的可能性更大。

病原-宿主相互作用是病原发生跨种感染与传播的关键环节。一方面，病毒通过受体结合进入细胞、基因组转录、复制、蛋白表达、组装与释放，整个增殖过程均受到宿主屏障与抗病毒免疫应答的限制；另一方面，病毒通过变异进化获得感染宿主的能力，编码抗病毒蛋白、产生适应性突变或免疫逃逸以躲避宿主免疫应答，最终突破物种免疫屏障，适应新宿主。例如，埃博拉病毒的 VP35 和 VP24、流感病毒的 NS1、SARS 冠状病毒（SARS-CoV）的 NSP1 和 ORF3b 等均具有拮抗干扰素的功能。

（三）宿主免疫学因素

病原发生跨种传播后会导致新宿主发生严重疾病甚至死亡,但在其自然宿主中通常表现为无症状或轻症的疾病耐受。了解自然宿主疾病耐受的免疫应答机制、阐明宿主免疫保护与免疫病理之间的平衡关系、从宿主免疫系统进化和免疫识别等角度揭示病毒跨种属传播与致病的机制,对于理解病原突破宿主免疫屏障、发生跨种感染与传播的机制具有重要意义。

1. 自然宿主疾病耐受的免疫应答机制在病原跨种感染与致病中的作用

病原感染自然宿主通常表现为疾病耐受,对于病原跨种传播具有重要意义。先天性免疫反应是宿主抵御病毒感染的第一道防线,也是激活适应性免疫的基础。探讨自然宿主中的免疫应答特点,尤其是天然免疫应答的信号传导通路、与适应性免疫应答的交相作用、疾病耐受相关的调节因子,以及免疫应答强度、动力学、有效浓度等特点,将有助于阐明宿主疾病耐受的分子机制,并为寻找新宿主的治疗靶标提供新思路。人兽共患病病毒的天然免疫识别及所诱导的宿主反应和病毒免疫逃逸,是研究病毒跨种传播及感染的一个重大科学问题。

目前,国际上在各种冠状病毒天然免疫应答和免疫逃逸机制研究方面取得了一定进展,但相对于天然免疫研究的整体水平而言仍比较薄弱,相关研究多集中于不同冠状病毒的结构和非结构蛋白对抗病毒 I 型干扰素和炎性细胞因子表达的分子调控机制方面。已有研究表明包括 MERS-CoV 在内的多种冠状病毒可在天然免疫应答信号转导途径的多个节点通过不同的机制调控宿主的天然免疫应答,抑制 I 型干扰素的表达和分泌。值得注意的是,致病性不同的冠状病毒感染巨噬细胞后诱导产生的受干扰素调控的细胞因子类型不同,表明不同冠状病毒调控宿主天然免疫应答发生天然免疫逃逸的机制不同。香港中文大学金冬雁教授课题组发现 MERS-CoV ORF4a 蛋白可抑制 RIG-I 和 MDA-5 介导的天然免疫应答。笔者所在课题组前期研究发现 MERS-CoV 多个结构与非结构蛋白可拮抗 IFN 产生,其中 ORF4b 蛋白既可通过与 IRF3 上游的 TBK1 和 IKKε 等多个信号分子相互作用抑制 IRF3 的磷酸化,也可在细胞核内抑制 IRF3 对 I 型干扰素的表达,但其通过何种机制在细胞核调控 I 型干扰素的表达尚不明确。新近报道 TRIM-26 可在细胞核中泛素化降解 IRF3 而负向调控 IFN 的产生,MERS-CoV 是否以相同机制在细胞核内降解 IRF3 也有待进一步研究。

2. 宿主免疫保护与免疫病理反应之间的平衡性在病原跨种感染及致病中的作用

病原发生跨种传播后会导致新宿主发生严重疾病甚至死亡,通常与免疫保护和免疫病理之间的平衡性有关。天然免疫应答对于清除病毒感染具有重要意义,但过强的免疫应答也是造成严重疾病的原因。例如 SARS-CoV 和高致病性 H5N1 病毒感染人后均可引发"细胞因子风暴",高水平持续性的炎症细胞因子可诱发器官损伤导致严重疾病发生。SARS-CoV 感染存活患者中变弱的先天免疫应答与有效的获得性免疫应答及疾病的清除相关;而恶性发展的患者则显示出持续升高的 I 型干扰素 IFN 产生、IFN 刺激基因 ISG 表达和趋化因子产生。西尼罗病毒感染人类后临床表现复杂,多数病例较为温和,少数患者会发展为脑炎等神经症状,甚至死亡。西尼罗病毒感染所致疾病的严重程度一方面与病毒本身的毒力位点和决定簇有关,另一方面与其感染所致的免疫病理和炎症反应密切相关。

3. 不同种属免疫进化发育和病原免疫识别差别在病原跨种感染与致病中的作用

病原由宿主动物或媒介到人类的跨种传播和致病过程中,不同种属动物的生理功能、免疫限制因素和遗传进化等均发挥了重要作用。目前尚缺乏针对不同种属动物免疫进化发育和病原免疫识别机制的系统研究。最新的研究成果揭示,宿主非编码 RNA,如 microRNA、长链 non-coding RNA 等可影响病毒入侵、复制和细胞自噬等关键过程。通过以不同种属动物与细胞以及转基因小鼠为模型,采用系统生物学方法研究不同物种 MHC(主要组织相容性复合体)、PRR(模式识别受体)、microRNA 和补体的分子特征及病毒感染前后上述分子的表达差异与免疫识别差异,有助于揭示不同种属动物免疫系统遗传进化差异和免疫识别特征在病原跨种传播中的作用机制。

三、我国重要人兽共患病跨种感染与致病机制的研究方向

现代科学技术的进步促进了多学科交叉研究模式的发展,大大加深了人们对新发病原体的认识。基因组技术及生物信息学的发展积累了大量病毒的遗传学背景信息,使科学家能利用海量基因组数据实现新发病原体溯源、病原体进化特征及病原体致病性生物学特性的分析和预测。现代蛋白组学技术已成为我们认识病毒与宿主细胞及其相关分子的主要手段之一。结构生物学技术使我们能够在原子水平"直接观察"病毒与宿主受体、限制性因子等之间的作用方式。近年来,冷冻电镜技术的突飞猛进,为蛋白质等生物大分子结构的解析尤其是高维度蛋白质复合体三维结构的解析提供了另一有力支持。

在科技部"十三五"国家重点研发计划"畜禽重大疫病防控与高效安全养殖综合技术研发"专项的资助下,我国启动了"重大突发动物源性人兽共患病跨种感染与传播机制研究"专项研究(2016YFD0500300)。该项目由中国疾病预防控制中心病毒病预防控制所联合我国在传染病研究领域中学科齐全的 17 家单位

承担。项目聚焦畜禽重大疫病等重大突发动物源性人兽共患病跨种感染与传播研究的重大科学问题:① 病原自然疫源地和传播圈如何形成,以及传播风险因素;② 病原实现跨种传播的适应性进化特征及分子基础;③ 病原突破宿主免疫屏障,实现跨种感染与传播的宿主因素。项目共设置七个课题:① 重大人兽共患病疫情的快速鉴定、溯源预警及阻断策略研究;② MERS 冠状病毒的动物起源、进化及传播研究;③ 西尼罗病毒和基孔肯雅病毒自然疫源及传播圈研究;④ 病原感染与传播的实验模型及适应性进化与致病性、宿主嗜性研究;⑤ 病原与宿主互作的重要蛋白结构解析;⑥ 不同种属动物免疫进化发育和对病原免疫识别特征研究;⑦ 重要病原与宿主免疫系统互作及跨种传播机制。

项目组力争通过 5 年的努力在 MERS-CoV、WNV 和 CHIKV 为代表的重大突发动物源性人兽共患病发生与传播机制上取得重大突破,并建设一支具有国际水平的人兽共患病基础研究与专业防控的年轻团队,为从传染源、传播环节、感染靶点三个层次有效阻断动物源性人兽共患病发生提供科学依据与技术支撑。研究成果将与"一带一路"倡议的实施发展相结合,为降低畜禽病死率与新发突发传染病的应对、监测和预警及国家经济发展做出贡献。

参 考 文 献

[1] LEARNER M. Emerging zoonotic and vector-borne diseases pose challenges for the 21st century [J]. J S C Med Assoc,2013,109 (2):45-47.

[2] WANGY,LIU D,SHI W,et al. Origin and possible genetic recombination of the middle east respiratory syndrome coronavirus from the first imported case in china:phylogenetics and coalescence analysis [J]. MBio,2015,6(5):e01280-15.

[3] TSETSARKIN K A,CHEN R,WEAVER S C. Interspecies transmission and chikungunya virus emergence [J]. Curr Opin Virol,2016,16:143-150.

[4] LU Z,FU S H,CAO L,et al. Human infection with West Nile Virus,Xinjiang,China,2011 [J]. Emerg Infect Dis,2014,20(8):1421-1423.

[5] GEOGHEGAN J L,SENIOR A M,DI G F,et al. Virological factors that increase the transmissibility of emerging human viruses[J]. PNAS,2016,113(15):4170-4175.

[6] MANDL J,AHMED R,BARREIRO L,et al. Reservoir host immune responses to emerging Zoonotic Viruses [J]. Cell,2015,160(1-2):20-35.

[7] YANG Y,YE F,ZHU N,et al. Middle East respiratory syndrome coronavirus ORF4b protein inhibits type I interferon production through both cytoplasmic and nuclear targets [J]. Sci Rep,2015,5:17554.

[8] YANG Y,ZHANG L,GENG H,et al. The structural and accessory proteins M,ORF4a,ORF4b,and ORF5 of Middle East respiratory syndrome coronavirus (MERS-CoV) are potent interferon antagonists [J]. Protein Cell,2013,4(12):951-61.

［9］ TROBAUGH D W，KLIMSTRA W B. MicroRNA regulation of RNA virus replication and pathogenesis［J］. Trends Mol Med，2017，23（1）：80-93.

［10］ 严伟峥，朱娜，黄保英. 溯本追源关口布局，加强人兽共患传染病基础科学研究："重大突发动物源性人兽共患病跨种感染与传播机制研究"项目获得国家重点研发计划资助［J］. 病毒学报，2017，33（1）：123-126.

黄保英　1982 年生，博士，中国疾病预防控制中心病毒病预防控制所副研究员。作为课题骨干参与过的项目包括："863"计划课题"广谱流感大流行疫苗研发"，"十二五"重大专项课题"新发传染病疫苗应急储备技术体系建设"和"人感染新型流感防控技术研究"，"十三五"重大专项课题"基于 VLPs 和非复制型痘苗病毒载体的 MERS-CoV 疫苗研发平台的建立"及国家重点研发计划"重要新发突发病原体发生与播散机制研究"。作为课题负责人主持国家自然科学基金项目"人甲型流感病毒鼠肺适应及其分子机理研究"。主要从事的工作包括流感病毒疫苗的研发与免疫学效果评价、流感病毒的鼠肺适应与分子机制研究、流感假病毒的制备与中和抗体的检测研究、MERS-CoV 病毒样颗粒疫苗的研发、MERS-CoV 活毒的体外滴定、中和试验技术平台和药物筛选技术平台的建立等。

谭文杰　1966 年生，博士，研究员，博士生导师，中国疾病预防与控制中心病毒病预防控制所应急技术中心实验室主任。1989 年毕业于北京医科大学，毕业后一直在中国预防医学科学院从事病毒病原生物学研究，1998—2004 年先后在美国南加州大学及加州大学洛杉矶分校从事分子病毒学研究。2005 年人才引进到中国疾病预防与控制中心后，主要从事冠状病毒、痘病毒、人禽流感等重要病毒的病原学与疫苗研究，迄今在国内外发表论文 100 多篇，申报专利10 余项。获国家科技进步奖二等奖、卫生部科技进步奖二等奖、中华预防医学

会三等奖等。近五年作为课题负责人主持了国家"863"计划课题"基于载体组合优化的丙型肝炎病毒基因工程联合疫苗的研制与临床前研究"、"十一五"传染病重大专项课题"新型 RNA 病毒载体研制技术平台及其应用"、"传染病新型疫苗研制"子课题、国家自然科学基金项目"利用假型丙型肝炎包膜感染性病毒模型研究 HCV 感染的体液免疫应答"、"十三五"重大专项课题"基于 VLPs 和非复制型痘苗病毒载体的 MERS-CoV 疫苗研发平台的建立"以及"十三五"国家重点研发计划"重大突发动物源性人兽共患病跨物种感染与传播机制研究"。

新发传染病防控策略——One Health

陈　盈[1]　吴建勇[1]　陆家海[1]　夏咸柱[2]

1. 中山大学公共卫生学院 One Health 研究中心,热带病防治
研究教育部重点实验室,广东省重大传染病预防和控制技术
研究中心,广州;
2. 军事医学科学院军事兽医研究所,吉林省人兽共患病预防
与控制重点实验室,长春

随着经济全球化、旅游业发展、人口增加及环境变化(包括农业集约化、气候变化、人类改造自然、人类入侵野生动物栖息地等)客观上导致病原体跨物种传播的概率大大增加,公共卫生、动物卫生和环境卫生问题愈加复杂化,尤其是衍生出的新发传染病与食源性疾病问题。20 世纪 70 年代以来,世界范围内出现43 种传染病,在我国存在或潜在的有 20 余种。这些疾病提醒我们,人类、动物和生态系统的健康是一体的、相互关联的。新形势下,为了更好地在人类-动物-环境交界面了解并迅速应对人兽共患病,更需要打破陈旧观念,鼓励并支持跨学科、跨部门、跨领域间的合作以改善人和动物的生存、生活质量,以达到各自的最佳健康状态。这种全局的方案和思想被称为"One Health"(唯一健康或同一健康),它注重人类、动物和环境健康间的关联性,强调跨学科、跨部门、跨区域的合作,重视环境在疫病传播过程中的作用,旨在实现人类、动物和环境的整体健康。

一、One Health 理念的形成与发展

(一) One Health 起源——人医、兽医的联合

早期动物医学与人类医学有着明显的分界线,兽医和人医承担着各自的责任。直到 1821 年,德国病理学家 Rudolf Virchow 在研究猪蛔虫时,非常关注人类和动物的联系,并创造了术语"人兽共患病",以此表示能在人和动物之间传播的疾病。随着动物源性人兽共患疾病流行的增加,1947 年 James H. Steel 博士首次在疾病预防控制中心(CDC)成立了兽医公共卫生部,以研究人兽共患病的传

播规律与防控策略。该部门在防控狂犬病、布鲁氏菌病、沙门氏菌病、Q 热、牛结核病和钩端螺旋体病等人兽共患病方面发挥了重要作用。随后,该部门设置被引入美国各区及世界其他国家的 CDC。

2004 年 9 月,野生动物保护协会在洛克菲勒大学举办了主题为"建立全球化跨学科健康桥梁"的研讨会,确立了应对人类和动物健康威胁的 12 个工作重点,讨论了人、家畜和野生动物之间的疾病联系。同年 12 月,111 个国家和 29 个国际组织的代表在印度新德里举行了禽流感及大流行流感国际部长级会议,大会鼓励各国政府在人与动物卫生系统之间建立流感预防措施,进一步发展了 One Health 理念。

(二) One Health 机构的成立与发展

2009 年,美国国家 CDC 负责人兽共患病、虫媒和肠道疾病的专家 Lonnie King 博士成立了国际首个 One Health 办公室,以支持公共卫生研究,促进不同学科、部门研究人员间的数据和信息交流。2010 年 5 月 4 日至 6 日,美国 CDC 与 OIE、FAO、WHO 共同在美国佐治亚州石山(Stone Mountain,GA)举行题为"实现 One Health:一项政策的展望——评估、制定和实施路线"的石山会议,确定了促进 One Health 议程的七项关键活动,首次通过具体行动将 One Health 从理念转为实践。同年 7 月,世界银行与联合国发布了《关于全球动物和人流感大流行的第五次研究进展报告》,重申了关于禽流感和流感大流行的研究结果,它强调了采取 One Health 方法以持续防范大流行的重要性。该报告指出,欧盟已在 One Health 框架下采取了新举措,并将在未来几年继续采用此方法。报告强调需要将 One Health 理念转化为促进机构间和跨部门合作的实际政策和战略。

2011 年 2 月,国际首届 One Health 大会在澳大利亚墨尔本举行。来自 60 个国家的多个学科领域的 650 多名专家参加了会议,共同讨论 One Health 的研究内容。除人、动物和环境健康的相互依存性之外,参会专家一致认为应包括其他领域如经济学、社会行为和粮食保障与安全等是同样重要的。2013 年年初,第二届国际 One Health 大会与玛希顿王子奖会议(Prince Mahidol Award Conference)一起举行,来自 70 多个国家的 1 000 多名学者参加了会议,大会鼓励跨学科合作,促进人、动物与环境卫生有关的政策发展。2014 年 11 月 22—23 日,中国首届 One Health 研究国际论坛在广州举行,来自全球 10 多个国家和地区的 186 位专家学者参加了论坛。论坛召开前夕,中山大学公共卫生学院成立了中国首个 One Health 研究中心,陆家海教授担任中心主任,这是 One Health 研究在国内迈出的实质性第一步。2015 年 3 月和 2016 年 11 月分别在澳大利亚墨尔本举办了第三、四届国际 One Health 大会,大会就全球健康热点问题如食源性疾病、人兽共患病、气候变化、抗生素耐药、食品安全、环境污染、生态环境健康等进行了深入探讨。

二、人兽共患病与 One Health 理念

（一）人兽共患病的严峻现状

21 世纪以来,全球范围内发生的公共卫生事件中,人兽共患病所占的比例不断增加。一些传统流行病的病原体通过变异再度肆虐人和动物,如鼠疫、肺结核、狂犬病、布鲁氏菌病、登革热等;新出现的传染病对人类造成新威胁,如艾滋病、SARS、埃博拉病毒病、高致病性禽流感、寨卡病毒病、裂谷热、MERS 等。这些挑战不仅对人类身心健康造成严重影响,也导致了严重的经济损失。

人类-动物交界面使人兽共患病从动物传播到人类成为可能,并引发该疾病的个体病例或不同程度的疫情暴发,有些疫情甚至可以最终发展成毁灭性的大瘟疫。同时,有一个较少受关注的现象,即人类-动物界面还可使病原体从人类传播到动物,使病原体获得新的宿主,并且因人类的活动范围变广,这一现象更加常见。因此,在关注人兽共患病时,不仅要以治愈人类或动物疾病为目的,更要充分地理解人类-动物-环境界面在疾病起源、传播、病原体进化中的重要作用,以期能够更有效地防止新兴人兽共患病病原体的产生以及对现有的人兽共患病进行有效的预防和治疗。

（二）One Health 实践活动

在应用 One Health 理念解决实际人兽共患病问题的过程中,有许多成功的例子可以借鉴。1994 年 9 月,在昆士兰州的亨德拉发生了首次也是迄今为止最大的一次亨尼帕病毒(HeV)疫情暴发,导致 13 匹马和一名驯马师死亡。随后,研究者在病马尸体中分离出了 HeV,并证实 HeV 是引起此次疫情的病原体。之后实验研究证明,HeV 能够感染多个物种,包括马、猫、狗、兔和实验用的啮齿类动物。为了预防和应对之后的疫情,澳大利亚当局成立了由兽医、执业医师和环境卫生专家等组成的技术工作小组,政府还与农场主和兽医等利益相关者开展了广泛的联系与合作,采取了风险管理策略,还大力支持 HeV 疫苗的研发。该决策从人-动物-环境层面综合考虑,实现跨部门、跨学科的合作。2011 年这种合作初显成效,在马匹出现新一轮感染时,并未出现人类病例。

2013 年 11 月,世界小动物兽医师协会(WSAVA)与世界卫生组织(WHO)召开了主题为"One Health:流浪狗导致的狂犬病及其他疾病风险"的研讨会。会上,WHO 和 WSAVA 提倡要以公共部门与私人企业合作的模式有效落实狂犬病

的预防和控制。委员会将狂犬病防治作为工作重点,广泛发动了一场给狗拴项圈的行动,现已初见成效。至今,狂犬病防控机构已形成全球联盟。

Anderson 等运用 One Health 策略对我国广东省猪养殖场的流感传播风险进行评估研究,同时采集猪场环境、养殖人员及猪唾液样本检测,更好地评估了猪流感病毒的传播风险。Reid 等运用 One Health 策略帮助斐济政府提出了控制细螺旋体病的策略,这些都是应用 One Health 方法应对人兽共患病的实际例子。

三、食源性疾病与 One Health 理念

(一) 食源性疾病对当今社会的影响

食源性疾病包括常见的食物中毒、肠道传染病、人兽共患传染病、寄生虫病以及化学性有毒有害物质所引起的疾病,是一种涵盖范围非常广泛的、属于全球范围内的公共卫生问题,其发病率、患病率高,造成的经济负担严重,影响范围广。动物养殖户为了预防与治疗动物疾病追求更多利益而滥用抗生素,导致了耐药性细菌的出现和传播,致使越来越多的抗生素对动物和人类的传染病治疗效果大减,甚至无效。耐药性已经成为现代医学的主要威胁之一,也是食品安全问题的重中之重。飞速发展的工业付出了牺牲环境的巨大代价,向环境中排放了大量有毒污染物,污染物通过食物链进入人体,损害健康。人口老龄化则使人口总免疫力下降,对食源性疾病的抵抗力下降。生活节奏加快,人们对食堂、饭店以及小作坊的快餐食品的消费增加,增加了患食源性疾病的风险。不仅如此,野生动植物食品逐渐进入人们的菜单,也增加了食源性人兽共患病的传播风险。

(二) One Health 在食源性疾病防控的具体实践

食源性疾病也是体现人类与动物、与周围环境之间复杂联系的研究领域。2006 年,因 O157:H7 亚型大肠杆菌这种强毒株污染了菠菜而导致美国 26 个州约计 200 人受到感染。针对此次疫情的现场流行病学调查仅扩展到人群的发病率、死亡率、风险评估、可能来源评估、实验室检查和临床治疗。然而,Warnert(2007)考虑到了家畜、野生动物健康及生态学等因素,通过对暴发区域的 4 个菠菜农场进行调查,从其中一个农场的牛、野猪等动物粪便中分离出的大肠杆菌毒株 O157:H7 与暴发流行患者所感染的菌株完全一致。由此可见,One Health 理念整合了流行病学、临床诊断、环境与生态学等多方面的知识,对这次疫情的全面调查与认识,以及食源性疾病暴发原因的理解起到了重要作用。

抗微生物药物耐药性是全球公共卫生问题,也是食源性疾病的突出问题。食物链是抗微生物药物耐药性发生与传播的重要途径。在 2014 年,华盛顿州卫

生部组建了 One Health 指导委员会与两个工作组（One Health 抗生素管理小组与 One Health 抗微生物药物耐药性监测小组）致力于抗击抗微生物药物耐药性。One Health 抗生素管理小组从 2015 年年初开始召开季度性的例会，小组成员不仅包括指导委员会成员、地方卫生部门的代表，华盛顿州立大学的兽医专家、华盛顿州立医院的协会学者与医生等利益相关者也参与其中，为解决抗微生物药物耐药性问题共同努力。小组通过宣传这种合作的工作形式以召集相关方面的人员加入，同时对抗生素的使用加大管理力度，并对食品生产者、处方开具者、消费者采取了具体行动以改善抗生素的滥用现状。在 2015 年，加州参议院通过法案禁止使用抗生素加快畜禽生长，并规定所有用于治疗的抗生素均需要兽医开具处方，授权检测抗生素使用与抗生素耐药性。

四、One Health 在中国的发展

虽然 One Health 理念在我国起步较晚，但在传染病的防控中已有成功实例。香港地区在 1997 年经历 H5N1 禽流感之后，建立了禽流感工作组，将农渔业卫生、食品与环境卫生、医院管理局与大学紧密联系在一起，这是香港地区对 One Health 理念的一次实践。2003 年 SARS 之后，我国采取的多部门联防联控机制应对新发突发传染病，同样也是 One Health 理念的实践。2008 年陆家海团队在山东某养殖场开展"从田间到餐桌有机循环乳业产业链"的健康养殖模式保障了奶业的食品安全，也是 One Health 的成功应用。团队参加 2015 年 10 月在达沃斯举办的 GRF One Health 峰会并获得"最佳海报奖"。

2014 年 11 月在广州举办了中国首届 One Health 研究国际论坛，在国内引起了热烈的反响。此后，通过召开 One Health 学术交流活动，针对来自于高等院校的研究生、不同行业（疾控、医院、兽医）的青年骨干举办 One Health 主题培训班，系统地讲授 One Health 理念方法，深刻领会 One Health 策略内涵，这一系列活动旨在推动 One Health 在国内的发展。

五、展　　望

目前，One Health 理念已得到许多国家和国际机构、组织的拥护与支持。从 2016 年开始，WHO 将每一年的 11 月 3 日定为"One Health Day"。One Health 已然成为应对和解决当今复杂健康问题的必由之路。*Nature* 杂志 2017 年 3 月 30 日刊登评述文章"The one-health way"，希望通过打破动物、人类以及环境三者之间的屏障，从而更好地解决三者的健康问题，具体实施内容包括环境危害治理、慢性病与传染病、抗菌素耐受以及食源性疾病等。此前 *The Journal of the American Medical Association*（*JAMA*）也刊登评论，阐述 One Health 策略是全球可持续

发展战略之一,目标是使地球宜居、人类健康。

我国在突发急性传染病防治"十三五"规划纲要中提出,应强化"同一健康"理念,各级卫生行政部门积极协调农业、林业等部门,将突发急性传染病源头防控的措施与项目纳入相关部门的政策和规划中,加强动物疫病防治,提升家禽畜牧业生物安全管理水平,积极防控人畜(禽)共患病;加强野生动物保护管理,减少公众接触传播野生动物源性传染病的潜在风险;及时共享人畜(禽)共患病等信息。该规划的出台为我国防控寨卡病毒病、裂谷热和 MERS 等新发传染病提供了重要指导思想。

参 考 文 献

［1］　About the one health initiative［R］.［2017-03-26］.

［2］　One health history［R］.［2017-03-26］.

［3］　MORRISON J S. One health:the human-animal-environment interfaces in emerging infectious diseases［J］. Current Topics in Microbiology & Immunology,2013,11(3-4):98-99.

［4］　ANDERSON B D,MA M,XIA Y,et al. A one health approach for studying swine virus transmission in pig farms,China［C］.International Symposium for One Health Research. Guangzhou,China,2014.

［5］　REID S A,RODNEY A,KAMA M N,et al.Development of a combined metric for one health:the case of leptospirosis in Fiji［C］.International Symposium for One Health Research. Guangzhou,China,2014.

［6］　郭瑞鹏,吴银宝.兽用抗生素 10 年残留对环境中细菌耐药性影响的研究进展［J］.家畜生态学报,2013,34(2):1-5.

［7］　刘秀英,胡怡秀.全球食源性疾病现状［J］.环境卫生学杂志,2003,30(4):199-205.

［8］　D'ANGELI M A,BAKER J B,CALL D R,et al. Antimicrobial stewardship through a one health lens:observations from Washington State［J］. International Journal of Health Governance,2016,21(3):114-130.

［9］　WU J,LIU L,WANG G,et al. One health in China［J］. Infection Ecology & Epidemiology,2016,6:33843.

［10］　黄嘉炜,张应涛,陆家海. 中国首届 One Health 研究国际论坛会议纪要［J］. 中华预防医学杂志,2015(4):373-376.

［11］　KAHN L H. The one-health way［J］. Nature,2017,543(7647):S47.

［12］　GOSTIN L O,FRIEDMAN E A. The sustainable development goals:one-health in the world's development agenda［J］. JAMA,2015,314(24):2621.

陆家海 教授,中山大学公共卫生学院流行病学与卫生统计学、微生物学专业博士生导师,热带病防治研究教育部重点实验室和广东省重大传染病预防和控制技术研究中心 PI,中山大学公共卫生学院 One Health 研究中心主任、卫生检验检疫中心主任。主要从事传染病流行病学、疫苗学以及人兽共患病防治方面的研究。在 SARS、登革热、基孔肯雅热、狂犬病、禽流感等研究方面取得重要进展。主持和参加基孔肯雅热、H7N9、One Health 研究等国家级、省市级课题,国家"十一五""十二五"传染病重大专项多项。发表论文 200 余篇,其中在 *Science*、*Clinical Infectious Diseases*、*Emerging Infectious Diseases*、*The Journal of Infectious Diseases*、*PloS Neglected Tropical Diseases* 等期刊上发表 40 余篇。担任《中华预防医学杂志》及其英文版、《国际病毒学杂志》、*Vaccine*、*BMC Infectious Diseases* 等期刊编委或审稿人。

埃博拉病毒病预防和治疗临床研究进展

刘国栋[1,2]　　王颂基[1,3,4]　　曹文广[1,2]　　毕玉海[3,4]　　邱香果[1,2]

1. 加拿大公共卫生署国家微生物实验室,温尼伯;
2. 曼尼托巴大学医学微生物学和传染病学系,温尼伯;
3. 中国科学院流感研究与预警中心、微生物研究所,
   病原微生物与免疫学重点实验室,北京;
4. 深圳市第三人民医院,感染性疾病国家重点学科,
   深圳市病原微生物与免疫学重点实验室,深圳

埃博拉病毒病(Ebola virus disease,EVD),早期称为埃博拉出血热,是由埃博拉病毒属的病毒感染引起的严重急性传染性疾病,患者可在发病后数天内死亡。已知该病毒属含 5 个种,其中扎伊尔埃博拉病毒(Zaire ebolavirus,EBOV 或 ZEBOV)毒力最强并可导致高达 90% 的致死率,目前尚无商用、特异、安全有效的预防和治疗措施。

自 1976 年首次报道人类感染埃博拉病毒的病例至 2013 年年底,该病毒属已造成多次 EVD 的暴发流行,但主要局限于非洲中部地区,多发生于偏远地区,累积感染病例约 2 400 人,其中约 1 600 人死亡。2013 年年底至 2016 年,以几内亚、利比里亚以及塞拉利昂为主的西非三国暴发了迄今为止最大规模的埃博拉疫情。截至 2016 年 6 月,EBOV 已造成 28 616 例感染,并导致 11 310 人死亡。此次疫情敲响了埃博拉病毒在世界范围内传播的警钟,同时再次暴露出全球面对这一高危病原体缺乏有效的预防和治疗措施的窘境。鉴于疫情的严重程度和危害性空前,世界卫生组织(WHO)于 2014 年 8 月召集国际会议讨论使用试验性疫苗和治疗药物的可行性,并于其后发布了在疫情期间使用开发中产品的指导原则。在此推动下,埃博拉病毒疫苗和治疗药物的开发进程得以大大加快。

一、埃博拉病毒疫苗研究进展

鉴于埃博拉病毒的传播和流行病学机制尚未完全阐明,疫苗对于该病毒病的预防和控制将是极为有效的手段。目前已报道多种类型的埃博拉病毒疫苗开发策略,包括灭活疫苗、亚单位疫苗以及基因重组疫苗。灭活疫苗和亚单位疫苗

的研制多处于动物实验阶段,应用前景尚需更为充分的研究证据。

基因重组疫苗是目前埃博拉疫苗研究的主要方向,其基本原理是利用携带特定病毒蛋白编码基因的载体作为疫苗在体内表达病毒抗原并诱发针对埃博拉病毒的免疫保护效应。以往的研究表明以埃博拉病毒表面糖蛋白(glycoprotein,GP)作为抗原诱发的保护效果最佳,因而埃博拉基因重组疫苗大多使用 GP 作为抗原。根据所使用表达载体的类型基因重组疫苗可大致分为两类:① DNA 疫苗,使用质粒作为表达载体;② 病毒载体疫苗,有多种类型的病毒表达载体,包括腺病毒(adenovirus,Ad)、水疱性口炎病毒(vesicular stomatitis virus,VSV)、改良型安卡拉痘苗病毒(modified vaccinia virus Ankara,MVA)等。

大部分基因重组疫苗在不同的动物感染模型中均表现出较好的保护效用,目前已有数种疫苗进入临床研究阶段,包括一个 DNA 疫苗和数个以 Ad 或 VSV 为载体的疫苗。

(一) DNA 疫苗

DNA 疫苗以质粒为载体,因无感染性而具有较高的安全性。较早的一项研究以表达 EBOV GP 的 DNA 疫苗免疫实验猴,接种 3 剂(每剂 100 μg)后,再于第一剂 20 周后以 1 剂 Ad 疫苗进行加强免疫,并于 32 周时以 EBOV 攻击,所有动物存活且 6 个月内均未表现出明显症状。一项在乌干达进行的 Ib 期临床研究对 DNA 疫苗 VRC-EBODNA023-00-V 进行了评估[1],受试者于 0、4、8 周分别接受 1 剂疫苗(每剂 4 mg),接种完成后 4 周有约 57% 的受试者检测到 EBOV GP 抗体,约 63% 的受试者检测到细胞免疫。疫苗在大部分受试者中表现出较好的耐受性,93% 的受试有轻微到中等程度的局部反应,其中约 83% 有轻微到中等程度的全身反应。

(二) 重组人腺病毒 5 型(Ad5)埃博拉疫苗

Ad5 是一类复制缺陷型病毒载体,因与病毒复制及宿主免疫系统干扰有关的 E1 和 E3 基因被敲除而具有较好的安全性,并因此已被广泛应用于人类疫苗的开发。重组 Ad5 埃博拉疫苗(Ad5-EBOV)以 Ad5 为载体,用 EBOV GP 代替原载体中 E1 基因构建而成。如前所述,Ad5-EBOV 与 DNA 疫苗的联合使用在多种动物模型中表现出了较好的保护效力。Ad5-EBOV 单独使用于包括非人灵长类(NHP)在内的多种动物模型时亦表现出良好的保护效力。目前已有多项临床试验对其安全性和免疫原性进行了研究。早期的一项随机分组 I 期临床研究使用以 Ad5 为载体分别表达扎伊尔株和苏丹株 GP 的混合疫苗以不同剂量接种健康受试者,结果高剂量组($2×10^{10}$ 病毒颗粒)中所有受试者体内均可检测到 GP

抗体,且 80% 的受试者体内检测到细胞免疫;受试者未出现严重副反应[2]。2014
年年底,一项在中国进行的随机分组双盲含对照的 Ⅰ 期临床研究中,健康成年受
试者分别接种了 $4×10^{10}$ 或 $1.6×10^{11}$ 病毒颗粒的 Ad5-EBOV[3]。接种后 14 天,低
剂量组和高剂量组分别有 93% 和 100% 的接种者体内检测到较高 EBOV GP 抗体
水平,同时也检测到 T 细胞免疫反应;体液免疫和细胞免疫的水平均显示出剂量
依赖性;疫苗接种者在免疫后 7 天内未出现严重副反应。2015 年启动的一项随
机分组双盲含对照的 Ⅱ 期临床研究,进一步对 Ad5-EBOV 疫苗的安全性和效力
进行了评估[4]。该研究在塞拉利昂招募了 500 名健康受试者并随机分为三组分
别给予不同剂量疫苗($8×10^{10}$ 或 $1.6×10^{11}$ 病毒颗粒)或安慰剂,接种后 7 天约一
半的受试者出现轻微副反应;14 天后检测到 EBOV GP 抗体,至 28 天时抗体水
平达峰值;抗体水平与疫苗剂量呈正相关。这些结果表明该疫苗可诱发人体产
生针对 EBOV 的免疫反应,且安全性较好。

尽管 Ad5 载体疫苗可诱导较强的免疫反应,然而人群中存在的 Ad5 预存免
疫力有可能导致以其为载体的疫苗的效力受损,从而限制其在疫苗开发中的使
用。针对此现象,一研究发现将 Ad5-EBOV 与表达 α 干扰素的重组 Ad5(Ad-
IFN-α)联合使用,对 NHP 进行鼻腔免疫,结果可以克服 Ad5 预存免疫力造成的
影响而提供有效的保护。其机制可能与 IFN-α 本身的抗病毒作用以及针对 Ad5-
EBOV 所起的佐剂效应有关。另有几项研究也有类似的发现,提示 Ad5-EBOV
通过鼻腔免疫以避免预存免疫力影响的应用前景,但尚需临床研究来证实在人
体中的免疫效果。

(三) Ad26 埃博拉疫苗

避免因 Ad5 预存免疫力而影响疫苗免疫效力的另一途径是使用其他血清型
的人腺病毒作为载体。因 Ad26 在人群中的流行度较低,该载体较为受关注。已
发现使用含 10^{11} 病灶形成单位(focus forming units,FFU)的 Ad26.ZEBOV 疫苗进
行首次免疫,4 周后以含 10^{11} FFU 的 Ad35-GP 疫苗(以 Ad35 为载体表达 EBOV
GP)进行加强免疫获得了 100% 的保护性。另有研究报道单独使用 Ad26.ZEBOV
疫苗对 NHP 的保护性为 75%;而使用 Ad26.ZEBOV 首次免疫再以另一以 MVA
为载体表达 EBOV GP 的疫苗(MVA-BN Filo)加强免疫获得 100% 的保护性。这
些结果表明 Ad26 疫苗与异源疫苗进行激发-加强的策略可获得较好的保护性。
2014—2015 年间,一项随机分组含对照的 Ⅰ 期临床试验对 Ad26.ZEBOV-MVA-
BN Filo 交叉激发-加强免疫策略在人体内的安全性和效力进行了评估,结果表
明接种者多无严重副反应;以 Ad26.ZEBOV 激发再以 MVA-BN Filo 加强在大多
数受试者中诱发了较高水平的 EBOV GP 的抗体,且可持续 8 个月[5]。该策略也

在较高比例的疫苗接种者中诱发出细胞免疫反应。目前这些疫苗正处于 Ⅱ／Ⅲ 期临床研究中。

（四）重组黑猩猩腺病毒 3 型（chimpanzee Ad3，ChAd3）埃博拉疫苗

ChAd3 亦为复制缺陷型病毒载体，由于来自于黑猩猩而能较好地克服人群中可能存在的针对 Ad5 的预存免疫力。近期一项研究构建了一个以 ChAd3 为载体表达 EBOV GP 的疫苗（ChAd3-EBO Z），以该疫苗对实验猴进行激发，再以 MVA-BN Filo 进行加强免疫，结果显示对 EBOV 攻击的保护率可达 100%。目前已有数个临床试验对其在人体的保护力和安全性进行了评估。一项在英国进行的 I 期临床研究中，60 名健康受试者以 20 人为一组，分别接种了三种不同剂量的 ChAd3-EBO Z 疫苗（1/2.5/5×10^10 病毒颗粒），每组中一半的受试者其后又以 MVA-BN Filo 进行加强免疫[6]。接种后 4 周检测到 EBOV GP 抗体以及细胞免疫反应。6 个月后仍可检测到抗体，而且接受加强免疫的受试者体内抗体水平显著高于仅接种 ChAd3-EBO Z 的受试者。约有一半的受试者出现轻微副反应，多表现为身体不适、乏力和头痛。另一项在瑞士进行的随机分组双盲 I/IIa 期临床研究中，约 50 名健康受试者分别接种 2.5×10^10 或者 5×10^10 病毒颗粒的 ChAd3-EBO Z，另有 20 名受试者给予安慰剂作为对照。免疫后 28 天在 96% 的疫苗接种者体内检测到 EBOV GP 抗体峰值，约 60% 的接种者可检测到 CD4^+T 细胞反应，接近 70% 的接种者有 CD8^+T 细胞反应。在 6 个月的随访期内，约 80% 的疫苗接种者以及 25% 的对照组受试者出现轻微反应，以乏力、头痛和短暂发烧为主[7]。结果表明，不同剂量组之间在疫苗免疫原性和安全性方面无显著差别。

（五）重组 VSV 埃博拉（recombinant VSV-ZEBOV，rVSV-ZEBOV）疫苗

rVSV-ZEBOV 由加拿大公共卫生署研制并授权给 NewLink Genetics 公司，后者于 2014 年将其授权给默沙东制药公司（Merck Sharp & Dohme）生产。该疫苗是以 VSV 为载体，经由 EBOV GP 替代载体病毒糖蛋白构建而成的复制型减毒活疫苗，在包括啮齿类和 NHP 的多种动物模型中均显示出高度的保护性，且保护效果持久，尤为独特的是该疫苗在 NHP 中显示出暴露后保护作用[8]。该疫苗曾作为应急药物施用于因意外事故而造成潜在感染 EBOV 危险的 1 名实验室研究人员和 1 名医生，两名患者最终均未表现出明显的临床症状[9-10]。以上提示 rVSV-ZEBOV 不仅具有预防效用，还可能作为一项感染后的治疗手段。

在以 NHP 为模型的疫苗安全性的评估实验中，接种 rVSV-ZEBOV 的免疫缺陷猴均未出现明显症状，显示出良好的耐受性。此外，不同于野生型 VSV 载体，该疫苗在 NHP 中也未显示神经毒性。2014—2015 年间，以 Wellcome Trust

基金会为主的多家机构提供资金对 rVSV-ZEBOV 的安全性和免疫原性进行了临床评估[11]。该 I 期临床研究在欧洲和非洲共招募了 158 名健康成年人,每人接种 1 剂 rVSV-ZEBOV,剂量从 $3×10^6$ 到 $5×10^7$ 个噬菌斑形成单位(plaque-forming units,PFU)。研究结果显示疫苗接种后部分患者出现轻微到中等程度的反应;受试体内均检测到抗 EBOV GP 的抗体,抗体滴度与疫苗接种量呈正相关,且抗体在 6 个月的观察期内均可检测到,初步显示出 rVSV-ZEBOV 在人体上具有良好的安全性和较强的免疫原性。

为了进一步评估其安全性和保护效用,于 2015 年始,rVSV-ZEBOV 被用于另外三项临床研究,分别命名为:PREVAIL I、STRIVE 和 Ebola ça suffit。

PREVAIL I 旨在比较 rVSV-ZEBOV 和 ChAd3-EBO Z 的安全性和保护效果,而 STRIVE 旨在评估 rVSV-ZEBOV 对医疗健康服务人员及实验室检验人员的保护效果,同时也将比较即时免疫及延迟免疫的效果。目前,这两项临床研究均在进行当中。

Ebola ça suffit 是由 WHO 等多方主导实施、在几内亚进行的一项 III 期临床试验[12]。该研究采取环式接种的策略,即一旦患者确诊为 EVD,近期与之密切接触的人群以及与这些接触者接触过的人群将被编入一个接触簇,同一接触簇内的人按 1:1 的比例被随机分为两组,一组人立即接种疫苗,另一组人于分组后 21 天接种疫苗,接种剂量为 $2×10^7$PFU。此次临床试验共招募 11 841 名受试者,最终疫苗接种总人数为 5 837 人。至研究结束,立即接种组中未出现任何埃博拉病毒感染病例,达到 100% 的保护力。与之相对照,延迟接种组以及未接种疫苗的人中共有 23 人感染。所有疫苗接种者中,共有 3 149 人报告有疫苗反应,但大体上为轻微副作用,以头痛、乏力及肌肉疼痛为主。研究结果表明 rVSV-ZEBOV 的保护效果非常显著且具有良好的安全性,因而该疫苗被确认为首个在人体内针对 EBOV 感染具有保护性的疫苗。

二、埃博拉病毒治疗药物研究进展

埃博拉病毒以体液传播为主,其致病机制尚未完全了解,目前主要根据患者临床表现采取针对性和支持性治疗为主。近年的研究多集中于阻断病毒进入细胞以及抑制病毒的胞内繁殖两方面。目前已有多种类型的治疗药物处于研发之中,包括小分子抑制剂、恢复期血浆和单克隆抗体。

(一) 小分子抑制剂

埃博拉病毒治疗药物开发中的一个主要方向是筛选或开发能抑制病毒进入细胞、干扰病毒蛋白或与病毒生物学过程有关联的胞内蛋白的功能的小分子药物。目前开发程度较深的主要有两类:一类是核苷或核苷酸类似物,另一类是以核酸为基础的干扰分子,分别以抑制埃博拉病毒 L 基因编码的 RNA 依赖的 RNA 合成酶的功能和阻断该酶的合成为目的。

6-氟-3-羟基-吡嗪羧酰胺(药物名 Favipiravir,也称为 T-705)是一种吡嗪衍生物,可在胞内转化为嘌呤核苷酸类似物,掺入合成中的病毒 RNA 链从而抑制病毒 RNA 合成酶的功能。该化合物现已应用于流感的治疗。2014 年,39 名塞拉利昂重症 EVD 患者服用了 T-705,剂量参照流感治疗中的用量,患者同时接受支持性治疗[13]。与历史对照组相比,完成 T-705 治疗的患者存活率高于对照组两倍以上。同年 12 月,一项命名为 JIKI 的单组临床试验在几内亚的多个埃博拉治疗中心同时开展,所招募的 EVD 患者连续十日口服 T-705[14]。数据分析时根据患者入院时以定量 PCR 确定的基准病毒载量(以循环数阈值 C_t 为标准,C_t 值越低,病毒载量越高)以及年龄分为三个组别。患者总体表现出较好的耐药性。14 天后,入院时 $C_t < 20$ 的青少年和成年患者死亡率高达 90.9%,而 $C_t \geqslant 20$ 的青少年和成年患者死亡率则仅为 20%;年龄为 6 岁及以下的儿童患者的死亡率则为 75%。该结果提示 T-705 对病毒载量较低的患者具有保护性。

另一候选小分子药物 TKM-130803 是以纳米颗粒包裹的小干扰 RNA(small interfering RNA,siRNA)制剂,含有靶向 EBOV L 合成酶以及 VP35(具有辅助 L 合成酶以及抑制感染者免疫系统的功能)编码基因的两种 siRNA。该药物在 NHP 实验中于病毒攻击后 72 小时使用,结果表现出 100% 的保护性。鉴于西非埃博拉疫情的严重性,该药物通过"潜在埃博拉干预及药物快速评估"(RAPIDE)平台进入 II 期临床研究。该研究亦为单组临床试验,符合条件的确诊患者除接受支持性治疗外连续 7 天接受静脉药物输送,剂量为每公斤体重每天 0.3 mg[15]。首次用药 14 天后,14 名受试患者中有 11 人死亡,仅有 3 名完成 7 天药物治疗的患者存活,存活率与历史对照组相比并无明显优势。

(二)恢复期血浆

恢复期全血或血浆因含有针对特异病原体的抗体,因而在缺乏有效药物的情况下可用于治疗感染性疾病,属于被动免疫疗法。该疗法在以往的埃博拉暴发中曾使用过,患者大多康复,但不清楚是否确为恢复期血浆的效用。为了应对西非的埃博拉严重疫情,WHO 推荐可优先使用来源于已治愈患者的恢复期血浆用于患者的治疗。2015 年在几内亚启动了一项 II/III 期临床研究以评估恢复期血浆用于 EVD 的安全性和效力[16]。99 名不同年龄及性别的 EVD 患者接受了两次输血,每次 200~250 mL,间隔 15 min。输血后患者无严重不良反应,但死亡率与历史对照相近。治疗时恢复期血浆所含保护性抗体水平尚未得到检测,其后的检测结果表明 3/4 的恢复期血浆中所含的中和性抗体的水平并不高。此外血浆在使用之前的储存措施也并不完善。这些因素都有可能影响恢复期血浆的治疗效果。

（三）单克隆抗体

单克隆抗体与恢复期血浆同属被动免疫疗法，在对抗病毒性疾病的应用中已有成功先例，亦是埃博拉治疗措施开发领域内的一大热点。目前已有超过 20 个 EBOV 特异性的单克隆抗体处于研发之中，其中一部分已在动物模型中显示出保护性，但大多还未进入临床研究阶段或正处于临床评估中。目前仅有一个单克隆抗体鸡尾酒 ZMapp 完成了临床试验。ZMapp 含有 3 个针对 EBOV GP 的单克隆抗体，来自于由加拿大和美国的研究人员开发的单克隆抗体鸡尾酒 ZMAb 和 MB-003，目前已授权于 Mapp Biopharmaceutical 制药公司。在 NHP 模型中，ZMapp 在病毒攻击 5 天后使用仍产生 100% 的存活率[17]，提示其有高度的保护力。2015 年 3 月启动了一项 Ia 期临床研究以评估 ZMapp 在健康人群中的安全性和药物动力学，目前该研究尚未结束。同年 2 月，另一项随机分组的 I/II 期临床试验考察了 ZMapp 在 EVD 患者中的效力。该研究被命名为 PREVAIL II，同时在利比里亚、塞拉利昂、几内亚和美国进行[18]。EVD 确诊患者被随机分入两个组别：试验组患者注射抗体同时接受优化的标准治疗，对照组在开始阶段仅接受优化的标准治疗。试验组患者于分组完成后 12~24 h 内接受静脉输送抗体，再分别于 3 日后及 6 日后各接受 1 剂抗体，剂量为每千克体重 50 mg。治疗后试验组患者无严重不良反应。临床观察终点时对照组和试验组的死亡率分别为 37% 和 22%。虽然试验组的死亡率相较于对照组降低了 40%，但统计学分析显示试验组对于死亡率的改善并不优于对照组。尽管如此，ZMapp 的效力有可能因患者病情过重而被低估，因为该组别 8 例死亡中有 7 例发生于患者接受第二剂抗体之前，患者在完成治疗前死亡将会影响对测试药物效力的准确评估。事实上，如果仅考察接受了三剂抗体治疗的患者，其死亡率不足 4%，大大低于对照组中 37% 的死亡率。由此提示 ZMapp 的实际保护效力应属较高水平，但这可能需要在将来的临床试验中进一步确证。

综上所述，近期埃博拉病毒的预防和治疗药物的研究取得了较大进展。尽管大部分候选药物在已完成的临床试验中并未显示出预期的治疗效果，但这些研究积累了疫情发生时进行紧急临床试验的宝贵经验和教训，为在将来的临床试验中改进研究方法提供了基础。更重要的是，已有少数候选产品，如 rVSV-ZEBOV 和 ZMapp，展现出可期待的应用前景。随着这些产品以及目前尚在评估的其他一些产品最终投入使用，可预期人类将能在不远的将来针对埃博拉病毒实现有效的防控。

参 考 文 献

［1］ KIBUUKA H,BERKOWITZ N M,MILLARD M,et al. Safety and immunogenicity of Ebola virus and Marburg virus glycoprotein DNA vaccines assessed separately and concomitantly in healthy Ugandan adults:a phase 1b,randomised,double-blind,placebo-controlled clinical trial[J]. Lancet,2015,385(9977):1545.

［2］ LEDGERWOOD J E,COSTNER P,DESAI N,et al. A replication defective recombinant Ad5 vaccine expressing Ebola virus GP is safe and immunogenic in healthy adults[J]. Vaccine,2010,29(2):304.

［3］ ZHU F C,HOU L H,LI J X,et al. Safety and immunogenicity of a novel recombinant adenovirus type-5 vector-based Ebola vaccine in healthy adults in China:preliminary report of a randomised,double-blind,placebo-controlled,phase 1 trial[J]. Lancet,2015,385(9984):2272.

［4］ ZHU F C,WURIE A H,HOU L H,et al. Safety and immunogenicity of a recombinant adenovirus type-5 vector-based Ebola vaccine in healthy adults in Sierra Leone:a single-centre,randomised,double-blind,placebo-controlled,phase 2 trial[J]. Lancet,2017,389(10069):621.

［5］ MILLIGAN I D,GIBANI M M,SEWELL R,et al. Safety and immunogenicity of novel adenovirus type 26-and modified vaccinia Ankara-vectored Ebola vaccines:a randomized clinical trial[J]. JAMA,2016,315(15):1610.

［6］ EWER K,RAMPLING T,VENKATRAMAN N,et al. A monovalent chimpanzee adenovirus Ebola vaccine boosted with MVA[J]. New England Journal of Medicine,2016,374(17):1635.

［7］ DE S O,AUDRAN R,POTHIN E,et al. Safety and immunogenicity of a chimpanzee adenovirus-vectored Ebola vaccine in healthy adults:a randomised,double-blind,placebo-controlled,dose-finding,phase 1/2a study[J]. Lancet Infectious Diseases,2015,16(3):311-320.

［8］ FELDMANN H,JONES S M,DADDARIODICAPRIO K M,et al. Effective post-exposure treatment of Ebola infection[J]. PLoS Pathogens,2007,3(1):e2.

［9］ GüNTHER S,SCHMIEDEL S. Management of accidental exposure to Ebola virus in the biosafety level 4 laboratory,Hamburg,Germany[J]. Journal of Infectious Diseases,2011,204(suppl 3):S785.

［10］ LAI L,DAVEY R,BECK A,et al. Emergency postexposure vaccination with vesicular stomatitis virus-vectored Ebola vaccine after needlestick[J]. JAMA,2015,313(12):1249.

［11］ AGNANDJI S T,HUTTNER A,ZINSER M E,et al. Phase 1 trials of rVSV Ebola vaccine in Africa and Europe[J]. New England Journal of Medicine,2016,374(17):1647.

［12］ HENAORESTREPO A M，CAMACHO A，LONGINI I M，et al. Efficacy and effectiveness of an rVSV-vectored vaccine in preventing Ebola virus disease：final results from the Guinea ring vaccination，open-label，cluster-randomised trial（Ebola ça Suffit）［J］. Lancet，2016，386（9996）：857-866.

［13］ BAI C Q，MU J S，KARGBO D，et al. Clinical and virological characteristics of Ebola virus disease patients treated with Favipiravir（T-705）—Sierra Leone，2014［J］. Clinical Infectious Disease，2016，63（10）：1288.

［14］ SISSOKO D，LAOUENAN C，FOLKESSON E，et al. Experimental treatment with Favipiravir for Ebola virus disease（the JIKI trial）：a historically controlled，single-arm proof-of-concept trial in Guinea［J］. PLoS Medicine，2016，13（3）：e1001967.

［15］ DUNNING J，SAHR F，ROJEK A，et al. Experimental treatment of Ebola virus disease with TKM-130803：a single-arm phase 2 clinical trial［J］. PLoS Medicine，2016，13（4）：e1001997.

［16］ van GRIENSVEN J，EDWARDS T，DE L X，et al. Evaluation of convalescent plasma for Ebola virus disease in Guinea［J］. New England Journal of Medicine，2016，374（1）：33.

［17］ QIU X G，WONG G，AUDET J. Reversion of advanced Ebola virus disease in nonhuman primates with ZMapp［J］. Nature，2014，514（7520）：47-53.

［18］ DAVEY R T，DODD L，PROSCHAN M A，et al. A randomized，controlled trial of ZMapp for Ebola virus infection［J］. New England Journal of Medicine，2016，375（15）：1448.

邱香果　现任加拿大公共卫生局国家微生物实验室特殊病原组主任，兼任曼尼托巴大学医学微生物系教授，致力于埃博拉病毒疫苗与抗病毒药物研发，并取得了重要研究成果，在 *Nature*、*Cell Reports*、*Science Translational Medicine*、*Journal of Infectious Diseases* 等期刊发表论文 60 余篇，其研发的 ZMapp/ZMab 等埃博拉病毒特效药物为全球抗击埃博拉事业做出了突出贡献。

人兽共患传染病检测新技术研究

王升启

军事医学科学院放射与辐射医学研究所，北京

目前已经证实的人兽共患传染病有 200 多种，近年来新发传染病中 70% 均属于人兽共患。人兽共患传染病对人类的健康以及畜牧业、养殖业等的发展都造成了很大的危害，而且有些病原还可作为生物恐怖剂，威胁社会稳定、经济繁荣和国家安全。增强我国应对人兽共患传染病的综合防控能力，建立早期、快速、高特异性和高灵敏度的病原诊断技术对于疫情控制与疾病治疗至关重要。本文将介绍笔者所在实验室在人兽共患传染病病原体现场检测、实验室高通量筛查和快速确证方面取得的进展。

一、创新发展了高灵敏集成化现场快速检测技术

现场快速检测由于其操作简便、检测时间短、不需要专门的仪器及专业检测人员等优点，已成为实时检测中应用最广泛的方法。目前国内外常用的快速检测方法主要有：胶体金免疫层析技术、恒温扩增技术、生物传感技术、微流控技术和表面增强拉曼（SERS）检测技术等。免疫层析技术操作简便实用，目前在现场检测中应用最多，但其灵敏度及特异性低；恒温扩增技术灵敏度高，但容易污染，使用受专利限制；生物传感技术和微流控技术应用成本高。

拉曼光谱（Raman spectra）是一种极具发展前景的前沿生物检测技术，可以在分子水平上提供待测生物化学物质的信息，在高灵敏度、高可靠性的现场实时检测领域具有巨大的应用潜力。相对于传统荧光标记检测技术，SERS 检测技术具有以下优点：① 灵敏度很高，通过表面增强可以将拉曼信号放大 $10^{14} \sim 10^{15}$ 倍，理论上可以实现单分子检测；② 抗光致漂白，不会见光淬灭，可长期稳定保存；③ 分子特异性好，是一种"指纹谱"检测方法，作为振动光谱，SERS 谱峰分辨率很高，可以给出丰富的特征分子结构信息；④ 光谱带宽窄，适用于多通道标记检测；⑤ 在生物检测中，可以克服生物基体的自发荧光干扰，非常适用于活体检测等。

实验室建立了表面增强拉曼（SERS）检测新技术平台，发明一类 SERS 磁性复合纳米材料，克服了制备过程中的磁性纳米颗粒团聚这一技术难题，制备出多

种新型 SERS 纳米材料。基于上述材料发展出病原体、化学小分子等快速高灵敏检测新技术,检测灵敏度可达皮克水平,显著提高了现场快速检测的灵敏度。特别是 SERS 免疫层析技术的实现,解决了长期以来现有胶体金技术应用中存在的灵敏度低、通量低等关键问题。实验室 SERS 检测新技术的建立,为我国自主创新 SERS 检测新产品研发奠定了材料和方法学基础。在 *Nanoscale*、*Biosensors and Bioelectronics*、*Scientific Reports* 等国际期刊上发表 SCI 论文 16 篇,申请发明专利 6 项。

二、创建了从已知到未知的病原体实验室高通量筛查技术

病原体的实验室高通量快速筛查技术能够有效地缩小准确鉴定的范围,再使用确证手段可迅速地准确鉴定病原体。一方面,目前临床上不明原因的严重感染病例越来越多,快速准确地确定病因需要在相对未知的范围内筛查病原体。另一方面,能引起同一类似症候群的病原体较多,但不同病原体感染造成的疾病严重程度、预后及传播扩散可能有所不同,仅从症状上难以确定和区分,此时也需要高通量快速筛查技术确定病原体种类。传统的实验室诊断方法包括病毒分离培养鉴定及血清学实验等,分离培养鉴定是病原诊断的金标准,但是该方法耗时;血清学方法包括补体结合试验、中和试验等,也存在费时费力的问题,而且敏感性差。分子生物学技术的发展为病原的诊断提供了新型的简便、快速、特异和敏感的实验技术。

基因芯片技术具有高通量、快速、灵敏度高和特异性强等特点,已被广泛应用于传染病检测领域。传统的基因芯片采用荧光检测,但荧光容易猝灭不稳定,新的信号采集和分析方法应运而生,纳米金、量子点技术的发展为芯片研究开辟了一个新的领域。可视化基因芯片技术通过酪胺信号放大和金标银染技术来实现,信号稳定且肉眼可见,克服了传统荧光标记法需借助激光扫描仪实现信号采集的缺点,适合实验室和现场应用。我们实验室基于可视化和化学发光生物芯片技术开发出了 20 多种病原检测芯片,其中蚊媒病原体甄别检测基因芯片、蜱传病原体甄别检测基因芯片、立克次体甄别检测基因芯片等均可用于人兽共患病病原的检测;同时还研制出 4 种新型生物芯片配套仪器,显著提高了自动化程度,形成了完善的生物芯片自主创新体系,克服了传统方法灵敏度低、成本高和不易推广等不足。

高通量测序技术现已广泛应用于全基因组测序、转录组及表达谱分析、表观基因组和宏基因组研究等方面。其通过对样本成百上千至上亿次的序列读取,增强了测序深度,能够检测极微量的病原以及用 PCR 或基因芯片技术不能检测到的“未知”病原,已经成为人兽共患等病原体实验室确证的强有力的工具。实

验室针对新突发"未知"病原体实验室快速发现和确证的需求,建立了"从样品到基因序列"的病原体确证新技术平台,解决了低丰度样品建库、生物信息学分析等技术难题,分析了炭疽芽孢杆菌、布鲁氏菌等 9 种 120 株特殊病原体基因组序列,建立了完整的病原体基因序列数据库,建立了系统的、标准化的分析流程。通过流感病毒、腺病毒等病原体的实际检测验证,证实了该方法的可靠性。相关研究论文发表于 *Nature Microbiology*、*GUT* 等国际期刊。

三、发明了复合基因探针实时荧光 PCR 新技术,研制出系列标准化分子诊断新产品

实时荧光定量 PCR 技术是目前国际公认的病原微生物确证的最有效手段之一,具有灵敏度高、特异性高、快捷、对样品要求低等优点,现已广泛应用于临床诊断和治疗监测中,在历次的新突发传染病疫情防控中均发挥了关键作用。但是,我国在该技术领域存在的主要问题是无荧光定量 PCR 相关的核心技术专利。市场上现有荧光定量 PCR 产品多数都是基于国外的专利技术开发的,如 Taqman 探针、Lightcycler 探针、分子信标等。针对单链探针结构荧光本底高及外切酶活性依赖的技术缺陷,发明了复合基因探针实时荧光 PCR 技术(ZL99125469.4),该技术采用创新的结构设计和反应原理,使反应更加稳定和灵敏,如研制的乙型肝炎病毒实时荧光定量诊断试剂本底仅为 Taqman 探针的 1/7,灵敏度高于国际著名的罗氏公司的同类产品,从根本上改变了我国在该技术领域缺乏核心技术和高灵敏诊断产品的局面。基于该技术,开发出了 50 余种实时荧光 PCR 检测试剂并获医疗器械注册证书 56 项,其中炭疽杆菌、埃博拉病毒、拉沙热病毒等 20 余种检测试剂均可用于人兽共患病病原体的检测。在多次国内外新突发疫情中,应急研发的诊断试剂均率先获得注册证书,并成功用于病原体实验室确证和临床诊断。例如 2009 年"甲流"期间,5 日内就应急研发的核酸检测试剂,并成功用于我国首例临床样本的快速确证检测,为国家疫情防控决策做出重要贡献。2012—2013 年率先研发的腺病毒和人感染 H7N9 禽流感病毒核酸检测试剂,在我军疫情应急处置中发挥了关键作用。研制的埃博拉核酸检测试剂在 2014 年埃博拉国际公共卫生事件处置中被作为指定产品装备中国援塞检测队,先后完成 4 800 多例标本的准确检测,两次代表中国参加 WHO 组织的七国(美国、英国、加拿大等)检测质量考核,均最早提交检测结果,准确率均为 100%,首次在国际舞台上彰显了我国传染病检测的技术实力,为我国"援非抗埃"任务的圆满完成发挥了关键支撑作用。

四、存在问题和发展趋势

以核酸扩增检测技术为代表的分子诊断技术在人兽共患病病原体的检测中极具优势,未来将向集成化、小型化和自动化方向发展,其应用领域也将进一步扩大。

实时荧光 PCR 是实验室确证的重要技术手段之一,但现有多数实时荧光 PCR 试剂一次只能检测一种病原,无法满足实验室对已知病原体快速应急排查的需求。而开发集成化多病原检测荧光 PCR 检测产品可很好地解决这一需求。

基因芯片和高通量测序等技术的应用也可很好地解决未知病原高通量筛查的问题。但是目前我国高通量测序相关的仪器和试剂都依赖于进口,成本还是偏高;高通量测序相关产品在临床的应用还需进一步规范;高通量测序产生的海量数据的分析需要借助强大的生物信息学知识来完成,而开发简便的一键式比对分析软件能让临床检验人员快速获取病原信息将有助于高通量测序技术在临床诊断中的推广。

目前的核酸扩增检测技术包括样品采集、核酸提取、核酸扩增和后续分析等步骤,需要较多的人力参与,自动化程度较低,非常有必要开发出集样本采集、提取、扩增和分析的一体化全自动检测平台,以彻底释放检验人员的双手,并能更客观地做出结果判定,将使更多的患者获益。

王升启　博士,研究员,军队重点实验室主任,兼任国家生物芯片工程中心副主任、全军传染病分子诊断新技术实验室主任。他的研究领域为药物分析,主要研究方向是中药分子药理学、分子诊断新技术和分子治疗药物研究等。主持完成国家新药重大创制、国家传染病重大专项、“863”重点项目、国家杰出青年基金、自然基金重点项目等课题 20 余项。特别是在中药分子药理学领域,提出了基于化学基因组学的中药“方-证”关系研究策略。在国际 SCI 期刊上发表论文 70 余篇,累计影响因子超过 200,获授权专利 17 项,国家及军队特需新药证书 12 项,注册申报 18 项。获国家技术发明奖二等奖 1 项、国家科技进步奖二等奖 2 项、北京市和军队科技进步奖一等奖 4 项。多项成果实现了产业转化,并在军内、外推广应用,产生了显著的社会效益和经济效益。

埃博拉病毒病紧急预防与救治药物研究

杨松涛[1]　郑学星[2]　王化磊[1]　赵永坤[1]　金宏丽[1]

陈维金[3]　褚　迪[3]　毕玉海[4]　Gary Wang[5]

邱香果[5]　夏咸柱[1]

1. 军事医学科学院军事兽医研究所,长春;
2. 山东大学公共卫生学院,济南;
3. 长春生物制品所有限责任公司,长春;
4. 中国科学院微生物研究所,北京;
5. 加拿大公共卫生署国家微生物学实验室,加拿大

埃博拉病毒病(Ebola virus disease,EVD),也称为埃博拉病毒性出血热,是由埃博拉病毒(Ebola virus,EBOV)引起的一种急性、烈性、出血性传染病,对人和非人灵长类的致死率可高达90%,是至今最致命的传染病之一。该病自1976年在非洲埃博拉河流域发现以来,在非洲的多个国家和地区常年有散在发生[1]。2014年3月以来在西非几内亚、利比里亚、塞拉利昂等国暴发的埃博拉疫情尤为严重,截至2016年6月10日,WHO报告28 616例临床符合病例,其中死亡11 310例。WHO认定此次疫情是近40年来非洲最大的疫情,感染人数超过了自1976年发现该病以来至2013年所有感染人数的总和,引起世界各国的高度重视,国内外对其紧急预防与救治药物的研究都在加紧进行并取得了良好进展。笔者所在的动物病毒学与特种动物疫病学实验室也与国内外有关研究单位合作,开展了埃博拉病毒病精制免疫球蛋白的研制,并按照新药申报要求进行了与之相关的药效学和药理毒理学评价。

一、国内外疫苗和药物研究现状

(一) 预防性疫苗研究

各国学者采用多种途径进行埃博拉疫苗研发,已开展研究的疫苗超过15种,包括传统的灭活疫苗和新型的基因修饰疫苗、活载体疫苗、核酸疫苗和病毒样颗粒(virus like particles,VLPs)疫苗等,一些疫苗已经完成安全性评价进入 I

期或Ⅱ期临床试验阶段[2]。走在前面的如美国国立卫生研究院（National Insti-
tutes of Health，NIH）与英国葛兰素史克公司共同研发的基于复制缺陷型黑猩猩
3 型腺病毒载体的埃博拉疫苗 ChAd3-EBO Z、加拿大公共卫生署（Public Health
Agency of Canada）国家微生物实验室研发的基于减毒水疱性口炎病毒载体的埃
博拉疫苗 rVSVΔG-ZEBOV-GP 及美国得克萨斯大学与加拿大公共卫生署联合
开发的一种新型鼻部喷雾疫苗 Ad-CAGoptZGP 等，前两者经试验证明具有很好
的安全性及免疫原性，并已在非洲开展Ⅱ期或Ⅲ期临床试验。我国军事医学科
学院陈薇实验室开展了埃博拉病毒腺病毒载体疫苗研究，他们制备了表达扎伊
尔型埃博拉病毒糖蛋白的腺病毒载体疫苗（Ad5-MakGP），疫苗可诱导小鼠产生
有效的细胞免疫和体液免疫反应，而且免疫后小鼠血清抗体在近一年的时间内
可维持稳定[3-7]。目前该疫苗已获得军队特需药品临床批件，在我国进行的Ⅰ
期临床试验表明该疫苗具有安全性，2016 年在西非开展Ⅱ期临床试验研究并取
得成功。军事医学科学院夏咸柱院士实验室（动物病毒学与特种动物疫病学实
验室）进行了埃博拉病毒病 VLPs 疫苗研究，所制备的 VLPs 疫苗在小鼠、马和恒
河猴上显示出很好的安全性和免疫原性[8]。除此之外，其他的一些疫苗研究也
都取得了良好的实验进展，如美国国家卫生研究院过敏与传染病研究所
Bukreyev 等开展的 3 型副流感病毒载体疫苗、Blaney 等开展的狂犬病病毒（SAD
株）载体疫苗，美国陆军传染病医学研究所 Geisbert 等构建的表达埃博拉病毒
GP 蛋白的重组牛痘病毒载体疫苗、Vanderzanden 等开展的表达 GP 蛋白的 DNA
疫苗，美国国家卫生研究院过敏与传染病研究所 Bukreyev 研究团队与我国哈尔
滨兽医研究所步志高实验室进行的新城疫病毒载体疫苗，美国陆军传染病医学
研究所的 Grant-Klein 制备的扎伊尔型、苏丹型埃博拉病毒和马尔堡病毒的三价
DNA 疫苗研究及我国学者研究的 DNA 疫苗等，其中有些已经完成了Ⅰ期临床
试验，证明了安全性和免疫原性[2-7]。

（二）治疗性药物研究

在疫情控制中，有效的药物治疗是最好的救治手段。自埃博拉病毒被发现
后的几十年里，各国研究者们一直致力于抗埃博拉病毒药物的研发，也有几种药
物在动物实验中被证明有效，但因缺乏人体安全性和临床试验证据都没有获得
正式批准。在西非大规模暴发埃博拉疫情的严峻形势下，美国食品药品监督管
理局（FDA）于 2014 年 9 月特别批准了之前加拿大制药商 Tekmira 公司研制的小
分子基因治疗药物 TKM-Ebola"在紧急情况下部分准予用于确诊或者疑似感染
埃博拉病毒的患者"。此外，日本富士公司开发的抗流感病毒药物法匹拉韦
（Favipiravir，或称 T-705，商品名 Avigan）也被允许在特定的条件下用于治疗致

死性埃博拉病毒感染。我国军事医学科学院微生物流行病研究所研制的 jk-05 获得军队特需药品批件。其他抗病毒药物如由美国 Chimerix 生物制药公司研制 Brincidofovir、美国 BioCryst 制药公司研发的小分子广谱性抗病毒药物 BCX4430 等也都有一定的研究基础和进展[1,5,7]。

（三）抗体药物在紧急预防与救治中的作用

抗体制剂是具有生物活性的高效价免疫球蛋白。目前,人用抗体制剂包括人源(化)单抗与多抗及异源单抗与多抗。

利用抗体疗法治疗埃博拉病毒病已有多个成功的案例。1988 年英国微生物实验室工作人员感染埃博拉病毒后使用抗血清治疗后痊愈;1999 年,在刚果暴发埃博拉疫情期间,8 名患者出现埃博拉病毒病(EVD)症状,其中 2 名患者甚至处于严重昏迷状态,所有患者都接受了来自 EVD 患者的恢复期血清,7 人获救[1,7,9];由美国和加拿大学者共同研发的一种埃博拉病毒病抗体药物 ZMapp, 2015 年 9 月得到美国 FDA 批准进入快速临床试用通道,允许用于少数感染者治疗[10]。该药物 2014 年成功救治了一名美国患者,到目前为止已成功救治 20 余例患者,有效率达 90%[10];军事医学科学院基础医学研究所研发的抗体药物 MIL77 成功救治了一名英国埃博拉病毒病患者[11]。实验证明,抗体药物具有特异性强、作用迅速、治疗确切等特点,能够有效救治急重患者,在新发突发疫情的紧急预防与治疗中发挥着重要作用。

单克隆抗体具有性质纯、效价高、特异性强、少或无血清交叉反应等特点,已被广泛应用于医学和生物学各领域。从 1992 年首个抗体药物 Orthoclone 上市以来,截至 2016 年,美国 FDA 共批准上市了 66 个治疗性抗体[12]。但由于鼠源性单克隆抗体存在诱导产生人抗鼠抗体、亲和力低和半衰期短等不足而在临床应用中受限。人源化抗体较好地保留了亲本抗体的特征,在人体的半衰期和效应功能也更加接近于人抗体,但由于其至少具有 10% 的异源蛋白仍存在免疫原性,在临床应用中还是受到不同程度的限制。全人源化抗体可以通过转基因小鼠、植物和抗体库等多种技术来制备,具有特异性好、毒副作用小、疗效好等优点而用于临床。最近的一项研究,通过分析埃博拉疫情中一名幸存者的血液,发现一种天然的人单克隆抗体,能够中和所有致病性埃博拉病毒,并且保护动物免受致死性感染,这些发现可能促使人们开发出首个广谱的埃博拉病毒抗体和疫苗[13]。

异源抗体用于抗病毒治疗已有 100 多年的历史。美国 FDA 批准生产的抗体药物有包括马抗狂犬病毒、马抗蝎毒多克隆抗体等多个产品;我国上市产品有马抗破伤风血清、马抗蛇毒血清、马抗狂犬病血清等 10 余个产品[14]。针对埃博拉等烈性传染病,世界上多个国家探索马抗在新发突发疫情中的作用。实验表明,俄罗斯实验室制备的马抗埃博拉病毒免疫球蛋白(中和抗体效价 1∶4 096)可保护小鼠免受致死性埃博拉病毒的攻击[15]。2003 年 SARS 疫情,我国食品药品监督管理总局(以下简称"药监局")印发《马抗 SARS 病毒免疫球蛋白研制技术要求》,应急情况下可以使用马抗。

二、埃博拉病毒病精制免疫球蛋白 F(ab′)$_2$ 研究

精制免疫球蛋白(精制抗体)具有研制周期短、抗体效价高、易于规模化制备等特点。本实验室以自主构建的埃博拉病毒 VLPs 做免疫原进行马匹免疫,采血收获高免血清,规模制备精制免疫球蛋白 F(ab′)$_2$,并对该抗体制品进行了药效学和安全性评价[16]。

(一) 埃博拉病毒病 VLPs 免疫原的制备

采用杆状病毒-昆虫细胞表达系统(Bac-to-Bac/IC)构建共表达 EBOV GP 和 VP40 基因的重组杆状病毒,拯救的重组杆状病毒的病毒含量可达 $10^{7.8}$ IFU/mL 以上;鉴定正确的重组杆状病毒感染 Sf9 昆虫细胞,发酵培养,获得电镜下形态与埃博拉病毒形态一致的 EBOV 病毒样颗粒;经增殖、浓缩、纯化的 VLPs 配伍佐剂免疫小鼠和猴,均能快速诱导产生强烈的体液免疫和细胞免疫反应[8]。杆状病毒-昆虫细胞表达系统采用无血清悬浮培养,周期短,易于纯化。该方法制备的埃博拉病毒抗原既具有埃博拉病毒的形态,又因为 VLPs 中缺少基因组而不具备感染性,降低了生物安全等级,在普通实验室即可以操作。

(二) 马匹免疫与高免血清制备

将纯化获得的 EBOV VLPs 与 206 佐剂按 2∶1 乳化制成免疫原,进行马匹免疫。免疫剂量 5 mg/匹/次,背部皮下多点注射,共免疫 7 次,每次间隔 15 天。每次免疫后 15 天采血样,利用假病毒监测血清中和抗体滴度。当免疫 6 次后血清中和抗体滴度达 1∶40 000 以上。采集全血,分离血浆,备用[8]。

(三) 精制免疫球蛋白 F(ab′)$_2$ 制备

中试品生产由长春生物制品研究所按照国家血清制品的 GMP 条件生产,采用胃酶消化、盐析沉淀、超滤除菌等工艺制备出只含有 F(ab′)$_2$ 片段的埃博拉病毒病精制免疫球蛋白,各项质量检定指标检验合格[8,16]。F(ab′)$_2$ 制品纯度为 80% 以上。由加拿大公共卫生署国家微生物实验室利用假病毒和扎伊尔型埃博拉病毒检测中和抗体效价,所制备的精制免疫球蛋白中和抗体滴度均达 1∶

20 000 以上。

(四)安全性评价

由中国医学科学院北京协和医学院新药安全评价研究中心进行的药理毒理学评价结果表明,该精制免疫球蛋白制品稳定性好,在 2~8 ℃条件下可放置 36 个月;成品各项质量检定符合企业内部质量检定标准;利用假病毒进行该抗体制剂的体外活性评价结果表明,3 批制剂的中和抗体效价均达 1∶20 000 以上。小鼠急性毒性试验未见与给药相关的毒性反应;大鼠、食蟹猴重复给药毒性试验各项指标未见异常改变;食蟹猴静脉注射抗体制剂单次给药最大耐受剂量大于 10 mL/kg;抗体制剂不会引起溶血和红细胞凝聚反应;家兔注射抗体制剂血管及肌肉刺激性试验表明,抗体制剂对注射血管及注射部位肌肉均无明显刺激性作用。

(五)治疗效果评价

依托于加拿大公共卫生署国家微生物学实验室,分别利用小鼠和豚鼠感染模型对埃博拉病毒病精制免疫球蛋白 $F(ab')_2$ 进行了治疗效果评价。结果表明,小鼠攻毒后 24 h 给予 $F(ab')_2$ 1~2 mg/只/次,每天 2 次,连续 3 天,小鼠 100%存活;分别于豚鼠感染埃博拉病毒 24 h 和 48 h 后给予大剂量高免血清和精制抗体(1 mg 或 2 mg),其治愈率均为 100%[8]。

三、问题与展望

近 20 年来,随着贸易全球化和人们对地球的无止境开发涉猎,人与野生动物接触的机会增加,一些自然疫源性疾病和新发、再发人兽共患病不断暴发,对人类社会构成重大威胁。因此,研制出针对性强、快速作用、效果确切的预防疫苗和治疗药物是最为重要的疫病控制手段。面对这些突如其来的疫病,任何一种疫苗或药物的研制都有一定的研制周期,需要大量的经费和技术支持。

从以往的疫情控制经验看,抗体治疗是最为快速和有效的防治手段。单抗药物虽然易纯化、副作用小,但尚存在一些问题,如半衰期短,需多次用药;针对的表位有限,需要多个单抗组合使用;鼠源性的单抗可能被宿主的免疫系统攻击,产生人抗鼠抗体(HAMA)反应;嵌合性抗体和人源化抗体虽可解决鼠源化问题,但也会产生人抗嵌合抗体(HACA)或人抗人抗体(HAHA)反应;全人源化抗体是否能解决非人源聚糖具有潜在的免疫原性所引起的效价降低问题也还有待于临床检验[17]。

常规药物的研发过程相当漫长,待一种新的化合物通过所有必需的临床试验,暴发的疫情可能已经失控或结束。马源抗体具有研制工艺成熟、周期短、产量大、成本低、治疗效果明显等特点,精制纯化后的精制抗体可将人的过敏反应降至极低,尤其适于提早储备或在短期内进行制备,不失为一种应急治疗的有效手段。

参 考 文 献

[1] 郭雅玲,王超君.埃博拉出血热的防控策略及其研究进展[J].国外医学医学地理分册,2015,36(1):5-8.

[2] 杨利敏,李晶,高福,等.埃博拉病毒疫苗研究进展[J].生物工程学报,2015,31(1):1-23.

[3] 叶玲玲、仇炜炜,田德桥,等.埃博拉病毒疫苗和药物的研发进展及启示[J].生物技术通讯,2015,26(1):5-9.

[4] OHIMAIN E I. Recent advances in the development of vaccines for Ebola virus disease[J]. Virus Research,2016,211:174-185.

[5] de CLERCQ E. Ebola virus(EBOV)infection:therapeutic strategies[J]. Biochemical Pharmacology,2015,93(1):1-10.

[6] COOPER C L,BAVARI S. A race for an Ebola vaccine:promises and obstacles[J]. Trends in Microbiology, 2015,23(2):65-66.

[7] Ebola virus disease treatment research[OL].[2017-03-26]. https://en.wikipedia.org/wiki/Ebola_virus_disease_treatment_research.

[8] ZHENG X,WONG G,ZHAO Y,et al. Treatment with hyperimmune equine immunoglobulin or immunoglobulin fragments completely protects rodents from Ebola virus infection[J]. Scientific Reports. 2016,6:24179.

[9] 孟现民,董平,卢洪洲.埃博拉病毒病的治疗与新药研究进展[J].上海医药,2014,35(21):1-5.

[10] DAVEY R T,DODD L,PROSCHAN M A,et al. A Randomized,controlled trial of ZMapp for Ebola virus infection[J]. New England Journal of Medicine,2016,375(15):1448.

[11] JACOBS M,AARONS E,BHAGANI S,et al. Post-exposure prophylaxis against Ebola virus disease with experimental antiviral agents:a case-series of health-care workers[J]. Lancet Infectious Diseases,2015,15(11):1300-1304.

[12] MULLARD A. 2016 FDA drug approvals[J]. Nature Reviews Drug Discovery,2017,16(2):73-76.

[13] WEC A Z,HERBERT A S,MURIN C D,et al. Antibodies from a human survivor define sites of vulnerability for broad protection against Ebolaviruses[J]. Cell,2017,169(5):878-890.

[14] 王占伟,邵国青,陈笑娟.动物抗血清及其制备技术要点与应用进展[J].江西农业学报,2009,21(7):149-152.

62　外来人兽共患病防控研究

62　外来人兽共患病防控研究

[15] Krasnianskii B P, Mikhailov V V, Borisevich I V, et al. Preparation of hyperimmune horse serum against Ebola virus [J]. Vopr Virusol, 1995, 40(3):138-140.

[16] 郭中平. 人用动物免疫血清制品质量标准的回顾与探讨[J]. 中国药品标准, 2008, 9(1):19-23.

[17] 郭夕源, 杨江华, 邹于川, 等. 人源性治疗性抗体的应用与制备进展[J]. 海南医学, 2013, 24(1):107-110.

杨松涛　1961 年 2 月生, 辽宁建昌人, 博士。1983 年毕业于东北师范大学生物系。军事医学科学院研究员, 博士生导师。吉林大学、吉林农业大学兼职导师。主要从事重要病毒性动物疫病及人兽共患病防控研究工作, 侧重狂犬病、埃博拉病毒病、细小病毒性肠炎等病毒病的病原、诊断、预防、救治及致病机理研究。先后承担军队及国家科研课题 20 余项。获军队(省部级)科技进步奖一等奖等科研奖励 8 项。先后获优秀教师、优秀党员、总后育才银奖、巾帼建功先进个人、农业部杰出人才等荣誉。荣立个人三等功 1 次。吉林省长春市第十三届、第十四届人大代表。兼任国家林业局长春野生动物疫病研究中心学术委员会副主任委员、农业部特种动物新药创制重点实验室副主任、吉林省动物学会副理事长、中国畜牧兽医学会养犬学分会常务理事、中国畜牧兽医学会动物传染病学分会理事、吉林省人兽共患病学会理事、中国野生动物保护协会野生动物疫源疫病专业委员会副主任等职。主编、参编《动物疫病流行病学》、野生动物疫病学》等 10 余部著作。作为第一作者/通讯作者在国内外期刊上发表文章 50 余篇。参加专利申报 17 项, 获授权 6 项。担任《中国生物制品学杂志》编委。

猪源 H1N1 流感病毒的流行与防控

金梅林　林　显

华中农业大学动物医学院,武汉

一、引　　言

猪流感(swine influenza,SI)是由甲型流感病毒引起的猪急性呼吸道传染病,不仅给养猪业带来了极大的危害,还严重危害人类健康,因此引起全球公共卫生的关注。2009 年 3 月爆发的新型猪源 H1N1(H1N1/2009)流感病毒造成了本世纪的第一次世界性大流行,至 2010 年年初,短短一年时间,全球多达 2 亿人感染 H1N1/2009 流感病毒。虽然 WHO 于 2010 年 8 月解除了 H1N1/2009 流感大流行 6 级警戒,但 H1N1/2009 仍持续威胁人类健康。2015 年年初,仅印度死于 H1N1/2009 的人数就多达 1 537 人,到 2 月底约 2.7 万人感染 H1N1/2009;2016 年年初,H1N1/2009 肆虐俄罗斯导致 107 人死亡;2016 年,乌克兰、芬兰、突尼斯、柬埔寨、巴西等国也陆续报道大量 H1N1/2009 感染病例,并有多起死亡病例。在美国,从 2016 年 10 月至 2017 年 2 月流感病毒阳性样品中发现 H1N1/2009 流感病毒占到 2.4%。这些数据表明,H1N1/2009 并未消失,其一直在人群中流行和传播,对公共卫生依然有巨大威胁。

由于猪的呼吸道上皮细胞中同时具有与禽流感病毒和人流感病毒结合的受体,因此人流感病毒和禽流感病毒均可感染猪。同样,越来越多的报道表明,猪流感病毒也可以反传给禽和人。1957 年、1968 年以及 2009 年的流感大流行毒株均与猪流感病毒有关。2011 年 8 月起,倍受全球关注的猪流感三源重配 H3N2/H1N1 亚型变异株在美国 13 个地区造成 318 人感染。该病毒是北美猪群中已有的三源重配 H3N2 亚型流感病毒进一步与 H1N1/2009 重配所产生的新型猪流感病毒,再次表明猪群在甲型流感病毒的遗传和进化过程中扮演的角色不容忽视。目前,H1N1/2009 已经在猪体内建立稳定感染,并可能与其他亚型流感病毒重组产生新型重组病毒,对人类健康具有潜在的巨大威胁。因此,监测和研究猪源 H1N1 流感病毒流行及病原分子进化规律并在此基础上开展防控技术研究对于促进畜牧业健康可持续性发展、降低流感对人类的危害具有十分重要的意义。

二、猪源 H1N1 流感病毒的来源、进化与传播

（一）猪源 H1N1 的来源

1930 年，首次在猪体内分离到 H1N1 流感病毒。它们在抗原性上与 1918 年大流感 H1N1 流感病毒具有很高的相似性，在进化上似乎来源于同一祖先，被称为经典猪 H1N1 流感病毒。经典猪 H1N1 流感病毒在北美和其他地区的流行至少持续了 80 年[1]，直到 1998 年新型三源重配 H3N2 流感病毒的出现，它是由来自北美谱系的未知亚型的禽源流感病毒、经典猪 H1N1 流感病毒和人季节性 H3N2 流感病毒重配而来，在北美地区的猪群中广泛流行。

之后，三源重配 H3N2 流感病毒又与经典猪 H1N1 流感病毒发生重配进而产生了三源重组的 H1N1 和 H1N2 猪流感病毒。在欧洲，猪群中出现了禽源 H1N1 流感病毒，这种病毒被称为类禽猪 H1N1 流感病毒，其逐渐在猪群中建立稳定感染并取代经典猪 H1N1 流感病毒，随后又与人 H3N2 流感病毒在猪体内发生重配[2]。

2009 年 4 月，一种前所未见的 H1N1 流感病毒在墨西哥和美国人群中被分离到，被称为 H1N1/2009。截至 2009 年 6 月 18 日，全球 40 个国家共有 8 829 个实验室确诊病例，并有 74 个死亡病例。分析发现，H1N1/2009 的每一个基因片段都与猪流感病毒有关，因此，该病毒也称为猪源 H1N1 流感病毒（图 1）。猪源 H1N1 流感病毒基因组中 NA 和 M 片段来自于欧亚猪流感病毒谱系，HA、NP 和 NS 来自于经典猪流感谱系，PB2 和 PA 来自于猪三源重配病毒，其最早是由北美猪群中类禽 H1N1 流感病毒，而 PB1 也来自北美三源重配病毒，但最早来源于

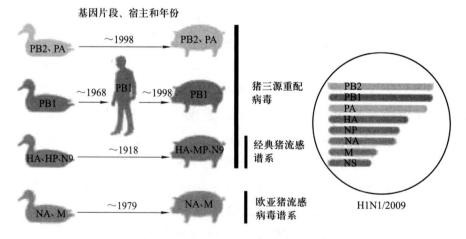

图 1　H1N1/2009 的基因组进化图[3]

1968 年的禽源流感病毒。由此可见,H1N1/2009 是经历了一个漫长的、复杂的重组进化过程[3-4]。在此过程中,猪起到了中间宿主的作用,使得不同来源的流感病毒有机会发生重组并完成进化。

(二) 猪源 H1N1 的进化

对 H1N1/2009 流感病毒 HA 基因遗传进化的分析发现,在 2009—2010 年流行的 H1N1/2009 的 HA 在进化树中呈"梳状",这表明,此阶段的 H1N1/2009 正发生快速的抗原变异,并呈现出多样化;这可能是由于此时间段内人群中缺乏对 H1N1/2009 的免疫力,H1N1/2009 更多地表现出随机性和快速的传播,迅速分散至世界各地,进而产生抗原变异和多样性。然而,在对 2011 年之后流行的 H1N1/2009 进行分析发现,HA 在进化树中呈"梯状"分布,这表明 2011 年之后 H1N1/2009 发生了持续性的抗原漂移,而这也代表着 2011 年之后 H1N1/2009 成为季节性流感病毒。H1N1/2009 的这种进化模式导致 2011 年之后出现了两种不同抗原性的分支,其中一支至今仍在流行中。

氨基酸分析表明,2011 年后,H1N1/2009 流感病毒的 HA 出现了选择性的氨基酸突变,如 Q180K 和 D239G。HA 突变的氨基酸位点往往位于抗原位点或位于受体结合位点附近。这说明,2011 年之后,人群中由于自然感染或免疫接种产生的对 H1N1/2009 的免疫力以及抗体介导的选择压力促使 H1N1/2009 发生了进化。

(三) H1N1/2009 不断传播至猪

自 H1N1/2009 暴发以来,世界各地不断报道从猪体内分离到 H1N1/2009 或包含有 H1N1/2009 的基因片段的重组病毒。事实上,H1N1/2009 已经在猪体内建立稳定感染,并不断进化。对收集于全球 2009 年至 2014 年间的来自于猪和人的 H1N1/2009 的 HA 进行遗传进化分析发现,2009—2014 年间,全球至少发生过 133 次人 H1N1/2009 传播至猪的事件。Martha I. Nelson 等对 H1N1/2009 传播至猪进行系统的热图分析发现,2010—2011 年间含有 H1N1/2009-HA 基因的猪流感病毒与 2009—2010 年间人 H1N1/2009 流感病毒高度相关,这说明,2010—2011 年间含有 H1N1/2009-HA 基因的猪流感病毒是由人传播而来的,相反,令人惊奇的是,含有 H1N1/2009-HA 基因或 NA 基因的猪流感病毒传播给猪的事件却相对较少。对美国猪群中 H1N1/2009-NP 基因的进化分析发现,NP 的传播与 HA 和 NA 不同:H1N1/2009-NP 在猪与猪之间的传播较多,这可能是受限于来源于猪的 H1N1/2009-NP 序列数量。事实上,NP 在猪与猪之间的传播远远高于 HA 和 NA 在猪与猪之间的传播,表明 H1N1/2009 在猪体内的传播主要通过与地方猪流感病毒的重组。

H1N1/2009-HA 和 NA 在猪体内相对于 H1N1/2009-NP 在猪体内的较低的传播率表明 H1N1/2009-HA 和 NA 能够通过重组的方式被其他基因所替代。证据表明,H1N1/2009 全基因可能从人传播至猪后短暂地存在。但是随着时间的推移,猪体内的 H1N1/2009 基因组成随后被其他猪流感病毒所打破,并发生重组,这种重组在多数情况下伴随着 H1N1/2009-HA 和 NA 的丢失。这说明,H1N1/2009 内部基因在猪体内发生着广泛的重组[5]。

（四）全球猪流感的迁移

H1N1/2009 虽然首次在人体内被分离,并在人群中传播。但是,猪在 H1N1/2009 形成过程中扮演了基因重组的载体,对于 H1N1/2009 的进化形成具有重要作用。从上面的分析可以得知,H1N1/2009 基因片段起源于猪,但在人群中流行后又能够传给猪,并与其他类型的猪流感病毒发生基因交换,产生新的病毒。因此,全面了解猪流感病毒的地域分布和迁移,对于掌握流感病毒的流行规律具有重要意义。

通过对猪流感病毒基因组遗传进化分析发现,在 1970—2013 年间,全球范围内猪流感病毒分布是一个动态变化的过程。总体来说,北美(美国和加拿大)和欧洲是亚洲地区(中国、日本、韩国、泰国和越南)猪流感病毒的相互独立的"输出国";相较而言,北美和欧洲之间仅发生过一次猪流感病毒的迁移。

值得注意的是,我国虽然是世界上最大的养猪国家,但是却不是猪流感病毒的主要"输出国"[6]。自 1970 年以来,有 16 次猪流感病毒从欧洲或北美传入亚洲国家,然而,仅 2 次猪流感迁移发生在亚洲国家之间,仅有 1 次确定的猪流感病毒从我国传播至其他国家。具体而言,有 5 次是由欧洲传入,11 次由北美传入。在这 16 次猪流感病毒迁移中,有多达 5 次从欧洲或北美传入中国。

生猪贸易是影响全球猪流感病毒分布的重要因素。美国、加拿大和欧洲是猪流感病毒传入亚洲最主要的国家和地区。而中国起源的猪流感病毒对亚洲其他国家猪流感病毒分布的影响很小。此外,欧洲和北美猪流感病毒共同传入某个地区后的重组可能导致 H1N1/2009 重组病毒的产生。

三、H1N1/2009 的抗原性和耐药性

此次 H1N1/2009 最大的特点就是具有很强的人际传播能力。通过小鼠动物实验也证明其具有很强的空气传播能力。其另外一个特点是儿童和青年人的感染比例要远高于老年人。在美国,据统计,60% 的感染病例是 18 岁以下年轻人和儿童[7];从世界范围看,人感染 H1N1/2009 的平均年龄在 12～17 岁之间。

在中国,从 426 名感染病例中统计发现,他们的平均年龄为 23.4 岁[8]。这一年龄分布表明,年龄大的人似乎对 H1N1/2009 有一定程度的免疫力。研究发现,60 岁以上的人群中,33% 人具有对 H1N1/2009 的交叉反应中和抗体;研究还发现感染 1918 H1N1 和 H1N1/2009 的小鼠具有针对彼此的交叉保护性抗体。Nancy 等对 H1N1/2009、经典猪 H1N1 流感病毒以及人季节性 H1N1 流感病毒的抗原分析发现,H1N1/2009 与季节性 H1N1 流感病毒的抗原性差异很大,二者没有或者只有很少的交叉免疫反应[3]。

有意思的是,很多认为与人适应性相关或可能引发大流行的分子标识并未在 H1N1/2009 中发现。所有的 H1N1/2009 的 PB2 蛋白在 627 位点是禽源氨基酸——谷氨酸,而不是人流感所特有的赖氨酸;PB1-F2 蛋白被认为能够增强 1918 H1N1 和 H5N1 的致病性,然而 H1N1/2009 的 PB1-F2 却有部分缺失;H1N1/2009 NS1 也缺失了一段氨基酸。这些说明,人们对于能够导致流感大流行的病毒因素尚未完全认识。

序列分析发现,H1N1/2009 在 M2-S31N 的氨基酸突变标识。进一步的研究表明,H1N1/2009 能够对金刚烷胺产生耐药性,对扎那米韦不具有耐药性,但对奥司他韦的耐药毒株已经在澳大利亚和日本出现。统计表明,在澳大利亚,H1N1/2009 产生对奥司他韦耐药性突变(NA-H275Y)毒株最高达到 23.5%,而从澳大利亚和日本分离到的 H1N1/2009 都具有 NA-V241I 和 NA-N369K 的氨基酸突变,这两个氨基酸的突变被证明能够提高含有 H275Y 突变病毒在雪貂中的复制和传播能力。据统计,自 2011 年年末以来,全球流行的 H1N1/2009 大部分都含有这两种位点的突变。因此,耐奥司他韦 H1N1/2009 病毒毒株有可能传播至全球,具有巨大的威胁性[9]。

四、猪流感病毒的防控

做好流感病毒的防控首先必须做好病毒的流行病学研究。在系统监测猪流感病毒的基础上,发掘诊断标识,制备单克隆抗体,建立敏感、特异的诊断方法进行临床监测有利于流感的早发现、早报告、早处置、早控制。疫苗免疫乃是防控猪流感最为有效的策略,大力发掘抗流感的新型药物对流感的控制至关重要。

(一)猪流感病毒诊断方法

简单、快速、高通量和易于操作的诊断方法是当前猪流感病毒诊断中最受青睐的一个领域。目前常用和正在大力发展的诊断方法如下。

(1)病毒分离:病毒分离和鉴定因其敏感性高通常被称为猪流感病毒诊断的"金标准"。常用的方法有鸡胚接种法和细胞培养法。

（2）酶联免疫吸附试验（ELISA）：ELISA 是目前猪流感病毒检测的重要方法之一。国内华中农业大学通过制备针对 HA 的单抗建立了 H1N1 猪流感ELISA 抗体检测试剂盒，试剂盒灵敏性和特异性都较好，已获得新兽药证书。

（3）免疫荧光技术（IFT）：利用抗原和抗体反应，通过 IFT 检测感染组织和细胞中病毒抗原，能在数小时内快速得到诊断结果。该方法与鸡胚分离病毒一样灵敏。

（4）荧光定量 PCR 诊断技术：荧光定量 PCR 由于其特异性强、灵敏度高，在鉴定流感病毒亚型，甚至不同亚型区别诊断中发挥重要作用。

（5）胶体金试纸条鉴别诊断技术：这是以胶体金作为示踪标志物应用于抗原抗体的一种新型的免疫标记技术，具有简单、快速、准确和无污染等优点。华中农业大学已研制出了鉴别 H3 亚型和甲型 H1N1 二联胶体金诊断试剂盒，鉴别经典 H1N1 亚型和甲型 H1N1 二联胶体金诊断试剂盒。

（二）猪流感病毒防治

（1）猪流感全病毒灭活疫苗。猪流感疫苗在欧美多个国家已实现商品化供应。我国正在研究或商业化的猪流感疫苗主要是 H1N1 亚型全病毒灭活疫苗、H1N1 和 H3N2 亚型双价猪流感全病毒灭活疫苗。

当前 H1 亚型的猪流感为优势亚型。笔者所在课题组针对我国猪流感防控的需要，研发出我国首个猪流感 H1N1 亚型全病毒灭活疫苗，可对经典的 H1N1亚型猪流感病毒和甲型 H1N1 亚型猪流感病毒产生多重保护，为猪流感防控提供有力的工具和技术支撑。

流感疫苗的生产需要使用大量鸡胚，且生产周期长，不易于控制，生产效率较低。笔者所在课题组研发了一种生物反应器大规模悬浮培养的方法和工艺，实现了该病毒从方瓶、转瓶培养工艺快速转换到操作简单的固定床篮式搅拌系统反应器的大规模培养，其 HA 效价可以稳定均一增殖效价达到 2^{11}，解决了目前流感病毒在鸡胚上培养生产疫苗的种种弊端，该疫苗免疫动物血凝抑制（HI）效价可达 1∶512，此项技术获得突破将对流感疫苗工业化产生重大影响。

（2）基因工程疫苗。目前，这是被人们寄予较大希望，并有可能实现商品化的疫苗。① 重组疫苗：传统疫苗株的筛选需要很长时间，且候选毒株抗原性差、病毒增殖能力弱。利用反向遗传学技术，选择一株鸡胚或细胞高产毒株的内部基因作为骨架，与不同流行株的 HA 和 NA 基因进行 6+2 基因整合生产出所需亚型高产的重组猪流感病毒是重组疫苗株研制的经典方法。② 亚单位疫苗：利用分子克隆技术将病毒抗原基因连接至载体并表达出抗原蛋白，辅以佐剂制成的疫苗。常用的表达系统有酵母表达系统、昆虫表达系统和杆状病毒表达系统，如 Gauger 等利用杆状病毒表达系统制备的 H1N1/2009 的 HA 亚单位苗能给猪只提供较强保护力。该类疫苗能在多方面弥补灭活疫苗的不足。③ DNA 疫苗：将猪流感病毒 HA 和 NA 基因单独或者与细胞因子编码基因串联后克隆到真核表达质粒中，然后再将重组 DNA 质粒导入机体细胞，通过机体内源性表达并提呈给免疫系统，诱导宿主产生特异性免疫应答，发挥保护作用。实验结果表明，M2 DNA 疫苗初免并强化接种，能对致死性 A 型流感病毒攻击产生广谱保护作用。

（三）抗猪流感病毒药物

（1）microRNA 日益成为一种潜在的治疗病毒感染的新型药物。越来越多的研究表明，microRNA 参与了流感病毒复制的过程。笔者所在课题组发现 miR-136 能够通过激活天然免疫反应并显著抑制流感病毒的增殖。研究表明，miR-136 可以作为开发治疗性新型药物的候选因子。挖掘和鉴定更多的调控病毒复制的 microRNA 可以为治疗流感病毒提供更多潜在选择。

（2）设计小分子化合物，研制新型抗流感药物。针对流感病毒主要抗原或参与病毒复制的关键宿主因子设计小分子化合物或筛选能抑制病毒复制的小分子化合物是新的抗病毒策略研究方向。

（3）中华瑰宝——中药的抗流感作用。已有大量研究表明中草药具有抗病毒作用，如金丝桃素，它是贯叶连翘中具有广谱抗病毒的中草药活性单体，具有抗 H1N1/2009 等多种亚型流感病毒的作用；又如苦参，其生物碱、黄酮、皂苷等成分均有抗 H3N2 猪流感病毒的作用，其中生物碱抗病毒作用最强。笔者所在课题组发现穿心莲内脂能够有效抑制不同亚型流感病毒的复制，并能作为治疗性药物降低流感病毒对小鼠的致病性。因此，对抗病毒中药的鉴定和主要成分的开发不仅为治疗流感病毒也为治疗其他病毒提供了有效选择。

五、讨　　论

H1N1/2009 的出现再次证明了猪在流感病毒进化中起到的中间宿主的作用。当前，在免疫压力下，H1N1/2009 已经从全球性大流行转变为季节性流行，其抗原性较 2009—2010 年大流行初期有很大不同。但让人担忧的是，通过对猪群中流感病毒流行病学和遗传进化分析发现，H1N1/2009 流感病毒已经在猪体内形成稳定的感染，并且 H1N1/2009 从人群中持续传播至猪群使猪群中流感病毒多样性日趋明显。数据表明，猪群中 H1N1/2009 的基因已经发生有别于人源 H1N1/2009 的突变；此外，猪群中 H1N1/2009 广泛与其他亚型的流感病毒共存，并发生基因重组，产生新的重组病毒，这对公共卫生安全产生了巨大威胁，人们不清楚的是,猪作为流感病毒的混合器,会不会再次孕育出大流行毒株。我国拥有全球60%以上的猪群养殖,庞大的猪群与人-猪-禽密切接触都为新亚型或新基因型流感病毒的产生提供了机会,而这些新病毒可能会引起人类流感或为人类流感新毒株提供基因。

因此,对猪流感病毒系统性、长期性、全面性的监测对于了解流感病毒的发生规律、发展趋势具有重大意义。在当前经济全球化日益加深的时代背景下,世界各国联系更加紧密,建立和完善流感病毒全球监测体系是人类从容应对新型流感病毒发生的关键。

参 考 文 献

[1] SHOPE R E. Swine influenza: I. experimental transmission and pathology [J]. The Journal of Experimental Medicine,1931,54(3):349-359.

[2] BROWN I H. The epidemiology and evolution of influenza viruses in pigs [J]. Veterinary Microbiology,2000,74(1-2):29-46.

[3] GARTEN R J,DAVIS C T,RUSSELL C A,et al. Antigenic and genetic characteristics of swine-origin 2009 A(H1N1) influenza viruses circulating in humans[J]. Science,2009, 325(5937):197-201.

[4] SMITH G J,VIJAYKRISHNA D,BAHL J,et al. Origins and evolutionary genomics of the 2009 swine-origin H1N1 influenza A epidemic [J]. Nature,2009,459(7250):1122-1125.

[5] NELSON M I,STRATTON J,KILLIAN M L,et al. Continual reintroduction of human pandemic H1N1 influenza A viruses into swine in the United States,2009 to 2014 [J]. Journal of Virology,2015,89(12):6218-6226.

[6] NELSON M I,VIBOUD C,VINCENT A L,et al. Global migration of influenza A viruses in swine [J]. Nature Communications,2015,6:6696.

[7] PEIRIS J S,POON L L,GUAN Y. Emergence of a novel swine-origin influenza A virus (S-OIV) H1N1 virus in humans [J]. Journal of Clinical Virology,2009,45(3):169-173.

[8] CAO B,LI X W,MAO Y,et al. Clinical features of the initial cases of 2009 pandemic influenza A (H1N1) virus infection in China [J]. The New England Journal of Medicine,2009, 361(26):2507-2517.

[9] HURT A C. The epidemiology and spread of drug resistant human influenza viruses [J]. Current Opinion in Virology,2014,8:22-29.

金梅林　华中农业大学教授、博士生导师,农业部兽用诊断制剂创制重点实验室主任。兼任中国畜牧兽医学会传染病学分会副理事长、湖北省免疫学会常务理事、湖北省生物工程学会常务理事、科技部高等级病原微生物生物安全审查委员会委员、农业部动物防疫专家委员会委员、湖北省突发公共卫生事件咨询专家。享受国务院政府特殊津贴。37 年来致力于动物传染病与人兽共患传染病控制,潜心基础研究及新型防控技术和产品研究。获国家科技进步奖二等奖 3 项,何梁何利科学与技术进步奖,全国创新争先奖,湖北省科技进步奖一等奖 6 项,其他省部级科技进步奖 3 项。以第一完成人获得新兽药注册证书 8 项,作为主要完成人获新兽药注册证书 14 项。获授权发明专利 47 项、转基因安全证书 4 项、国家重点新产品 2 项。主持制定行业、地方标准 40 项。发表论文 287 篇,其中 SCI 收录 140 篇,第一作者和通讯作者 SCI 论文 100 余篇。连续三年入选 Elsevier 数据库中国高被引学者。主编、参编专著 8 部。研发新型疫苗和诊断试剂 48 项,转化企业 23 项次。22 项目疫苗和诊断试剂在全国 31 个省市广泛应用,社会经济效益显著。

第四部分

主 题 论 文

野生动物与人类健康

夏咸柱

军事医学科学院军事兽医研究所,长春

一、健康,人类永恒的主题

健康是人类永恒的主题和追求。随着人类进步和社会发展,人们对健康的理解也在逐渐加深。世界卫生组织(WHO)将人类健康定义为"人在身体上、精神上、社会上完全处于良好的状态。"这一概念已超出传统意义上的无病即健康的内涵,它包含了生理健康、心理健康、道德健康和环境健康等多个方面。健康是人们提高生活质量的前提和保障,而人类健康离不开与之相关的生存环境,积极倡导"同一个世界,同一个健康"新理念,促进人和自然界和谐共荣,才能保证人类社会的健康发展。

二、野生动物与人类关系密切

野生动物是自然界的重要组成要素,在保证生物多样性、维持生态平衡和生物资源利用上均具有重要的生态价值、社会价值和经济价值。绝大多数野生动物生存于野外,在适于自身生存的环境中生活繁衍。广义的野生动物,还包括人们为了观赏或利用而圈养、繁育的野生动物,如大熊猫、东北虎、灵长类、鸟类,以及鹿、貂、狐、貉等。野生动物与人类关系密切,在带给人们有益一面的同时也会传播疾病,对人类健康构成威胁。只有合理开发和保护野生动物资源,防范野生动物源疫病的危害,才能确保人类和地球的和谐共处,确保人类健康。

(一) 野生动物与生态平衡

生态系统是由生物与非生物相互作用结合而成的结构有序的系统,其结构主要包括组分结构、时空结构和营养结构三个方面。在生态系统中,生物与环境之间、生物与生物之间相互作用处于动态平衡状态即为生态平衡。生态平衡是整个生物圈保持正常的生命维持系统的重要条件,为人类提供适宜的环境条件和稳定的物质资源。生物种群是构成生态系统的基本要素,野生动物是生态系统中食物链和食物网的主要成分,因此,野生动物的种类和数量对维持生物多样性与生态平衡都十分重要。

我国野生动物资源丰富,是世界上野生动物种类最丰富的国家之一,约占世界总种数的 10% 左右,具有珍稀动物多和经济动物多的两大特点与优势。根据《中国生物多样性保护战略与行动计划》的统计数据,我国的哺乳类动物有 581 种、鸟类 1 332 种、爬行类动物 412 种、两栖类动物 295 种。我国野生动物饲养场中共养殖两栖动物约 5 亿多只(条)、爬行动物 138 万只(条)、鸟类 250 万只、兽类 97.5 万只(头)(《中国生物多样性保护战略与行动计划》,2005)。尽管因野生动物保护的力度不断加大取得了显著的成效,但野生动物数量在总体上仍然呈下降趋势。世界自然基金会(WWF)发布的《2016 地球生命力报告》的数据显示,在 1970 年到 2012 年间,鱼类、鸟类、哺乳类、两栖类和爬行类的动物已经减少了 58%。该报告还指出人类活动将会造成全球野生动物种群数量在 1970 年到 2020 年的 50 年间减少 67%。这意味着人类活动以及随之而来资源利用的加剧会使人类曾经赖以发展的环境条件更加恶化。我国脊椎动物灭绝风险高于世界平均水平,共有 17 种脊椎动物已经灭绝(EX)、野外灭绝(EW)或区域灭绝(RE),包括 6 种哺乳类、3 种鸟类、2 种爬行类、2 种两栖类和 4 种内陆鱼类。我国受威胁脊椎动物物种共有 932 种,占总数的 21.4%。推测我国脊椎动物受威胁率的可能上限为 43%[1]。以国家一类保护动物虎与大熊猫为例,目前我国大熊猫不足 1 600 只,东北虎和华南虎的总数量不足两千只[2]。因此,我国的野生动物保护形势更加严峻。

(二)野生动物——人类的动物朋友

野生动物种类繁多、形态多样、各具特色,人们往往根据其特点或功能作用而开发利用,以满足人类的精神需求和物质需求。例如动物园或野生动物园中的大熊猫、金丝猴、朱鹮、大象、长颈鹿等观赏动物,人们在观赏、互动的同时得到心理和精神上的满足;药用的鹿(茸)、蛇(毒)、蛭等被用于中药配伍,有着其他化药不可替代的作用;实验用猴、啮齿类等在生物学、医学、药学、兽医学等科学研究中发挥重要作用;貂、狐、貉等既可用于观赏,又可用其毛皮。有些种类还被驯化为宠物,如多种鸟类、兽类、鱼类、两栖类、爬行类、昆虫类动物等。据不完全统计,美国 63% 的家庭(约 7 110 万个家庭)拥有宠物,其中约 5 000 万只犬、6 000 万只猫、4 500 万只禽、7 500 万只其他小型哺乳动物与爬行动物和数千万条鱼。在欧洲有 6 200 万个家庭拥有宠物,包括 6 000 万只猫、2 700 万只犬和 3 500 万只禽。我国宠物的拥有量也在逐年增加,其中犬约 1.5 亿只、猫 3 000 万~5 000 万只,还有鹦鹉、八哥、兔类、蜥蜴类、啮齿类、雪貂等兽类……也被驯化成伴侣动物,与人们朝夕相处,给人以欢乐和愉悦。

诺贝尔奖得主芝伦兹曾经说过："人类越都市化,离开自然越远,宠物在人类生活里的重要性也越增加"。兽医学专家和生物学家通过研究发现,接触宠物能改变心情,减轻病症和疼痛,改善人们身心的机能。哈佛大学的《健康调查报告》表明,饲养宠物的人通常血压更低,心率更稳定,心态更平和。心理学家卡伦·艾伦发现,在高难度心算之类让人感到压力的任务中,有伴侣动物能够有效预防参与者血压升高。相反,朋友相伴却起不到这种作用。澳大利亚医学专家通过对 6 000 人的调查发现,凡是养犬的人,心脏病的患病率极低。一些驯养的野生动物,如马、狗、猫、兔、鸟、鱼、豚鼠及海豚,都可用于辅助治疗,应用于多种心理问题,包括精神分裂症、抑郁症、焦虑症、进食障碍、注意缺陷多动障碍、自闭症以及多种发育障碍等疾病的治疗。可见,野生动物与人类关系密切,可以称其为人类的动物朋友。

(三) 野生动物疫病危害严重

野生动物在给人类带来诸多益处的同时,也会携带或传播疾病,对人类健康、社会稳定构成严重威胁。

1. 危害人类健康

野生动物源性疫病作为一个重要的人类公共健康问题,日益受到世界各国的重视。近年来,随着人们对传染性疾病溯源研究的深入,发现野生动物疾病与人类健康有着直接关系。如造成西非重大传染病疫情的埃博拉病毒源于非洲东部的类人猿;人类免疫缺陷病毒源于野生灵长类动物;SARS 来源于蝙蝠;禽流感病毒来源于野生水禽,且通过家禽传染给人类。据统计,在 1940—2004 年的 335 个新发传染病中 60.3%是动物源性传染病,其中 71.8%最先发生在野生动物中。还有数据表明,野生动物中还可能存在大量人类尚不了解的病原体,有学者预测在 550 种哺乳动物中可能存在 32 万种病毒[3]。随着人类活动范围的增加和生活模式的改变,野生动物作为人类重要疫病病原的自然宿主、储毒宿主、中间宿主和传播媒介对人类健康的威胁在不断加大。

2. 威胁生物安全和社会稳定

野生动物疫病对生物安全也构成严重的影响,一些野生动物源疫病病原已被列入《禁止发展、生产、储存细菌(生物)及毒素武器和销毁此种武器公约》(即《禁止生物武器公约》,以下简称《公约》)名单,鼠疫、土拉菌病、黄热病、埃博拉出血热、马尔堡出血热、重型天花、拉沙热、猴痘、SARS、中东呼吸综合征等均已列入《公约》名单。

传染病疫情对公共卫生与生物安全的影响已由过去的局部影响扩大为全球性影响,而且会极大地影响社会稳定。例如埃博拉疫情对多个国家的社会稳定造成影响,先后在几内亚、利比里亚、塞内加尔、塞拉利昂、尼日利亚等 17 个国家肆虐,截至 2016 年 6 月 10 日 WHO 报告 28 616 例临床符合病例,其中死亡 11 310 例,病死率 39.52%,被认定为"史上最强"。2012 年首次发现于中东地区的 MERS(中东呼吸综合征)疫情,至 2016 年 9 月 23 日,发生了 1 806 例实验室确诊病例,其中至少 640 例相关死亡病例,病死率 35.6%(WHO 数据),该病在韩国爆发后对该国的社会稳定和经济造成巨大的负面影响。目前,MERS 已经由中东地区扩散至在非洲、欧洲、亚洲、北美洲等 27 个国家。2003 年的"非典"疫情造成的数月"空城"危机仍然让我们记忆犹新。WHO 在 2016 年 3 月 1 日公布的数据表明,在我国已流行 4 年的 H7N9 亚型禽流感病毒出现了新的变异:7%的人感染病例的 H7N9 禽流感病毒出现了抵抗神经氨酸酶抑制剂的氨基酸突变;还发现了病毒 HA 蛋白碱性裂解位点处获得了多个碱性氨基酸的高致病性 H7N9 病毒(中国疾病预防控制中心)。这些野生动物源疫病的发生、传播和流行对公共安全和社会稳定都构成了重大威胁,必须严防严控,防止疫病的发生和流行。

3. 影响野生动物生存与资源保护

疫病会直接威胁到野生动物的生存与保护。例如 1889 年传入非洲的牛瘟,10 年内扩散了 5 000 km,1897 年蔓延到好望角,导致肯尼亚 90%以上的野牛死亡,并引起肉食性动物减少和舌蝇地方性灭绝等次生效应。流感病毒的感染已造成数万只野生鸟类的死亡,如 2006 年发生的青海湖禽流感导致 8 000 多只鸬鹚、斑头雁感染死亡,而 2015 年发生的禽流感导致天鹅、孔雀等野鸟死亡。流感也对虎与大熊猫等濒危野生动物的健康构成了威胁。1994 年,一场犬瘟热的流行,使塞伦盖蒂 1 000 多头狮子死亡,占当地总数的 30%。近 10 年时间里,里海的 120 000 只海豹中有 10 000 只因感染犬瘟热发病死亡。2012 年在西藏自治区流行的山羊传染性胸膜肺炎疫情导致近千只藏羚羊死亡[4]。2010—2014 年俄罗斯远东地区野生东北虎犬瘟热流行,有报道称一个 38 只的东北虎种群因感染犬瘟热病毒骤降为 9 只,有专家分析认为该病的流行可能会导致该地野生虎群的灭绝[3,5]。2014 年 12 月至 2015 年 5 月,我国有 5 只大熊猫因犬瘟热发病死亡[6]。据哈萨克斯坦农业部消息,哈境内高鼻羚羊因感染巴氏杆菌而死亡的数量已达 12 万只,接近总数的一半。可见,控制野生动物疫病发生对保护野生动物资源十分重要。

4. 影响养殖业和食品安全

我国养殖业已逐步发展为农业经济中最为活跃的主导产业,保障动物健康和食物安全是实现养殖业可持续发展的战略方针。动物疫病已成为阻碍我国畜产品出口和食品安全的最大障碍,可导致动物产品出口减少超过 20%,直接损失约 300 亿元/年,间接损失约 6 000 亿元/年。一些国家以我国养殖产品卫生状况为借口,设置各类贸易壁垒,给畜牧业生产和国内外贸易造成空前打击,给社会稳定带来极大损害。

在影响养殖业的诸多动物疫病中,往往由于野生动物参与传播,导致疫情传播迅速,危害波及全球。在 2014 年首次爆发于韩国的 H5NX(N2、N6 和 N8)亚型禽流感疫情,经由迁徙鸟类的传播,迅速到达欧洲,继而跨越大洋传至北美[7]。疫情导致美国遭遇了有史以来最严重的禽流感威胁,有包括鸡、鸭、火鸡在内约 4 000 万只家禽死亡或被政府捕杀。直接导致全球 30 多个国家禁止从美国感染地区进口鸡肉,总经济损失高达 10 亿美元。我国在 2015—2016 年共暴发 22 起禽流感疫情,其中包括 13 起 H5N6、7 起 H5N1、2 起 H5N2,直接导致 10 余万只家禽被扑杀、2 000 余只野鸟死亡。

之前在我国未曾发现的小反刍兽疫,于 2007 年在西藏西部首次暴发,造成了藏原羚大量死亡。目前虽然疫情得到了有效控制,但由于野生动物储存宿主的存在,威胁依然长期存在,极有可能导致该病无法根除。在非洲和欧洲、美洲的许多国家流行的非洲猪瘟(ASF),已蔓延到亚洲的边缘,且仍在高加索和俄罗斯呈地方性流行[8]。FAO 称非洲猪瘟正以 350 km/a 的速度向北方蔓延。2012 年以后,俄罗斯先后向世界动物卫生组织(OIE)通报了多起 ASF 疫情。我国的东北地区、新疆北部与俄罗斯接壤,随着俄罗斯国内 ASF 疫情的不断扩散,很难保证疫情不传到中俄边境地区。此外,中国与尼日利亚、巴西、赞比亚等 ASF 流行国家的贸易往来日益密切,ASF 传入我国的风险不断增大。野猪的迁移在非洲猪瘟的快速传播中起一定的作用,而且野猪的 ASF 疫情也多次发生。我国的生猪存栏量为 4.3 亿头,该病一旦传入,将对我国的生猪产业将造成毁灭性的打击。

三、保护野生动物就是保护我们人类自己

党中央、国务院历来高度重视野生动物保护,习近平总书记多次批示并指出,大熊猫保护面临的挑战依然严峻,要加强科技攻关,促进种群复壮。李克强总理也指出,加强大熊猫保护对于维系生物、平衡自然、保护生态具有重要意义,要加强科技支撑,实现大熊猫种群数量稳定增长。野生动物对于人类具有重要的价值。保护野生动物是保护生物多样性最为关键的环节之一。野生动物及其相关的生态环境是人与自然和谐共存的基石。野生动物的生存与延续维系着生态系统的平衡和稳定。随着对地球生态系统的了解加深,人们认识到保护野生动物就是保护人类自身的延续和发展。李克强总理指出,保护野生动物就是保护人类共有的家园。

1. 提高认识,协同保护

WHO 倡议,为有效应对新出现及重新出现的人和动物共患疫病的新挑战,"人和动物的健康问题必须融合到一个公共卫生体系中。为此,临床医生、实验室研究人员、工作人员与公共卫生官员之间开展强有力的合作"。目前,我国人兽共患病防控还存在各自为政、各管一摊的情况,有必要提高认识,建立人医–兽医一体化的高效卫生防疫体系,建立野生动物疫病防控的中长期规划,明确各部门人员分工以及防控体系的运行与保障机制,通过开展多部门、多学科合作,加强监测防控体系建设,协同保护野生动物。

2. 加强研究,科学保护

野生动物疫病的监测、检测、诊断和疫苗免疫均有其特殊性,政府应加大投入,支持和鼓励研究单位开展针对野生动物疫源疫病相关技术与产品的研发工作。首先,加强野生动物疫病检测技术研究。与家养动物不同,野生动物疫病感染物种复杂、病原体多种多样、缺少临床特征提示、传播迅速。因此应从广谱和快速两个方面开展研究,建立适合基层快速现场诊断的低成本胶体金试纸检测技术和适合实验室大规模病原排查的高通量检测技术。其次,开展野生动物口服疫苗的研究与使用。口服疫苗因可大规模投放、无须捕捉动物等特点非常适用于野生动物。美国和加拿大使用表达狂犬病毒糖蛋白的重组金丝雀痘病毒疫苗成功控制了狂犬病在狐、浣熊、臭鼬等野生动物中的流行。我国开展的病毒样颗粒口服疫苗研究已体现出了良好的前景。此外,免疫血清、单克隆抗体、基因工程抗体制剂、转移因子、干扰素等生物制品对动物疫病紧急预防与治疗起到重要作用,应加强研究和开发。

3. 完善法规,依法保护

目前,我国已有《中华人民共和国传染病防治法》《中国生物多样性保护战略与行动计划》《中华人民共和国环境保护法》《中华人民共和国野生动物保护法》《中华人民共和国动物防疫法》《中华人民共和国国境卫生检疫法》《中华人民共和国进出境动植物检疫法》等相关法律。同时,还制定了《陆生野生动物疫源疫病监测规范(试行)》《中华人民共和国陆生野生动物保护实施条例》、《中华人民共和国国境卫生检疫法实施细则》《国家突发公共卫生事件应急预案》《重大动物疫情应急条例》《突发公共卫生事件应急条例》《动物疫情报告管理办法》等法规,为野生动物疫源疫病监测与防控提供了法律保障。但尚需进一步修订和完善,进一步明确各部门的具体职能,使我国的野生动物保护与其他国家接轨,更好地为野生动物保护和疫病防控提供法律依据和保障。

在 18 世纪,Rudolf Virchow 提出了"One Health"的概念:"人和动物医疗之间没界限,也不应该有界限"。OIE 将这一概念延伸为:"将人和动物的健康(包括家养动物和野生动物）与生态系统健康风险的理解作为一个整体的全球化合作"。野生动物与人类健康休戚相关,只有共同保护好野生动物资源,有效防控野生动物疫病,才能保证人类健康和社会稳定。

参 考 文 献

[1] 蒋志刚. 中国脊椎动物生存现状研究[J]. 生物多样性,2016,24 (5):495-499.

[2] 李晨韵. 我国濒危野生动物保护现状与前景展望[J]. 世界林业研究,2014,27 (2):51-56.

[3] GILBERT M,MIQUELLE D G,GOODRICH J M,et al. Estimating the potential impact of canine distemper virus on the Amur tiger population (Panthera tigris altaica) in Russia[J]. PLOS One,2014,9 (10):e110811.

[4] YU Z,WANG T,SUN H,et al. Contagious caprine pleuropneumonia in endangered Tibetan antelope,China,2012[J]. Emerging Infectious Diseases,2013,19 (12):2051-2053.

[5] TERIO K A,CRAFT M E. Canine distemper virus (CDV) in another big cat:should CDV be renamed carnivore distemper virus[J]. MBio,2013,4 (5):702-713.

[6] FENG N,YU Y,WANG T,et al. Fatal canine distemper virus infection of giant pandas in China[J]. Scientific Reports,2016,6:27518.

[7] MACHALABA C C,ELWOOD S E,FORCELLA S,et al. Global avian influenza surveillance in wild birds:a strategy to capture viral diversity[J]. Emerging Infectious Diseases,2015,21 (4):1-7.

[8] OGANESYAN A S,PETROVA O N,KORENNOY F I,et al. African swine fever in the Russian Federation:spatio-temporal analysis and epidemiological overview[J]. Virus Research,2013,173 (1):204-211.

夏咸柱　1939 年 1 月生,江苏建湖人。动物病毒学家。1965 年毕业于南京农业大学,同年参军入伍。军事医学科学院军事兽医研究所研究员,博士生导师,军事医学科学院专家组成员,技术一级,文职特一级。2003 年当选中国工程院院士,现任中国工程院农业学部副主任。兼任国家技术发明奖、科学技术进步奖评审委员会委员,农业部第五届兽药典委员会副主任和第一届全国动物防疫专业委员会副主任,中国农业科学院第五届学术委员会委员,全军应

急专家,解放军医学会常务理事,中国畜牧兽医学会常务理事等职。吉林省科学技术协会第七届、第八届委员会副主席。

长期从事军用动物、野生动物重要疫病与人兽共患病的防治研究。先后承担 50 余项国家级、军队级和省部级科研课题。分离获得了严重危害野生动物、经济动物和军警犬的犬瘟热病毒、轮状病毒、细小病毒、冠状病毒、传染性肝炎病毒等 10 余种动物病毒,首次从病原水平上证明了这些疫病在我国的存在。在世界上首次发现并证实了犬瘟热病毒、细小病毒和冠状病毒对大熊猫的致死性感染;高致病性禽流感病毒对大型猫科动物虎与犬科动物犬和狐狸的感染;犬瘟热病毒和细小病毒对猴的致死性感染。系统开展了军用动物重要疫病的防治研究,成功地研制出"犬五联弱毒疫苗"等系列犬及经济动物、濒危野生动物病毒病预防用生物制剂。利用新技术手段进行狂犬病、禽流感、埃博拉等重要人兽共患病诊断及防治研究。牵头提交发表"关于加强我国狂犬病防控的建议"等院士建议 8 份、科技内参 5 份。主持了"中国养殖业可持续发展战略咨询研究——中国动物疫病预防与控制战略咨询研究""实验动物科学技术与产业发展战略研究""中国食品安全现状、问题及对策战略研究——食品安全与病原微生物防控研究""我国非致命武器装备能力建设咨询研究""人兽共患病防控战略咨询研究"5 项工程院战略咨询研究项目。牵头组织了"野生动物资源保护与疫病防控""宠物与人类健康""实验动物与生命科学研究""人兽共患病防控"4 场工程科技论坛。兼任吉林大学、中国农科院、中国医学科学院、东北农业大学等多所院校和科研机构的博士生导师,培养博士和硕士研究生百余名和一批动物疫病防治人才。

获国家科技进步奖二等奖 2 项、三等奖 1 项,军队(省部)级科技进步奖一等奖 1 项、二等奖 7 项、三四等奖 9 项。3 次荣立三等功,获全军专业技术重大贡献奖、全军优秀教师、国家有突出贡献的中青年专家、总后勤部优秀共产党员、总后勤部"一代名师"、总后勤部"抗震救灾先进个人"、吉林省十大科技传播人物、新中国 60 年畜牧兽医科技贡献奖(杰出人物)、公共卫生与预防医学发展贡献奖等称号和奖励。

发表论文 400 余篇。申报专利 25 项,其中 9 项已获授权。主编出版了《养犬大全》《野生动物疫病学》等编著 9 部。同时兼任《中国兽医学报》副主编,《病毒学报》《微生物学报》《中国生物制品学杂志》等期刊编委。

加强口岸监测研究　严防外来人兽共患病

李新实　刘丽娟　马雪征　胡孔新　吴绍强

中国检验检疫科学研究院,北京

人兽共患病是严重威胁人类和动物健康的疾病,该类疾病所涉及的不仅仅是人类医学和动物健康问题,一旦引发疫情就是重大的社会问题。随着全球气候变化、人口增长、人类活动范围扩大,人类与自然携带病原体的宿主生物的接触不断增加,世界范围的人兽共患病已愈演愈烈。特别是近年来很多引发国际关注的传染病疫情,从寨卡病毒到埃博拉、MERS 冠状病毒感染等,都被证实来源于动物,属于人兽共患病。如何有效地防控外来传染病特别是人兽共患病已成为我国口岸检疫面临的巨大挑战。

党和国家领导人一直高度重视卫生安全工作。习近平总书记提出,要筑牢口岸检疫防线,始终把广大人民群众健康摆在首要位置,切实做好传染病防控和突发公共卫生事件应对工作。国家"十三五"规划纲要也提出要"加强口岸卫生检疫能力建设,严防外来重大传染病传入"。随着人民对平安健康诉求的增长和国家的重视,口岸检疫防控外来人兽共患病疫情面临前所未有的机遇。加强外来人兽共患病的监测研究等科技支撑工作以严防外来输入,已成为需要高度重视的领域。

一、人兽共患病已成为全球关注的重大安全问题

(一) 人兽共患病已成为严重的公共卫生问题

目前全球人兽共患病流行形势日趋复杂,主要呈现以下突出特点。一是新发和再发疫病疫情日益增多。几乎每年都有一种以上的新发或再发人兽共患病出现,如重症急性呼吸综合征(SARS)、中东呼吸综合征(MERS)、人感染高致病性禽流感、埃博拉出血热、寨卡病毒病等。二是病原体变异不断增多。生态环境的改变,也使病原微生物基因不断变异,导致新的疫病疫情流行,如肠出血性大肠杆菌、多耐药结核、超级细菌等。三是疫病疫情在国际播散更加迅速。四是缺乏特效预防控制手段。绝大部分重大人兽共患病仍然缺乏有效的疫苗,也没有特效药物和针对性治疗手段。这些疾病一旦输入我国,只能被动应对,对症治

疗,且病死率高,极容易引发社会恐慌。

　　研究数据显示,在 WHO 所列出的 1 415 种人类疾病中,有 877 种(约 62%)属于人兽共患病,而在新发的传染病中约有 70%以上来自于动物。过去 30 年,新发人兽共患病已造成数百亿美元的损失,且损失还在不断增加,成为严重的公共卫生问题[1-2]。

(二) 人兽共患病严重危害国家安全及社会稳定

　　新发人兽共患病多表现为传染性强、流行范围广、传播速度快、发病率与病死率高和危害性巨大的特点,病原体可被开发为生物武器,直接威胁国家政治及人类安全。据不完全统计,截至目前,全世界至少有 58 种生物战剂。历史上将动物致病微生物作为生物武器的例子不胜枚举。第二次世界大战期间,苏联曾尝试开发马尔堡病毒 U 变种作为生物武器。美国"9·11"事件后,全球发生了多起炭疽生物恐怖活动事件,如此等等。

　　除此之外,人兽共患的动物疫病也对社会稳定乃至政治安全造成冲击。1985 年英国发生首例疯牛病,1996 年英国首次公开报道疯牛病可感染人并在欧洲引起极大恐慌,随后疫病波及德国、爱尔兰、加拿大、瑞士、荷兰、意大利、西班牙、阿曼苏丹国、丹麦、法国、美国、日本及韩国等十几个国家和地区,造成全球 30 多万头牛感染,引起 130 多人发病死亡,仅英国就先后捕杀、焚烧 350 万头牛,直接经济损失达 42 亿英镑。梅杰政府因隐瞒疯牛病发生 10 年来的真实情况而受到公众严厉抨击,并直接导致当时执政的保守党在次年的大选中败北。这些案例均说明了重大的人兽共患病疫情绝不仅仅是单纯的卫生问题。

(三) 人兽共患病防控面临新的挑战

　　人兽共患病多数是典型的地方性动物病,是在自然界野生动物之间流行的疾病,其主要特点是具有明显的区域性或季节性,并与人类的经济活动密切相关。这类疾病分布广泛,储存宿主众多,多数呈隐性感染,一旦条件成熟,即可突破种属屏障完成从动物到人的传播,并且随着人流、物流播散到世界各地。以寨卡病毒为例,该病毒于 1947 年在乌干达寨卡森林的恒河猴体内被发现,因此,被称为"寨卡病毒"。2013—2015 年在非洲的几内亚暴发的西非埃博拉疫情为史上第五次大爆发,全球 9 个国家已造成 28 616 人感染,其中 11 310 人死亡,形成史上最严重疫情,导致部分国家面临经济和社会崩溃险境,整个西非的损失为 38 亿~90 亿美元。同时,相关病原为伊斯兰极端组织等恐怖组织所阴谋利用,进一步加重了全球安全形势。

　　总体上,目前病原体变异速度加快,种属屏障突破概率增加,疫情爆发频次也越来越高。自 2014 年以来世界卫生组织就三次启动了全球预警系统,宣布脊髓灰质炎、埃博拉出血热和寨卡病毒病等构成"国际关注突发公共卫生事件",要求各国政府共同采取防范措施。近年全球疫情预警措施频繁启动,也充分说明当前国际社会所面临的疫情跨境传播的新挑战。

二、我国人兽共患病防控取得的重大进展

(一)加强外来人兽共患病监测研究,努力构筑口岸检疫防线

外来人兽共患病疫情一旦失控会造成重大经济损失、社会严重动荡和民生损害。典型案例如 2015 年一个商务旅客感染 MERS 的病例进入韩国并造成暴发流行,最终给韩国旅游业造成巨大打击,仅 6 月份旅游业损失就达 5.7 亿美元,短短 2 个月关闭学校超过 2 000 所,政府陷入持续的批评旋涡。而同年一例输入我国的 MERS 病例则得到及时发现和有效控制,我国检疫防线显示了防控成效。因为自 2012 年 MERS 疫情发生以来,我国就已针对 MERS 这样的疾病制定了一套应急反应方案,并开展了口岸风险分析、监测研究,培训医务人员处置疑似或可能病例等疫情防控技术储备工作。

科技支撑一直是检疫防线的重要组成部分。作为口岸检疫技术支撑的国家队,中国检验检疫科学研究院在监测研究领域也持续投入研究并取得了成效。例如,自"十一五"以来,在国家科技攻关计划课题"国境口岸禽流感及其传代媒介检测与阻断应急技术研究"的资助下,开展了"禽流感病毒分型基因芯片检测技术研究",开发了一系列 A 型流感病毒多重 RT-PCR 和基因芯片等快速、高通量检测方法,并被农业部推荐为筛查甲型 H1N1 流感病毒的方法之一,检测样品万余份,为口岸流感疫情把关提供了可靠技术手段,在口岸检疫把关中发挥了重要作用。而其卫生检疫团队,在 2009 年甲型 H1N1 流感大流行的关键时刻,及时建立了针对人员感染甲型 H1N1 流感病毒快速检测方法,并通过了国家联防联控科技组所组织的全国盲样考核测试,成为危机时刻应对疫情的国家推荐方法,也有效支撑了口岸疫情防控的监测需求。

当前,国家质量监督检验检疫总局(以下简称"质检总局")的一系列举措正在落实并进一步巩固了口岸检疫防线建设,包括:在全面推进口岸核心能力建设的基础上,强化重大动物源性传染病的源头治理;建立全球传染病疫情信息监测预警、口岸精准检疫的传染病防控体系和种类齐全的核生化有害因子监测体系;建立检疫关口前移新模式,针对重要外来人兽共患病的人群、动物、病原体、病媒生物等,拓展高度整合的实时监测网络,形成早期风险评估、现场检测、实时监测、时空分析、智能预警的外来人兽共患病监测甄别与预警体系等。这些措施极

大地促进了中国口岸检疫防线逐渐形成国际领先优势。

（二）严格口岸查验，不断提升技术执法水平

在口岸开展检疫查验执法工作，保障公共卫生安全，是各国通行的做法，也是防控人兽共患病国际流行的关键环节，具有显著的"靠技术执法、靠数据说话"的工作特点。我国口岸检疫在历次重大疫病疫情如 MERS、寨卡病毒病、黄热病等的防控中始终站在第一线，开展技术执法，为保障国家安全发挥了至关重要的作用。例如，我们通过加强口岸检疫查验和医学隔离措施，在 2009 年流感大流行期间为"外堵输入、内防扩散"的国家防控战略做出了实际贡献，有效延缓了国内疫情高峰的到来；而我国口岸开展的西非埃博拉疫情针对性检疫查验工作，其多种综合查验措施客观上也提升了重大疫情的技术执法水平，为我国实现埃博拉疫情"零输入"做出了重要贡献。

技术执法水平提升也体现在统计数据中，如在 2016 年我国发现的 24 例输入性寨卡病毒病确诊病例中，12 例为口岸发现；在我国确诊的 11 例输入性黄热病病例中，6 例为口岸检出。同时与人兽共患病疫情密切相关的医学媒介等有害生物防控能力也有新提升，全国口岸与军事医学科学院等科研机构加强战略合作，开展外来有害生物监测鉴定和病原体检测。2016 年，共截获输入性病媒生物 12 大类 335 余万只，检出病原体 476 批次，辽宁、浙江、江苏、广东局分别发现贪食睡鼠、白芥花蜱、南非乳鼠、Drymaplaneta 属蜚蠊等 7 种入侵新种，有效防范了病媒生物传染病跨境传播。这些成就充分展示了口岸疫情防火墙的重要作用，体现了我国口岸技术执法水平的不断提升。

（三）开展国际合作，维护国际卫生安全

病毒无国界，防控重大传染病威胁需要多元化全球卫生治理予以应对，正如世界卫生组织总干事指出的，"在这个人员和商品密集流动的相互关联的世界上，再没有多少健康威胁属于地方性威胁，很少再有哪些健康威胁单凭卫生部门独自行动就可以加以管理"。2015 年非洲埃博拉出血热疫情期间，我国成功构筑了境外、途中、口岸三道防线，真正实现"零输入"，防控工作成效写入政府工作报告，被总理评价为"有效防控疫情输入"，我国国境卫生检疫目前在国际上已形成了领跑优势。

源头防控是控制疫情最科学有效的手段。加强国际合作研究，特别是推动境外高发、频发的疫源地监测研究，筑牢国际检疫防线，是落实习近平总书记提出的"引导国际社会共同维护国际安全"的具体体现。2016 年，质检总局首次在境外建立传染病监测哨点，与安哥拉、纳米比亚和埃及三国就卫生检疫合作深入

交流,援建非洲疾控中心,将中铁四局安哥拉医院确定为境外首个质检总局传染病监测哨点,为进一步推进中非合作进程、保障中非经贸往来、保护人民生命健康安全、增进中非人民福祉发挥积极作用。而中国检验检疫科学研究院在"中国-东盟合作基金"项目资助下所承办"中国-东盟防止禽流感跨境传播研讨班"也是疫情防控领域国际合作的典型案例。该项工作增进了我国与东盟国家在防止禽流感跨境传播方面的交流与了解,强化了本地区检验检疫合作协调机制,更提高了防止禽流感疫情跨境传播的有效性[3-5]。

三、防控外来人兽共患病的主要对策与建议

(一) 提高认识,将人兽共患病防控纳入国家整体安全战略

首先必须提高认识,因为出入境检验检疫与国家安全能力有着密不可分的关系。当前在我国口岸按照国家战略部署建设"大通关""大口岸""大物流""大自由贸易区"的形势下,检验检疫已不仅是关系到国家安全、社会安全、人民安全与国际安全的"口岸公共安全"与"国门安全",而且是其安全范围不断向国门内外延展的且与传统安全紧密关涉的"交织安全"与"场域安全"。在深化改革的社会转型期,出入境检验检疫成为非传统安全保障的重要手段,也是我国完善公共安全体系与国家安全体制中的重要内容。

在此国家安全战略的大背景下,必须提高对防控人兽共患病重要性的认识。据统计,国际上已发现的 1 000 余种传染病中,我国尚未发现的仍有 600 多种,外来疫情疫病威胁仍持续增长;而且,在国际恐怖势力猖獗的现实形势下,通过口岸实施核生化恐怖袭击也成为现实威胁;另外,在当前"逆全球化"思潮抬头的背景下,各国纷纷以健康、安全和环保为由,采取技术性贸易措施对我国出口贸易进行限制,也随时可能影响我国经济社会安全。因此,综合这些生物威胁要素和国家非传统安全需求,我们必须提高认识,将人兽共患病的防控纳入国家安全整体战略适逢其时。

(二) 加大科研投入,做好监测防控技术储备

重大人兽共患病疫情的发生通常具有突然性,是否人为或自然发生在事件发生的早期往往不清楚,溯源难度大,专业技术要求高,需要建立多层次、综合性、专业性的生物威胁监测防线。因此,加大科技支撑和专业力量投入成为当前提升我国生物威胁防御能力的科学选择,而作为各种人流、物流物理通道的边境国门,必然是开展包括人兽共患病病原体在内的各种生物威胁监测、防御的高效、合理的场所。

　　因此,加强防控外来人兽共患病技术储备研究投入,科学筑牢生物安全国门,将维护国家安全特别是非传统安全提到保障国家改革与发展的战略高度,客观上既是在关键战略地点部署发现能力应对生物威胁的科学要求,也是保障国家安全和阻断疫情跨境传播链、共同维护国际安全的负责任大国形象的展示。

(三) 加强联合研发攻关,提升外来人兽共患病防控能力

　　人兽共患病是由共同的病原体引起、在流行病学方面密切相关的人与动物疾病的总称。科学层面上,防控人兽共患病就必须解决人医和兽医各自为政、孤军奋战的传统思想,需要联合攻关。国门是国家开放的前沿阵地,涉及非传统安全的风险因素多,威胁不断上升,其多层次综合安全体系的构建势在必行。事实上,为了防控疫情等国家安全保障工作的需要,当前传统意义上的"口岸、国境"已经弱化,新型的、前伸(国外)后延(国内)、网络化"口岸、国境"更为重要,国门安全保障的科学发展趋势是:检验检疫工作到哪里,国境口岸就在哪里。因此无论是国门安全层面,还是具体到防控外来人兽共患病等非传统安全工作领域,都离不开国内多部门的科研联合攻关,离不开国内疫情防控行之有效的联防联控工作机制,需要质检、卫生、军事、农业、食品、林业等多机构协同,共同构建多层次的协作机制和防护网络。在此基础上,检验检疫部门"靠技术执法,凭数据说话"的体制优势和技术优势才能进一步发挥,夯实国家安全的保障基础。

(四) 加强人才队伍建设,做好人才储备

　　人兽共患病疫情多由处于不断变异的病原体感染引起,疫情发生或传入时间、病原种类等源头风险往往具有显著的不确定性。不确定的风险需要更加专业的人才储备,这也是风险管理的核心能力基础。

　　随着《国际卫生条例》(2005 年)的实施,国际法中对传染病防控的检疫的管理模式也发生了显著变化,如防控对象由过去几种检疫疾病应对转为应对所有突发公共卫生事件,要求被动应对升级到主动监测能力,疫情防控的同时还要兼顾通关的需求等。因此,近年来口岸在涉及安全把关的灵敏、在线、智能安全监测设施设备需求也在不断增加,智慧口岸、智慧国门等成为明确目标,也对口岸人员素质提出了人力资源需求,在重视技术引进和科技创新的同时,特别需要加强专业队伍建设和人才储备,需要面向一线需求,培养高素质专业化的检疫人才。

　　随着我国口岸检疫在国际传染病防控同行中逐渐形成领跑优势,国际公共卫生安全领域也期待我国专业检疫队伍不断走出国门,开展人兽共患病疫源地监测防控,为国际社会共同维护公共卫生安全提供保障[7]。

参 考 文 献

［1］ 田克恭,吴佳俊,王立林. 我国人兽共患病防控存在的问题与对策［J］. 传染病信息.
2015,28(1):9–14.

［2］ 王志刚. 加强人兽共患病防控工作的思考［C］// 河北省畜牧兽医学会. 第四届京津冀
一体化畜牧兽医科技创新研讨会暨“瑞普杯”新思想、新方法、新观点论坛论文集. 石
家庄:中国学术期刊电子杂志出版社. 2014:362–364.

［3］ 吴绍强,林祥梅. 非传统安全视角下的口岸动物检疫形势分析与对策［J］. 中国动物检
疫,2015,32(9):22–25.

［4］ HAN X Q,LIN X M,LIU B H,et al. Simultaneously subtyping of all influenza A viruses
using DNA microarrays［J］. Journal of Virological Methods,2008,152(1–2):117–121.

［5］ 韩雪清,林祥梅,侯义宏,等. 禽流感病毒分型基因芯片的研制［J］. 微生物学报,2008,
48(9):1241–1249.

［6］ 万遂如. 人兽共患病的危害、流行原因与防控对策［C］// 中国畜牧兽医学会. 第六届
理事会第二次会议暨教学专业委员会 2006 年会议论文集. 北京:中国农业出版社.
2006:15–22.

［7］ ZHANG Y,YU Y S,TANG ZH,et al. 10th anniversary of SARS:China is better prepared
for the H7N9 avian influenza outbreak［J］. Journal of Infection in Developing Countries,
2013,7(10):761–762.

李新实　曾任对外经济贸易大学学生处副处长、党委宣传部部长,国家商检局办公室副主任,国家出入境检验检疫局办公室副主任,河北检验检疫局副局长、党组成员,中国国门时报社社长,中国质检报刊社党委书记兼副社长,宁夏出入境检验检疫局局长、党组书记。2011 年 6 月至 2014 年 1 月,任中国检验检疫科学研究院党委书记兼副院长、研究员。2014 年 1 月至今,任中国检验检疫科学研究院院长、研究员,兼任中国合格评定国家认可委员会副主任、中国认证认可协会副会长、中国检验(检测)检疫学会副会长、中国进出境生物安全研究会副会长。

加强宠物与特种动物管理
搞好外来人兽共患病防控

才学鹏[1,2]　马　苏[1]　马世春[2]　杨松涛[3]

魏宝振[4]　程世鹏[5]　秦　川[6]　林德贵[7]　马继红[2]

池丽娟[2]　夏咸柱[3]

1. 中国兽医药品监察所,北京;

2. 中国动物疫病预防控制中心,北京;

3. 军事医学科学研究院军事兽医研究所,长春;

4. 全国水产技术推广总站,北京;

5. 中国农业科学院特产研究所,长春;

6. 中国医学科学院医学实验动物研究所,北京;

7. 中国农业大学动物医学院,北京

随着社会进步、经济发展,宠物和特种动物与人类的关系越来越密切。本文所提的宠物与特种动物主要指犬、猫等宠物和特种经济动物、实验动物、水生动物及军警用动物等。众所周知,宠物在人们生活中扮演的角色越来越重要,成为家庭伴侣动物;毛皮制品、鹿茸的市场需求不断增加,人们与特种经济动物(毛皮动物、鹿)的接触越来越多;随着饮食结构的多元化,水产品更多地出现在人们的餐桌上;实验动物作为"活的仪器",已成为替代人类去获取与生命健康息息相关的各种科学实验数据的重要工具;执行搜爆、戈壁巡逻等任务的军警用动物,为保障国家安全和社会稳定发挥着重要作用。这些动物的健康与人类健康发生着千丝万缕的联系,相关人兽共患病造成的公共卫生安全事件日益受到人们的关注,但人们对于宠物与特种动物源人兽共患病的认识还不多,特别是对其相关外来人兽共患病的认识更加缺乏。

人兽共患病又称人畜共患病或人与动物共患病,是指在人类和其他脊椎动物之间自然传播的、由共同的病原体(如细菌、病毒和寄生虫等)引起的、流行病学上又有关联的一类疾病或感染。外来人兽共患病是指跨越国界,从原发国传至其他国家或地区的人兽共患病,也称跨境人兽共患病。许多外来人兽共患病如尼帕病毒病、埃博拉病毒病、西尼罗河热等已经传播到我国周边国家,对我国构成严重威胁,外来人兽共患病的防控形势十分严峻。如何有效预防、控制和消灭人兽共患病是全人类必须面对的重大课题,鉴于宠物和特种动物与人类关系之密切,相关人兽共患病特别是外来人兽共患病的防控尤为重要。只有切实加强对宠物与特种动物源外来人兽共患病的防控,才能保障宠物与特种动物的生物安全,提高公共卫生水平,有效维护人类健康。

一、宠物与特种动物源人兽共患病概述

(一) 主要宠物与特种动物源人兽共患病

依据病原体的生物属性,宠物与特种动物源人兽共患病可分为病毒性、细菌性、真菌性、寄生虫性和立克次体人兽共患病。病毒性人兽共患病主要有重症急性呼吸综合征(SARS)、狂犬病、病毒性肝炎等;细菌性人兽共患病主要有炭疽、鼠疫、霍乱等;真菌性人兽共患病主要是皮肤真菌病;寄生虫性人兽共患病主要有血吸虫病、弓形虫病、蛔虫病等。目前涉及我国宠物、特种经济动物、实验动物、水生动物及军警用动物的人兽共患病主要包括 56 种,列入农业部和卫生部共同发布的《人畜共患传染病名录》(2009 年)的有 13 种(占名录总数的 50%);其中,狂犬病、布鲁氏菌病、结核病、血吸虫病和棘球蚴病(包虫病)等严重危害人民健康和养殖业生产,具有重要的公共卫生学意义。宠物与特种动物源外来人兽共患病主要有西尼罗河热、尼帕病毒病、马脑脊髓炎、莱姆病、新旧大陆螺旋蝇蛆病、荚膜组织胞浆菌病等,这些疫病在世界范围内流行与传播,严重影响了人类健康。

(二) 流行特征

(1) 动物种类繁多,感染情况复杂。宠物与特种动物源人兽共患病的流行涉及多种动物,各种动物饲养数量增长迅速,加之各种动物的生物学属性、生活习性、饲养环境等方面存在较大差异,其疫病流行特点呈现多样化。

(2) 新病老病交织,公共威胁加剧。由于饲养方式改变、动物无序流动、贸易全球化、气候变暖、生态环境破坏等因素的影响,新病原出现的速率正在逐年加快,过去一些对人无致病性或低致病性的病原变异后发展为对人类有强致病性的病原。

(3) 群体防护薄弱,感染比例增加。宠物与特种经济动物饲养量激增,动物流通频繁,动物实验活动增加,对动物疫病知晓率相对较低、防护意识比较缺乏或是淡薄的相关人群感染人兽共患病的人数比较多。

（4）传播途径多样，流行范围扩大。宠物与特种动物源人兽共患病通过接触、呼吸道、消化道、叮咬等多种方式传播，传播途径十分广泛。野生动物与家畜和人接触机会不断增多，扩增了病原感染谱。温室效应促进了虫媒性传染病在亚热带地区的传播。

二、宠物与特种动物源人兽共患病防控现状

宠物与特种动物源人兽共患病流行状况非常复杂，各种动物的生物学属性、生活习性、饲养环境等方面存在较大差异，疫病防控涉及的部门不尽相同，防控现状参差不齐。

（一）宠物源人兽共患病防控现状

近年来我国宠物犬、猫数量大幅攀升，家养犬、猫的数量已达 2 亿只，但宠物监管制度与生物安全体系建设却相对滞后，人们的生物安全观念淡薄，缺乏防范意识。人与犬、猫共患病呈现逐步高发的趋势，危害较大。目前我国采取的防控措施主要有：建立宠物与人共患疾病的普查机制，对宠物与人共患疾病的致病微生物种类、耐药性、耐药基因变化进行研究和跟踪；明确制定科学、可行的预防措施，确定治疗原则和方法，建立发病信息反馈系统；加强兽医教育，提高执业兽医临床工作的规范性；强化对宠物饲养者的教育，重点加强对儿童的教育；建立官方和民间的宠物与人共患疾病的权威网站，宣传宠物科学饲养知识和公共卫生知识，提高宠物饲养者的社会责任感。

（二）实验动物源人兽共患病防控现状

实验动物源人兽共患病防控基础较好，相关法律法规和管理体系初步形成，严格的法制化管理宗旨不但可以提高实验动物的质量，也保障了相关工作人员的工作环境与身体健康。目前，实验动物人兽共患病防控以实验动物质量检测体系为主，奠定了良好的组织机构、法律法规、技术体系、标准体系、人才队伍等基础。通过培训，逐步提高动物实验者的防范意识，降低人兽共患病感染事件的发生率。

（三）特种经济动物源人兽共患病防控现状

特种经济动物源人兽共患病快速增加，病原体变异与进化加快。我国特种经济动物源人兽共患病的预防和控制工作缺乏整体性研究，绝大多数病原体流行情况未知，亟须开展相关工作，特别是某些烈性传染病的防控工作需要重点突破。

（四）水生动物源人兽共患病防控现状

目前我国水生动物源人兽共患病的预防与控制工作尚处于空白阶段,既没有真正从事该方面工作的支撑体系,也缺乏相关研究和防控队伍。我国水产技术推广体系或水生动物疫病防控机构尚未开展水生动物源人兽共患病防控工作。

（五）军警用动物源人兽共患病防控现状

军犬、警犬、军马、军鸽等军警用动物,是军队战斗力和警察战勤装备的重要组成部分。目前,我国军警犬人兽共患病得到良好控制,但部分病种有复发现象;军马面临外来病威胁,需要防范外来人兽共患病传入我国;军鸽病原较为复杂,外来人兽共患病防控不容忽视。目前,我国马业正在迅速由原先的农用和军事用马向娱乐业、竞技业用马转型,马匹的交易频繁。因此,尚未传入国门的西尼罗病毒、委内瑞拉马脑炎、尼帕病毒病等军马源人兽共患病随时可能伴随着频繁的国际马匹交易甚至鸟类迁徙传入我国。

三、存在的问题

近年来,我国人兽共患病防治工作取得了明显成效,为促进农业农村经济平稳较快发展、提高人民群众生活水平、保障社会和谐稳定做出了重要贡献。但由于宠物与特种动物在养殖方式、用途及对国民经济的影响等方面均与普通意义上的家畜家禽有很大差别,其人兽共患病防控特别是外来人兽共患病防控还存在诸多问题,在一定程度上影响整个动物疫病防控工作,主要表现在以下几个方面。

（一）法规标准体系不完善

一是法律法规规章不完善。《中华人民共和国动物防疫法》是我国动物疫病防控的主要法律,但对于宠物与特种动物的疫病防控内容涉及较少。《中华人民共和国野生动物保护法》《实验动物管理条例》和部分地区自行制定的养犬管理条例等专业性法律法规中,也没有更为详细的规定。由于法律法规层面上规定不健全,导致宠物与特种动物源人兽共患病的防控缺乏法律依据,依法行政难度加大。二是标准规范不完善。目前狂犬病、布鲁氏菌病、结核病等严重危害家畜家禽的人兽共患病的相关标准规范正逐步建立,但对于大部分宠物与特种动物源人兽共患病的防控、诊断等相关标准严重缺乏。

（二）缺乏专门的机构和队伍

宠物与特种动物源人兽共患病的防控没有专门的机构和队伍,管理工作涉及多个部门。例如水生动物源人兽共患病防控涉及农业、卫生、海洋等部门,特种经济动物源人兽共患病防控涉及农业、林业等部门,城市宠物养犬管理多在公安部门,而农村养犬管理部门尚不明确。由于多头管理,往往导致分工不清,基础性工作缺失。

（三）经费投入严重不足

国家未将宠物与特种动物疫病预防列入防控计划,特别是目前疫病监测计划中没有涉及宠物与特种动物源人兽共患病的监测内容,也没有相关经费的支持,宠物与特种动物人兽共患病的防控工作进展缓慢。

（四）疫病防控底数不清

迄今为止,我国尚没有进行过全面的宠物与特种动物源人兽共患病病原区系的普查和流行病学调查工作,宠物与特种动物源人兽共患病的病原种类、分布区系、流行情况、危害程度、易感人群等情况不清,很多疫病的本底调查和监测方面还是空白。

（五）防控意识淡薄

宠物与特种动物的饲养、使用人员和产品加工人员与动物接触频繁,暴露风险大,但这些人员往往缺乏必要的防控知识,自我保护意识差,感染风险增加。

（六）科技支撑力度小

目前大部分人兽共患病的防控重点集中在家畜家禽上,从事宠物与特种动物人兽共患病特别是外来人兽共患病的研究是冷门,研究机构少,从事研究的人员少,很难申请到课题经费支持,研究成果非常有限,导致在防控领域存在大量技术空白。

（七）诊断试剂和疫苗缺乏

由于宠物与特种动物用生物制品用量少、经济效益差,科研机构不愿意投入力量研发,生物制品企业不愿投入力量生产销售,造成宠物与特种动物诊断试剂和疫苗供应多数依赖进口,价格昂贵,严重影响防控工作的开展。

四、宠物与特种动物源外来人兽共患病防控建议

用"同一个世界,同一个健康"的理念统领全局,坚持"预防为主、科学防控、依法防治、联防联控、果断处置"的基本方针,以保障公共卫生安全、动物生产安全、动物源性食品质量安全为出发点和落脚点,制定科学的防控策略,全面提升法规制定、体系建设、科技支撑、公共服务水平,严防外来人兽共患病入侵,确保动物和人类健康安全。

(一) 建立健全宠物与特种动物源外来人兽共患病防控法律法规

目前我国还没有专门针对外来人兽共患病的独立法律制度,要通过制定和修订相关法律法规、部门规章、协定协议和规范性文件等,进一步规范宠物与特种动物人兽共患病特别是外来人兽共患病的防控工作。建立健全与防控工作相衔接的政策与制度,明确界定防控管理归口部门、技术支撑部门和从业者的责任与义务等。

(二) 健全宠物与特种动物源外来人兽共患病防控多部门联动机制

加强国家层面的支持与协调,建立健全跨部门协作机制,由国务院牵头,组织农业、卫生、检验检疫、海关、公安、武警和军队等部门建立领导小组,成立协调机构,形成重大事项磋商机制。加强对外来人兽共患病防控工作的管理,定期召开专门会议,研究重大问题,制定防控措施,落实职责分工,形成良好的疫病综合防控体系,对外来人兽共患病进行及时防控,做到早发现、早报告、早处理,严防疫情传入。

(三) 加强宠物与特种动物源外来人兽共患病检验检疫与防控预警

加强国境口岸卫生检疫工作,做好往来人员和动物的卫生检疫。强化进境动物疫病的防范,禁止从有疫病或高风险国家进口动物及相关产品,并针对可能的传播途径采取有效措施进行预防。启动宠物与特种动物人兽共患病监测与预警工程,建立检测监控系统和实验室网络,制定并出台相应的监测方案,密切跟踪相关疫病在世界的暴发和流行情况,及时发现、掌握和控制疫情。

(四) 开展宠物与特种动物源外来人兽共患病防控重大专项科学研究

防控工作,科研先行,源头控制是核心。加强科技支撑和战略技术储备,建立新发外来人兽共患病监测和预警关键技术平台,推动快速诊断、监测等技术研究,建立敏感、特异、便捷的各类诊断和鉴别诊断方法,提高病原检测与鉴定能

力。与国外相关研究机构合作,加强宠物与特种动物源外来人兽共患病疫苗的研制,尽快推出一批战略储备产品。在国内选择研究基础好、设备设施完善、研究力量雄厚的单位设立国家宠物与特种动物源外来人兽共患病研究中心,构建完整的科技创新体系。

（五）实施宠物与特种动物源外来人兽共患病防控人才培养计划

加强外来人兽共患病学科基础教育,提高宠物与特种动物源外来人兽共患病科研、监测、防控队伍的专业化程度。引进国外先进的管理理念和技术体系,培养国际化专业人才。加强各级兽医队伍和动物防疫机构人员培训,强化应急预备队伍建设,提高疫病监测、疫情应急能力和水平,打造一支宠物与特种动物源外来人兽共患病防控队伍。

（六）加强国际交流与合作

外来人兽共患病的防控是一个国际性问题,只有加强国与国之间的协调合作,才能使相关疫病的防控工作取得实效。我国要加强与周边国家(如俄罗斯、蒙古、哈萨克斯坦、泰国、越南等)、与区域性组织(东盟、AFRO)以及与国际组织(如 OIE、FAO 和 WHO)之间的联系与合作,建立外来人兽共患病联合监测点,搭建资源共享平台,共同应对宠物与特种动物源人兽共患病的流行和暴发。

（七）建立健全宠物与特种动物源外来人兽共患病防控的投入保障机制

按照《国家中长期动物疫病防治规划(2012—2020 年)》要求,中央财政解决优先防控病种的投入,其余由地方投入,分别纳入各级财政预算。加大政府财政投入力度,以保障公共服务为主,充分利用市场资源,引导社会资金、企业资金和个体养殖者自有资金投入宠物与特种动物源外来人兽共患病防控,实现防控经费投入的良性循环和持续增长机制。

（八）加强防控知识宣传教育

通过电视、广播、报刊、网络等多种载体,利用各种形式广泛宣传宠物与特种动物源人兽共患病特别是外来人兽共患病的防控科普知识和公共卫生常识,提高公众的认知水平和防控意识,养成良好的卫生习惯,确保公共安全。

参 考 文 献

[1]　崔君兆. 弓形虫病研究简史及我国弓形虫流行病学调查[J]. 中华流行病学杂志,2002,23(zl):83-85.

［2］　朱帜,徐志刚.上海市卫生系统实验动物弓形虫感染调查[J].上海实验动物科学, 1994(3):191-192.

［3］　张海林,董兴齐,张云智,等.一起实验动物型肾综合征出血热流行的调查研究[J].地 方病通报,2006,21(5):17-19.

［4］　夏咸柱.实验动物与人兽共患病[J].兽医导刊,2011(11):15-16.

［5］　郭慧安,聂素芬.实验动物型流行性出血热的临床特征[J].中国人兽共患病杂志, 1993,9(2):56-57.

［6］　方喜业,陈化新,杨果杰.流行性出血热与实验室感染[J].中国实验动物学杂志, 2001,11(3):180-183.

［7］　周娉,董伟,刘建高,等.湖南省实验动物中几种常见的人兽共患病监测[J].中国比较 医学杂志,2009,19(3):74-75.

［8］　刘克义.山东省弓形虫感染流行病学调查及传播因素分析[D].山东:山东省医学科学 院,2005.

［9］　曾冰艺,苏惠.实验大白鼠慢性弓形虫病调查[J].中国人兽共患病学报,2007,23(9): F3.

［10］　任智慧,温真.一起由鼠伤寒沙门氏菌引起的食物中毒调查[J].地方病通报,2007, 22(3):51.

［11］　黄晓尤,王月玲,王磊,等.山东省实验动物沙门氏菌监测结果[J].上海实验动物科 学,1996(z1):221.

［12］　黄韧,林惠莲,李菁菁,等.广东省近年来实验动物的微生物和寄生虫感染情况及监 控[J].实验动物科学与管理,1997(2):41-45.

［13］　佟巍,乔红伟,魏强,等.淋巴细胞脉络丛脑膜炎病毒在实验大鼠中的感染状况[J]. 实验动物科学,2010,27(4):46-48.

［14］　李雨涵,魏强.淋巴细胞脉络丛脑膜炎病毒感染实验动物的情况概述[J].中国比较 医学杂志,2013,23(1):46-48.

［15］　陈领,胡景杰,陈越,等.重视和加强中国实验动物的研究[J].动物学杂志,2013,48 (2):314-318.

［16］　钱军,孙玉成.实验动物与生物与安全[J].中国比较医学杂志,2011,21(10-11): 15-19.

［17］　夏咸柱,高玉伟,王化磊.实验动物与人兽共患传染病[J].中国比较医学杂志,2011, 21(10-11):2-12.

［18］　王道坤.关注人兽共患传染病[J].中国畜牧业,2014(1):41-13.

［19］　PRITCHETT-CORNING K R,COSENTINO J,CLIFFORD CB. Contemporary prevalence of infectious agents inlaboratory mice and rats[J]. Laboratory Animals,2009,43(2):165- 173.

［20］　MCINNES E F,RASMUSSEN L,FUNG P,et al. Prevalence of viral,bacterial and parasito- logical diseases in rats and mice used in research environments in Australasia over a 5-

yperiod[J]. Lab Anim(NY),2011,40(11):341-350.

[21] MÄHLER C M,BERARD M,FEINSTEIN R,et al. FELASA recommendations for the health monitoring of mouse,rat,hamster,guinea pig and rabbit colonies in breeding and experimental units[J]. Laboratory Animals,2014,48(3):178-192.

[22] 王吉,卫礼,巩薇,等. 2003—2007 年我国实验小鼠病毒抗体检测结果与分析[J]. 实验动物与比较医学,2008,28(6):394-396.

[23] 中国实验动物学会. 实验动物学学科发展报告(2008—2009)[M]. 北京:中国科学技术出版社,2009:3-26.

[24] 中华人民共和国国家质量监督检验检疫总局. 实验动物　微生物学等级及监测:GB/T 14922.2—2011 [S]. 2011:1-6.

[25] 佟巍. 国内外实验动物病毒检测的比较[J]. 中国比较医学杂志,2012,22(11):10-15.

[26] XIANG Z,TIAN S,TONG W,et al. MNV primarily survelillance by a recombination VP1-derive ELISA in Beijing area in China[J]. Journal of Immunological Methods,2014,408:70-77.

[27] 戴德芳,张红,刘运芝,等. 湖南省 2004—2006 年实验动物病毒学质量监测结果分析[J]. 实验动物与比较医学,2007,27(1):57-59.

[28] 覃迪,蔡亮,湛志飞,等. 湖南省 2006—2010 年实验动物微生物质量监测结果分析[J]. 中国比较医学杂志,2012,22(3):69-73.

[29] LIANG C T,SHIH A,CHANG Y H,et al. Microbial contaminations of laboratory mice and rats in Taiwan from 2004 to 2007[J]. Journal of the American Association for Laboratory Animal Science,2009,48(4):381-386.

[30] 葛文平,张旭,高翔,等. 我国商业化 SPF 级小鼠病原体污染分析[J]. 中国比较医学杂志,2012,22(3):65-68.

[31] BAKER D G. Natural pathogens of laboratory mice,rats,and rabbits and their effects on research[J]. Clinical Microbiology Reviews,1998,11(2):231-266.

[32] 田克恭. 实验动物病毒性疾病[M]. 北京:中国农业出版社,1991.

[33] 田克恭. 实验动物疫病学[M]. 北京:中国农业出版社,2015.

[34] NICKLAS W,DEENY A,DIERCKS P,et al. FELASA guidelines for the accreditation of health monitoring programs and testing laboratories involved in health monitoring[J]. Laboratory Animals,2010,39(2):43-48.

[35] 叶俊华. 5 起犬钩端螺旋体病流行病学调查与防控报告[C]// 中国科学技术协会. 全国人畜共患病学术研讨会论文集. 北京:中华人民共和国卫生部,2006:239-241.

[36] 张汇东. 警队狂犬病防控及个人防护[C]// 中华预防医学会. 2012 年中国狂犬病年会论文集. 2012:92.

[37] 宋兴国. 工作犬社会化训养区域狂犬病防控示范区建设研究[C]// 2012 年中国狂犬病年会论文集. 2012:92.

[38] 刘占斌,戴宗浩,徐玉生,等. 犬钩端螺旋体病临床症状和治疗[J]. 中国工作犬业, 2009(7):20-21.

[39] 杨善尧. 动物与抗战:论中国军马与军鸽之整备(1931—1945)[J]. 抗战史料研究, 2012(6):15.

[40] 高宏伟,张大伟,杨松波,等. 军用动物发展建设问题研究[M]. 2004:35-38.

[41] 林祥梅,韩雪清,王景林. 外来动物疫病[M]. 北京:科学出版社,2014:192-233.

[42] 农业部渔业局. 2012年中国水生动物卫生状况报告[M]. 北京:中国农业出版社, 2013.

[43] 农业部渔业局. 2013年中国水生动物卫生状况报告[M]. 北京:中国农业出版社, 2014.

[44] 农业部渔业局. 2014年中国渔业年鉴[M]. 北京:中国农业出版社,2014:1-4.

[45] 农牧渔业部水产局. 1985年中国渔业统计年报[R].1986:1-6.

[46] 农业部兽医局. 一二三类动物疫病释义[M]. 北京:中国农业出版社,2011:105-108, 381-429,581-625.

[47] 汪建国. 鱼病学[M]. 北京:中国农业出版社,2013.

[48] 中华人民共和国国务院办公厅. 国家中长期动物疫病防治规划(2012—2020年) [R]. 2012.

[49] 夏咸柱,钱军,杨松涛,等. 严把国门,联防联控外来人兽共患病[J]. 灾害医学与救援 (电子版),2014(4):204-207.

[50] 谢巧,马世春. 严防外来人兽共患病传入我国[J]. 中国畜牧业,2014(15):34-36.

[51] 夏咸柱,才学鹏,林德贵,等. 宠物源人兽共患病防控战略研究[J]. 中国动物检疫, 2017,34(2):34-37.

[52] 杨松涛,王化磊,叶俊华,等. 我国军警用动物人兽共患病现状与防控策略[J]. 中国 动物检疫,2017,34(2):46-50.

[53] 孔琪,夏霞宇,高虹,等. 实验动物源人兽共患病防控战略研究[J]. 中国动物检疫, 2017,34(2):38-41.

[54] 易立,程世鹏,马世春,等. 特种经济动物源人兽共患病防控战略[J]. 中国动物检疫, 2017,34(2):42-45.

才学鹏　博士,研究员,中国兽医药品监察所所长。兼任中国兽药协会会长、中国兽医协会副会长、中国微生物学会兽医微生物学专业委员会主任委员、中国畜牧兽医学会家畜寄生虫分会副理事长、中国畜牧兽医学会口蹄疫病学分会副理事长。先后被评为"国家百千万人才工程"第一、二层次人选,农业部有突出贡献的中青年专家、"神农计划"首批提名人,中国农业科学院"一级岗位杰出人才"。享受国务院政府特殊津贴。

　　长期从事预防兽医学研究,在我国重大动物疫病特别是在 OIE 规定的动物一类疫病口蹄疫、小反刍兽疫和人畜共患寄生虫病防控研究方面成绩显著、贡献突出,先后主持国家科技攻关、支撑计划、"973"课题、"863"计划、国家重点研发计划等多个项目。获国家科学技术进步奖二等奖 1 项,省部级科学技术进步奖一等奖 1 项、二等奖 5 项、三等奖 2 项,发明专利 33 项。发表论文 300 余篇,其中 SCI 收录 71 篇。

　　领导成立了兽医行业第一个产业技术创新联盟,实现产学研一体化;领导组建了家畜疫病病原生物学国家重点实验室,提升了病原学的研究水平;领导建成了国家口蹄疫参考实验室、兰州口蹄疫疫苗生产工程项目,实现了口蹄疫研究和生产条件的现代化,产生显著的经济和社会效益,为遏制口蹄疫的暴发和流行发挥了重要作用。

外来人兽共患病监测与溯源研究进展

常亚飞[1]　李向东[2]　田克恭[1,2]

1. 河南农业大学牧医工程学院，郑州；
2. 国家兽用药品工程技术研究中心，洛阳

人兽共患病（Zoonosis）是由共同的病原体引起、在流行病学上密切相关的人与动物疾病的总称[1]。外来人兽共患病又称跨境人兽共患病，是指跨越国界，从原发国传至其他国家或地区的人兽共患病。近年来，埃博拉出血热（Ebola hemorrhagic fever）、中东呼吸综合征（Middle East respiratory syndrome，MERS）、寨卡病毒病（Zika virus disease）等人兽共患病的出现与迅速传播，使人兽共患病越来越受到人们的广泛重视。对我国而言，埃博拉出血热、MERS、寨卡病毒病、西尼罗河热（West Nile fever）、尼帕病毒病（Nipah virus disease）等属于外来人兽共患病。由于我国陆路接壤国家多、国际交流与贸易频繁、环境类型多样等因素，外来疫病随时有传入我国的风险，对我国公共卫生安全造成威胁，应该予以足够重视。

一、外来人兽共患病跨境传播的主要因素

（一）经济全球化背景下频繁的商旅往来

在经济全球化背景下，国际贸易日益频繁，跨境人口流动与日俱增。据公安部出入境管理局统计，仅 2016 年第四季度，我国出入境人口总数达 1.6 亿多人次。频繁的人口流动增加了人兽共患病长距离迁移传播的风险。特别是近年来出境旅游的兴起，人们在欣赏异国自然风光的同时也增加了与媒介生物和野生动物接触的机会，使自然疫源性人兽共患病跨境传播的风险急剧上升。

（二）媒介生物的跨境传播

国家间有边境，但邻国间的生态环境是没有界限的。我国地域辽阔，仅陆路接壤国家就有 14 个。国家间接壤地域有着相似的生态环境，周边国家的人兽共患病极有可能通过媒介生物的迁移而传播入境。另外，携带病原体的媒介生物

也可通过口岸的船舶、集装箱和货物等携带入境[2]。我国出入境检疫人员在进口货柜携带的蚊子体内曾经检测到西尼罗河病毒。

（三）野生动物和商品动物的流动

由于生态环境的破坏和全球气候变暖等因素迫使野生动物被动迁徙，间接导致动物源性人兽共患病跨境传播的风险增加。例如，禽流感的跨境流行与候鸟的迁徙活动有关，而我国华南地区处于候鸟迁徙的路线上。因此，2004 年 H5N1 禽流感由我国华南地区输入，并逐渐在我国多个省份流行。

（四）其他因素

走私活动中非法入境动物与动物产品可能携带人兽共患病病原体，由于没有通过边境检验检疫，增加了外来人兽共患病传入我国的风险。此外，科研人员在开展针对外来人兽共患病研究过程中，可能由于生物安全措施不到位而导致病原体散播，造成疫病流行。

二、外来人兽共患病监测与溯源技术现状

（一）常规监测与溯源技术

1. 酶联免疫吸附试验（ELISA）

ELISA 是目前感染性疾病检测中应用最广泛的免疫学技术，具有灵敏度高、特异性好、操作简便快速等优点，不仅能够用于疾病早期诊断，而且可同时检测大批量样品。

2. 免疫荧光技术

免疫荧光技术既可以检测血清样品，也可以检测粪便、鼻、咽、口腔分泌物/刮取物等样品，一般在 2~3 h 内即可出结果。

3. 胶体金标记技术

该技术已广泛应用于诊断试纸条的开发，一般 10 min 以内即能得到结果，不需要特殊仪器，肉眼即能判定，适合临床样品的快速检测。

4. PCR/实时荧光 RT-PCR 技术

PCR 是目前最为常用的核酸扩增技术，敏感、特异、快速。相比于普通 PCR，实时荧光 RT-PCR 不仅能够定量，并且特异性更强、灵敏度更高。

（二）新型监测与溯源技术

1. 基因芯片技术

基因芯片技术是将数以万计的已知 DNA 片段有规律地固定于支持物上,然后与标记的样品进行分子杂交,通过激光共聚焦扫描对杂交信号进行检测分析,特点是高通量、自动化,可一次性分析大量样品。

2. 微滴式数字 PCR(droplet digital PCR)

微滴式数字 PCR 是利用微流体技术将含有核酸分子的反应体系分成数万个纳升级微滴,每个微滴作为单独的反应单元,通过判定每个微滴中荧光信号的有无计算出核酸分子的浓度[3]。它不依赖于荧光达到阈值的循环数和内参基因即可检测靶分子的绝对数目,适用于大规模普查。

3. 高通量测序技术

高通量测序技术是将待测 DNA 片段化后,连接上接头分子,通过接头分子结合到固相微珠上进行大规模测序 PCR 反应。相比于传统测序,可一次性测序上百万条 DNA 片段,从而实现高通量。

4. 系统发生树构建

对病原体的某个基因或者全基因组进行序列测定,然后与 GenBank 中提交的序列进行比对分析,构建系统发生树。根据待检病原体序列在发生树中的位置,在时间、空间和进化关系上进行分析,以确定该病原体的分型、来源和可能的流行趋势。

三、近年我国外来人兽共患病监测与溯源案例分析

（一）首例输入性基孔肯雅热病例确诊

2008 年 3 月 4 日,广东省出入境检验检疫应用自行研发的实时荧光 RT-PCR 方法,从斯里兰卡劳务回国人员中检出 2 例基孔肯雅热病例,经卫生部确认,为首次于中国内地口岸成功截堵并检出的、国内未见分布的输入性传染病病例,属于特别重大公共卫生事件。对如何加强口岸查验、尽快阻断传染病在国际间传播起到了很好的示范效应。

（二）埃博拉出血热的监测与溯源

2014 年,西非爆发埃博拉出血热疫情,截至 2016 年 3 月 27 日,死亡人数达到 11 323 人[4-5]。我国早在 2013 年即建立了 RT-PCR、实时荧光 RT-PCR 和基因芯片等检测埃博拉病毒的方法。由于技术储备过硬、检测人员业务素质突出

以及各部门的联防联控,到目前为止,埃博拉出血热仍被拒之于国门之外。

(三) 口岸检出首例寨卡病毒感染病例

2016 年以来由寨卡病毒(Zika virus)引发的疫情呈全球蔓延之势[6]。2014年广东省出入境检验检疫局即开展了针对寨卡病毒快速检测的技术储备,建立了快速灵敏的检测方法。2016 年 2 月 12 日从来自委内瑞拉的发热人员身上检出寨卡病毒感染。由于诊断及时准确,避免了疫情扩散。

(四) 输入性 MERS 确诊与溯源

2015 年 5 月,我国报道了首例输入性 MERS[7]。该病例是一名韩国男子,其父亲是韩国一位 MERS 患者。该男子于 5 月 26 日乘飞机抵达香港,后经深圳入境抵达惠州,与其密切接触者 75 人,5 月 27 日韩国卫生部门才通知中国卫生部门该男子入境。国家卫生和计划生育委员会(以下简称"卫计委")迅速组织专家展开流行病学调查、实验室诊断等工作,确保此次疫情没有蔓延。

四、关于强化外来人兽共患病监测与溯源的建议

(一) 建立与国外人兽共患病信息共享平台

在经济全球化背景下,人兽共患病已成为全球性问题,一个国家单独应对难度极大,需要各个国家和国际组织通力合作。我们要本着"One world, One health"理念,与其他国家和国际组织建立人兽共患病信息共享平台。这一平台有助于各国间及时分享疫情信息,从而提早制定针对性防控计划。

(二) 构建人医、兽医、科研单位和行政部门一体化体系

外来人兽共患病的监测与溯源不仅需要人医,也需要兽医;不仅需要科研单位的技术支撑,也需要卫生、兽医、出入境、公安等多部门的密切配合。美国在防控西尼罗河热时,兽医对蚊子、鸟类和马等动物进行实时监测,并将信息共享给人医,从而使美国疾病预防控制中心对疫情做出了及时、准确的判断,在多部门配合下使疫情得到有效控制。

(三) 外来人兽共患病诊断与防控技术的储备性研发

MERS、埃博拉出血热等外来人兽共患病传播迅猛,危害严重。我国应建立外来人兽共患病检疫与监测技术平台,提早开展诊断方法和防控技术的研发和培训。一旦有疑似病例输入,可快速、准确地做出诊断,从而做到有备无患。

（四）强化媒介生物、野生动物和家畜重点疫病的流行病学调查与监控

媒介生物、野生动物和家畜在许多人兽共患病的传播中起到关键作用,因此加强媒介生物、野生动物和家畜疫病的调查与监控,不仅能够从源头上及时发现病原、掌握和控制疫病流行,还可以为疫病的溯源与进化、传播机制的研究提供支撑。

参 考 文 献

[1]　田克恭,张仲秋. 人与动物共患病[M]. 北京:中国农业出版社,2013.

[2]　裘炯良,郑剑宁,尤明传. 宁波口岸首次截获的外来病媒生物物种分析以及国境卫生检疫对策[J]. 中国媒介生物学及控制杂志,2011,22(1):38-40.

[3]　LY H J,LOKUGAMAGE N,IKEGAMI T. Application of droplet digital PCR to validate rift valley fever vaccines[J]. Methods in Molecular Biology,2016,1403:207-220.

[4]　WHO. Ebola situation report[R]. 2016.

[5]　BAIZE S,PANNETIER D,OESTEREICH L,et al. Emergence of Zaire Ebola virus disease in Guinea[J]. New England Journal of Medicine,2014,371(15):1418-25.

[6]　SHARMA A,LAL S K. Zika virus:transmission,detection,control,and prevention[J]. Frontiers in Microbiology,2017,8:110.

[7]　广东省卫生和计划生育委员会. 我省出现首例输入性中东呼吸综合征(MERS)疑似病例[R]. 2015.

田克恭　长期在一线从事动物疫病防控研究,现任世界动物卫生组织(OIE)猪繁殖与呼吸综合征参考实验室首席专家,全国动物防疫专家委员会高致病性猪蓝耳病专家组组长、中国畜牧兽医学会动物传染病学分会副理事长、国家生猪产业技术创新战略联盟副理事长等多个学术职务。先后获新中国60年畜牧兽医科技贡献奖(杰出人物)、科学中国人2011年度人物、全国优秀科技工作者等多项荣誉称号。2014年当选河南省"中原学者"和百千万人才工程国家级人选。获省部级以上科技奖励9项,其中国家科技进步奖二等奖1项、中国专利金奖1项;获农业部新兽药注册证书8个;获授权发明专利22项(其中美国专利1项)。参与制定国家/行业标准24项。发表论文200余篇;主编《人与动物共患病》等著作6部,参编著作26部。

完善法律法规　加强联防联控
夯实外来人兽共患病防控基础

陈伟生　王瑞红　李　琦　王志刚　王　赫　马继红

池丽娟　董　浩　魏　巍　张存瑞　徐　一

中国动物疫病预防控制中心,北京

人兽共患病是指由同一种病原体引起、流行病学上相互关联、在动物和人之间自然传播的疾病。外来人兽共患病就是指当前在我国境内尚未发生或发现的、在国境外已经存在的人兽共患病。人兽共患病在世界范围内危害严重,据统计,在全世界已知的 1 461 种人类传染病中,有 60% 来源于动物;历史上给人类带来灾难性损失的传染病中,80% 为人兽共患病;近 20 年全球新发传染病中,75%源于动物[1]。例如 2013 年的中东呼吸综合征(MERS)等疫情,引发了严重的社会经济问题。

随着全球化贸易的持续深入推进,我国与周边以及世界各国之间的人员往来、畜禽流动日趋频繁,特别是邻国多为发展中国家,经济发展水平参差不齐,外来人兽共患病防控形势严峻复杂,传入风险和防控压力与日俱增。当前,我国正处于全面建成小康社会的决胜阶段和推进农业现代化的关键时期,控制人兽共患病,特别是防堵外来人兽共患病是保障养殖业生产安全、动物源性食品安全、公共卫生安全和生态安全的重要一环,也是推动人民健康水平提高和"四化同步"的重要抓手,意义重大,任重道远。

一、我国外来人兽共患病防控现状

(一) 人兽共患病疫情形势复杂

世界范围内,多种人兽共患病曾给不同国家带来巨大的经济损失和社会问题。例如美国大约每十年有一次大的水泡性口炎流行,期间伴有小的暴发,南美洲流行的次数更多。据世界动物卫生组织(OIE)报道,美国和拉丁美洲几乎所有国家和地区在 1996—2002 年期间都暴发了大面积的水泡性口炎,造成了严重的经济损失。欧洲与非洲的一些国家亦有报道,印度和伊朗也曾有发生。而疯牛病更是广泛流行于 19 个欧盟国家以及美国、加拿大、日本、以色列等发达国家。1931 年,肯尼亚、南非、塞内加尔、毛利塔尼亚、埃及和马达加斯加岛等相继暴发裂谷热;1977 年在埃及人间大流行中,仅 30 天的时间里就有 1.8 万人感染发病,598 人死亡;2000 年在非洲以外地区暴发了裂谷热,也门约 1 087 人感染,121 人死亡;沙特阿拉伯约 884 人感染,124 人死亡。裂谷热在阿拉伯半岛的流行,为亚欧等地区敲响了警钟。2003—2010 年,埃及、肯尼亚、东非地区、马达加斯加岛和南非陆续暴发了裂谷热疫情。2016 年 7 月 23 日晚,北京接诊了全国首例输入性裂谷热病例。

我国地域广阔,陆路邻国达 14 个,部分国家人兽共患病防控水平落后,部分人兽共患病已经传入周边国家。例如西尼罗河热主要流行于非洲、中东、欧洲、北美、大洋洲、西亚和中亚等地区,但近几年,我国周边国家俄罗斯、哈萨克斯坦、印度和巴基斯坦等国也已发现该病毒。马来西亚于 1998 年暴发尼帕病毒病疫情,目前,该病已蔓延至新加坡、印度、缅甸、泰国、柬埔寨和孟加拉等国[2]。

2012 年,国务院正式发布了《国家中长期动物疫病防治规划(2012—2020年)》,明确了 6 种对我国风险较大、需要重点防范的外来人兽共患病,分别是疯牛病、尼帕病毒病、西尼罗河热、裂谷热、H7 亚型禽流感、水泡性口炎[3]。这 6 种外来人畜共患病在我国周边及"一带一路"沿线国家均有流行,对我国公共卫生安全构成了严重威胁。

(二) 法律法规体系建设不断完善

新中国成立以来,我国政府高度重视人兽共患病防控工作,尤其是加入WTO 以来,我国针对入侵我国风险大的外来人兽共患病出台了一系列法律法规,为保障外来人兽共患病防控工作奠定了扎实的制度基础。从顶层设计来看,我国有关外来人兽共患病法律体系可以归为四类。一是全国人民代表大会常务委员会颁布的法律,如《中国华人民共和国动物防疫法》《中华人民共和国进出境动植物检疫法》《中华人民共和国传染病防治法》《中华人民共和国国境卫生检疫法》《中华人民共和国突发公共事件应对法》《中华人民共和国食品卫生法》等。二是国务院颁布实施的有关管理条例、预案等,包括《国家突发公共卫生事件总体应急预案》《突发公共卫生事件应急条例》《国家突发公共事件应急预案》《国家突发重大动物疫情应急预案》《国家突发公共事件医疗卫生救援应急预案》《国家重大食品安全事故应急预案》《突发公共卫生事件应急条例》《重大动物疫情应急条例》《中华人民共和国进出境动植物检疫法实施条例》《国内交通卫生检疫条例》等。三是农业部、国家质量监督检验检疫总局、国家林业局等部门出台的相关法律的配套规章,如《动物检疫管理办法》《动物防疫条件审查办法》《病原微生物实验室生物安全管理条例》《进境动物和动物产品风险分析管理规定》《进境动植物检疫审批管理办法》《进境水生动物检验检疫监督管理办法》《陆生野生动物疫源疫病监测防控管理办法》以及各省依据国家法律法规制定出台的有关管理条例。四是各部门、各地区制定的技术规范、标准等[4]。

（三）联防联控机制初步建立

我国边境地区地形复杂,周边国家防控措施不足,走私、混牧、野生动物迁徙频发,而且随着"一带一路"、自由贸易区等国家对外开放战略深入推进,我国与沿线和周边国家的来往愈加密切,防控外来人兽共患病需要农业、卫生、林业、公安等多个部门通力合作。目前,我国已经初步建立了人兽共患病联防联控机制,在监测预警、边境防堵人兽共患病过程中发挥了重要作用。

二、我国外来人兽共患病防控法律体系中存在的问题

近年来,随着中国法制化进程的不断推进,外来人兽共患病法律法规也不断完善,对促进外来人兽共患病防控工作的制度化、规范化和科学化起到了重要作用。但是,由于历史原因,外来人兽共患病法律体系还存在薄弱环节,需要进一步完善。

（一）相关法律的系统性不够,立法零散碎片化

立法体系比较完善的国家对动物疫病防控法律体系建设更加全面和系统化。例如美国采取了"1+N"系统化的动物卫生法律体系。可以概括为一部基本法总揽全局,各个单项规章有的放矢。《联邦动物健康保护法》是美国动物疫病防控方面的基本法。该法案整合了美国动物检疫、动物卫生、动物疫情应急反应等方面的相关法律条文,是动植物卫生检疫局进行动物健康管理、动物疫病防控、动物疫情应急管理的法律依据。而我国动物卫生相关法律多散见于进出境动物检疫、国内检疫监管、野生动物等的法律法规中,各项法律法规、部门规章及其他法律文件在相关问题的规定上都比较简单而且分散,立法角度也都各不相同。很难系统性地提出防控外来人兽共患病的切实有效措施,导致我国在动物疫病及外来人兽共患病防控方面缺乏相应的法律依据。

（二）相应法律法规不配套,可操作性不强

一方面,从当前国外动物疫情形势、防控外来人兽共患病的迫切要求来看,各相关部门依据法律制定的相关规定、技术规范等有所滞后,缺乏切实有效的防控制度。《中华人民共和国进出境动植物检疫法》颁布实施已有 26 年,《中华人

民共和国动物防疫法》颁布实施也有 20 年,而与之配套的法规还不够完善。在外来人兽共患病的防控上,尤其是在分病种完善外来人兽共患病的管理对策、疫情应急预案和应对机制方面均没有做出明确规定,各边境省份和口岸地区的管理措施亦不尽相同,基层在实际操作中经常遇有法可依却无计可施的情况。当前全球兽医工作定位正向以动物、人类与自然和谐发展为主的方向转变,OIE 制定的动物卫生标准和规则也随之转变,现有的法律法规和标准已无法适应新形势需求。另外,当前国际广泛采用的一些有效防控制度与体系未被纳入我国法律调整范围。疫病区域化管理、风险评估制度、严格活畜禽跨区域调运等虽已纳入法律规定,但缺乏具有操作性的具体指导意见。

(三)有关法律法规衔接不畅,联防联控难成合力

涉及外来人兽共患病防控职责的有农业、林业、卫生、海关、交通、质检等多个部门。各部门基于本部门职责,在立法过程中有很强的本位主义,缺乏对防控工作整体性与合作意识的认识,导致我国人兽共患病防控法律体系建设的整体性不强,各部门配套的法规在防控工作衔接方面存在缺失,相关部门在防控职能上存在交叉或履职法律依据不足等问题。检验监测、预警预报、信息管理、应急处置等仍处于条块分割、分段管辖的模式,各项防控职责界定与监管边界不清,容易造成多头监管、无人监管的窘境。例如《中华人民共和国进出境动植物检疫法》对进出境动物、动物产品的检疫做出了较为明确的规定,但是对于进境动物、动物产品在国内的流通、到达目的地后的落地监管方面,缺乏与《中华人民共和国动物防疫法》衔接的原则性规定。国家林业局制定的《陆生野生动物疫源疫病监测防控管理办法》也未提及与疫病防控相关部门对相关信息的共享与协作[5]。

三、完善法律法规,联防联控外来人兽共患病

随着国际动物及其产品贸易的迅猛发展,尤其是"一带一路"的不断推进,外来人兽共患病的防控是一项长期、艰巨的任务,要实现外来人兽共患病防控工作的健康发展,就必须走依法管理、联防联控的道路。

(一)整合现有法律资源,建立"一元化"法律体系

根据我国外来人兽共患病防控需要,结合我国动物疫病防控实际情况,借鉴发达国家在动物卫生法律体系建设中的先进经验,重新构建具有中国特色的动物卫生法律体系。一是借鉴国外先进的立法经验和通行做法,采用"法典式"和"平行式"立法相结合的模式,通过法律汇编和法典编纂的形式,尽快形成统一

的、与国际规则接轨的《动物卫生法典》,建立科学、统一、权威、完善的法律保障体系。二是通过构建动物卫生法律体系框架,强化动物卫生法律体系、进出境检疫、技术标准体系、应急管理体系和风险评估体系等一系列法律制度,提高动物卫生法律规范的体系性、针对性和可操作性。三是在立法过程中,适当引入"企业推动立法"模式,增强企业尤其是进出口企业立法参与度,以提高管理相对人守法的自觉性,保护依法经营者的合法权益,改变管理者与管理相对人在执法、守法过程中的对立状态,使立法、执法和守法的目标达到高度一致。

(二)强化现有法律评估,建立无缝衔接型法律屏障

采取"严进宽出"的原则,对我国现有的《中华人民共和国动物防疫法》《中华人民共和国传染病防治法》《中华人民共和国进出境动植物检疫法》等进行全面、系统的修订完善,建立健全有效的外来人畜共患病入侵防御体系的法律屏障。对检疫部门,要在法律层面上明确进出境动物检疫风险监测和风险评估制度,强化从事进出境动物及其产品生产经营者的社会责任,增设进出境动物及其产品的可追溯性制度等,真正做到"御敌于国门之外";对兽医部门,要强化患病动物扑杀、疫情报告、检疫监管、动物防疫监督责任,加快制定《兽医法》,理顺兽医管理体系,推进官方兽医制度,明确兽医职能,为"内堵"外来人兽共患病奠定坚实的法律基础;对卫生部门,要进一步完善《中华人民共和国传染病防治法》相关条款,明确重要外来人畜共患病传染病防治分类的标准,明确传染病暴发不同等级要求达到的限定人数、流行病学特征和社会危害程度标准。尤其针对不明原因的传染病,可借鉴其他传染病或者国境外传染病进入法定传染病的病原学、流行病学标准和规定进行管理,完善纳入法定的条件。

(三)加快制修订配套规章标准,建立多层次立体式制度体系

法律的生命力在于实施。法律不能实施,有法等于无法。在外来人兽共患病防控工作中,有些配套法规不能及时出台,有些出台的法规可操作性不强、更新不及时,影响、制约了法律的实施,迫切需要采取有效措施,促进配套法规落地生根。一是相关部门如质检、农业、卫生、林业等部门要根据相关法律,依据实际防控形势,适时制定与防控外来人兽共患病法律相配套的规定、办法等规范性文件,明确防控措施。二是进一步完善、细化已经出台的相关法规、办法等。例如适时调整《动物防疫条件审查办法》《动物检疫管理办法》等配套规章,在法律框架内给予地方更大的自主权;研究制定有关无规定疫病区、跨省调运畜禽等防控疫病有效制度的实施细则,严防外来人兽共患病在国内的传播蔓延。三是不断更新有关法规、标准。要及时修订进口检疫名录,根据国外疫情发生形势,适时

制定配套的各种疫病应急计划和控制标准,规范疫情处置;要采用对进口检疫有利的国际标准和推荐的最新检测方法,不断修订相关疫病的诊断和检测方法,建立科学、有效、规范的标准操作规程。

(四)强化联防联控,全面推进防控政策落地

建立国家外来人兽共患病防控部际联席会议制度,联合颁发外来人兽共患病法规,定期通报国内外动物疫情、监管等工作,并在外来疫情风险较大时实现各相关部门对疫情防控措施与应急工作的高效决策与实施。一是围绕《中华人民共和国进出境动植物检疫法》《中华人民共和国动物防疫法》《中华人民共和国传染病防治法》等法律,及时制定或细化疫病防控的实施规定,联合出台相关文件解决各部门在疫病防控工作中存在的职能交叉、防控脱节等问题。二是强化各边境省份边境区域联防联控,要成立外来人兽共患病联防联控工作小组,积极推动建立健全跨部门协作机制、建立完善应急机制。要密切跟踪境外疫情动态,充分发挥边境动物疫情监测站作用,做好疫情监测和研判,确保做到"早发现、快报告、严处置"。三是加强各省份之间的联防联控,要推动建立省际外来人兽共患病防控工作领导小组,通过信息联网,措施联动,共同形成防控合力。四是加强与世界卫生组织、联合国粮农组织和世界动物卫生组织等国际组织的合作,加强与周边国家、"一带一路"沿线等国家防控人兽共患病的合作和信息交流,积极参加国际人兽共患病防控相关组织及其活动,建立健全协同工作、联合调查处理疫情等机制,及时掌握国外重要人兽共患病发生、流行动态,及时调整进口检疫方案,将外来人兽共患病拒之于国门之外。

参 考 文 献

[1]　田克恭,张仲秋.人与动物共患病[M].北京:中国农业出版社,2013:2-4.
[2]　马世春,谢巧.严防外来人兽共患病传入我国[J].中国畜牧业,2014(15):34-36.
[3]　中华人民共和国国务院办公厅.国家中长期动物疫病防治规划(2012—2020年)[R].2012.
[4]　王薇.动物疫情公共危机政府防控能力建设研究[D].湖南:湖南农业大学,2015.
[5]　夏咸柱,钱军.严把国门联防联控外来人畜共患病[J].灾害医学与救援,2011,3(4):204-207.

陈伟生 1964 年 8 月出生于广东省普宁市。1984 年 7 月毕业于华南农业大学,同年进入国家农业部原畜牧兽医司。现任中国动物疫病预防控制中心(农业部屠宰技术中心)主任。

关于我国外来人兽共患病防控的几点思考

张永强　吴晓东　樊晓旭　李　林
戈胜强　王志亮　马洪超
中国动物卫生与流行病学中心,青岛

当前,尼帕病毒病、埃博拉病毒病等人兽共患病虽然尚未传入我国,但是随着各国间人员、贸易往来不断增加,传入我国风险不断加大。这些人兽共患病病原烈性程度高,极易造成重大的生命财产损失,产生巨大的社会、经济影响。本文从动物疫病防控视角,对外来人兽共患病的国际疫情和技术储备情况、我国的防控现状、美国和澳大利亚的防控体系等做了详细阐述,提出了关于我国外来人兽共患病防控的几点思考。

一、几种重要的外来人兽共患病的现状

(一)尼帕病毒病

尼帕病毒(Nipah virus,NiV)于 1998 年被发现,因首次发现于马来西亚的 Sungai Nipah 地区而得名。尼帕病毒病主要引起人和猪的中枢神经系统、呼吸系统病变,是一种急性、高度致死性传染病。该病毒的自然宿主为狐蝠科的果蝠[1],我国南方部分省份有果蝠分布。

(1)疫情状况[2]。果蝠是自然宿主,NiV 首先由果蝠传染给家猪,随后由家猪传染给养殖业者,引发 1998 年马来西亚猪群和人群大规模疫情,267 名养猪工人发病,105 人死亡,116 万头猪被扑杀。之后,全球范围内零星出现多起疫情。我国研究者在国内果蝠体内检测到 NiV 样抗体。

(2)技术储备。诊断技术方面,病原检测包括中和实验、抗原捕获 ELISA、RT-PCR 等;抗体检测包括 NiV 特异性 IgM 和 IgG 抗体的 ELISA。疫苗方面,多篇文献报道了在减毒活疫苗、亚单位疫苗等方面的研究成果,目前澳大利亚研制的马用疫苗已经成功上市。

(二)西尼罗河热

西尼罗河热(West Nile fever,WNF)由西尼罗病毒(West Nile virus,WNV)引

起。鸟类是该病毒的自然宿主,通过携带 WNV 的蚊子的叮咬,感染人、马等动物,可引起发热、脑炎,严重者造成死亡[3]。

（1）疫情状况。WNV 最早于 1937 年从非洲乌干达尼罗河地区分离到,首先在动物中发生疫情;1998 年在意大利造成 14 匹马发病,其中 6 匹死亡;2002年,仅美国科罗拉多州和内布拉斯加州就分别上报了 378 和 1 100 匹马感染病例;2008 年,在美国再次出现疫情,导致 33 匹马发病,5 例死亡。人间疫情由携带 WNV 的蚊子叮咬引起,并在 2000 年后呈全球扩散趋势。2011 年,我国学者在新疆地区的脑炎患者中检测出 WNV 抗体[4]。

（2）技术储备。诊断技术方面,WHO 及世界动物卫生组织（OIE）推荐使用病毒分离、RT-PCR 检测病原,二代测序、PCR-质谱、荧光定量 RT-PCR、LAMP用于 WNV 检测。疫苗方面,目前尚无人用 WNV 疫苗获批,马用 WNV 疫苗在美国、加拿大以及欧洲国家获批投入使用[5]。

（三）裂谷热

裂谷热（Rift Valley fever,RVF）是一种由媒介昆虫传播的急性烈性人兽共患病,由裂谷热病毒引起,主要感染反刍动物、骆驼和人类,可导致孕畜流产,幼畜病死率高。人感染后通常表现为流感样症状,少数患者呈现出血热和脑炎等症状。

（1）疫情状况。RVF 主要在非洲发生,在非洲撒哈拉以南地区呈地方流行性,每隔数年都会发生大范围的疫情。20 世纪 50 年代初,肯尼亚动物间大暴发,约 1 万只羊死亡;70 年代末,尼罗河三角洲和山谷中大批人与动物感染,约600 人死亡;2000 年 9 月,RVF 首次跳出非洲传播至沙特阿拉伯和也门,引发大规模人和动物疫情。2016 年 7 月,我国确认首例输入性裂谷热病例。

（2）技术储备。诊断技术方面,病原检测可采用 RT-PCR、免疫荧光染色、ELISA 和免疫扩散法等,抗体检测可采用病毒中和试验、ELISA。疫苗方面,已有灭活疫苗和减毒活疫苗,目前尚无人用疫苗。

（四）埃博拉病毒病[6]

埃博拉病毒病是由埃博拉病毒（Ebola virus）感染引起的人类和灵长类动物一种烈性传染病,一般通过接触患者和感染动物的体液、排泄物及其污染物感染。

（1）疫情状况。果蝠作为自然宿主,首先将该病传染给灵长类,1994 年开始发现黑猩猩和大猩猩的疫情,狗和猪是已知的可以感染的家养动物。2014 年3 月始发的人间疫情,首先在几内亚出现,迅速扩散到西非多国,之后传入欧、美、亚三洲。本轮疫情是埃博拉被发现以来最为严重一次,感染人数和死亡人数均创纪录。

（2）技术储备。诊断技术方面,多种检测方法可在数小时内确诊该病。疫苗方面,多种疫苗已被证明具有良好的保护效果,我国科学家研制的重组疫苗临床试验已成功。

（五）中东呼吸综合征[7]

中东呼吸综合征（Middle East respiratory syndrome,MERS）是一种由新型冠状病毒引起的呼吸道传染病。该病毒于 2012 年 11 月被确定为一种新的 β 属冠状病毒,2013 年 5 月该病被国际病毒分类委员命名为 MERS-CoV。

（1）疫情状况。蝙蝠被认为是最有可能的自然宿主。WHO 研究发现单峰骆驼是从动物传播至人的主要途径。2013 年以前,MERS 呈散发态势,主要在阿拉伯半岛流行。2013 年 4 月开始出现多起聚集性病例,特别是 2014 年 5 月以后,感染病例数和发病地区急剧增加。2015 年 5 月 26 日韩国一名 MERS 感染者经香港进入广东省惠州市,28 日确诊为 MERS 病例,我国相关部门处理得当,很快结束了疫情。

（2）技术储备。目前无商品化疫苗和特异性药物。实验室开展的疫苗研究包括活载体、重组多肽、DNA、纳米颗粒、重组病毒等。

二、我国外来人兽共患病防控现状

（一）我国面临的外来人兽共患病传入风险

中国幅员辽阔,陆路边境线漫长,自然地理状况复杂,养殖动物和野生动物的种类与数量均非常庞大。此外,全球气候变化和世界经济一体化的不断加剧,以及我国人类活动与野生动物环境的不断交叉、重叠,都导致当前我国面临的外来人兽共患病传入风险日益加大。

外来人兽共患病可通过以下多种途径传入我国:动物及其产品国际贸易传入、陆路边境传入、野生动物走私传入、野生动物的季节性迁徙和昆虫媒介传入。外来人兽共患病一旦传入国内,往往容易造成扩散蔓延,原因在于:一是我国动物种类多、饲养密度大,而且饲养规模和饲养水平参差不齐;二是国内动物普遍缺乏对外来人兽共患病的免疫保护力,即对外来病原十分易感;三是国内动物及其产品流通频次高、数量大、速度快,一经传入极易造成扩散蔓延。

（二）我国外来人兽共患病的防控工作

农业部高度重视外来人兽共患病的防控工作,从组织机构、体制机制、设备设施、防控技术等各个方面,着力构筑外来人兽共患病防控体系。

1. 监视评估

我国根据危害程度及传入风险大小,已将疯牛病、尼帕病毒病、裂谷热、西尼罗河热等重大人兽共患病纳入《国家中长期动物疫病防治规划(2012—2020年)》重点防范的外来动物疫病,并制定了基于风险的防范策略。

2. 防控措施

加强基础设施建设,1998年国家计划委员会(现为国家发展和改革委员会)和农业部批准并投资6 000余万元建设中国动物卫生与流行病学中心国家外来动物疫病诊断中心,包括国家动物血清库和国家动物疫病诊断液制备车间。近期国家将启动二期工程,投资4.99亿元在中国动物卫生与流行病学中心建设国家外来动物疫病中心,设置高等级生物安全实验室及其配套设施,建成后将大大提升我国外来人兽共患病防控的基础支撑能力。健全完善外来人兽共患病疫情监测体系,将疯牛病、尼帕病毒病、裂谷热、西尼罗河热等外来人兽共患病纳入国家动物疫情监测网络,由中央、省、县三级测报单位及技术支撑单位组成,定期定向开展疫情监测工作。设立边境动物疫情监测站和动物疫情测报站,已设立边境动物疫情监测站146个,动物疫情测报站304个。起草防治技术规范和防控应急预案,吸收和借鉴发达国家相关防控成果,提升我国外来人兽共患病的预防控制、应急处置能力。研究检测方法储备诊断试剂,运用这些方法和试剂,开展了大量监测,包括疯牛病、尼帕病毒病等重点防范病种,并在实践中不断完善基于风险的监视监测体系。强化高风险省区监测排查,加大入境检验检疫力度,加强部门间、区域间联防联控,定期开展边境地区及国际海空港等高风险地区的监测工作。开展技术培训和防控宣传,2000年至今共培训全国各级动物疫病防控技术骨干6 000人以上,提升了各地外来人兽共患病发现、识别和报告能力。开展疫苗储备研究,上述疫病的疫苗研究属重大技术难题,国内相关科研单位集中优势科研力量,探索性开展新型疫苗研究。

三、发达国家外来人兽共患病防控体系

美国和澳大利亚是防控外来人兽共患病较为成功的国家,尤其是农业系统的防控体系和机制。了解和借鉴先进的防控经验,对我国的防控工作提升将起到积极推动作用。

（一）美国的防控体系

1. 组织架构

美国建立了以农业部为主导,国土安全部、卫生与公众服务部、环境保护署、内政部、国防部、联邦调查局、各地方政府和非政府组织参与的多部门联动工作机制,实现了跨部门、跨行业、多维度的联防联控。颁布并实施《国家应急反应框架》《国土安全第九号总统令》《外来动物疫病准备与应急计划》,农业部动植物卫生检验局（APHIS）下辖国家动物卫生应急管理中心（NCAHEM）,具体负责重大动物疫情的应对和协调。国家动物卫生监测系统（NAHSS）负责搜集、整理、分析、监测动物卫生数据,并与国家疾病预防控制中心（CDC）建立专人专项联络,实现人医和兽医的信息互通。

2. 实验室网络和技术支撑

美国下设国家级实验室——梅岛动物疫病中心（PIADC）,主要承担口蹄疫等40多种跨境动物疫病（外来动物疫病）的防范研究工作。由于外来人兽共患病具有潜在的生物恐怖特性,国土安全部制定了生物监测计划,监测空气中病原体的释放。卫生与公众服务部下设的CDC建立了多种传染病监测信息系统,如虫媒疾病监测系统（Arbo Net）[8]、新发感染性疾病项目（EIP）等,实施BioSense计划,并成立了生物医学高级研究与发展局（BARDA）,支持研发药物、诊断试剂、疫苗等健康安全相关产品。

（二）澳大利亚的防控体系

1. 组织架构

澳大利亚动物疫病防控体系分为联邦政府和州（领地）政府两个层级。联邦政府层级体系为农渔林业部,下设产品安全和动植物保护司,负责动物疫病防控和畜产品安全;检验检疫局,负责口岸进出口检疫,防止境外疫病传入;生物安全办公室,负责对进口动物及产品风险分析,提出防范措施,最大限度地降低疫病传入风险。国家设首席兽医官（CVO）,代表澳大利亚处理国内和国际兽医事物。6个州和2个领地负责辖区内具体防控管理工作,包括动物标识、运输管理,以及疫病监测、诊断、报告和扑灭等。各辖区又按地域设有兽医基层机构,负责政策实施,监督检查,以及做好农场动物健康记录,为无疫认证和出口检疫提供数据。

2. 实验室网络和技术支撑

联邦政府分别在基隆和维多利亚设立国家兽医实验室（AAHL）,此外还有6个联邦和州官方兽医实验室、5个区域性官方兽医实验室、1个附加诊断和调查工作的私营兽医实验室、1个负责官方兽医实验室运营的私营公司、1个由6所兽医院校联合组成的兽医诊断实验室及5个州的多家私营兽医实验室共同构成实验室网络。其中,AAHL隶属于澳大利亚联邦科学与工业研究组织,是澳大利亚研究外来动物疫病的国家级机构,设有全球最先进的生物安全实验室。

四、我国外来人兽共患病防控的几点思考

(一)建立有效的疫病监测体系

自SARS和禽流感疫情暴发之后,无论是人医还是兽医都认识到监测体系的重要性,在国家的统一部署下,各自开展体系建设,监测体系也在后来的H7N9流感、MERS等疫情的防控工作中发挥了重要作用。继续提升两个体系的有效性,进行深度融合以期产生叠加效应,还要探索做好下列三项工作。

第一,卫生部门与兽医部门联合开展外来人兽共患病防控工作。加强信息共享,形成人医、兽医一体化的公共卫生体系,有效应对人兽共患病对公众健康的影响。构建人医和兽医的数据收集和分析系统,实现两者在疫病的监测、研究和流行病学调查等方面的资源共享和优势互补。

第二,利用监测溯源新技术,更新设备设施。近年来液相芯片、数字PCR、高通量测序等一批新技术、新方法的快速发展,为人兽共患病的监视监测提供了强力技术保障。外来人兽共患病疫病监测工作具有明显的公益性特征,国家必须持续投入进行设备设施的更新,没有先进仪器作为载体,新技术的开发和应用就根本无法落到实处。此外,当前国内的监测和诊断技术,还存在着敏感性不高、特异性不强、检测通量不大、可重复性差等老问题,而且诊断技术的更新滞后于病原体变异,必须加快研究制定符合我国国情并与国际标准接轨的诊断技术,并配套开发质量过硬的诊断试剂。

第三,尝试大数据分析,提升信息预警能力。全面收集相关资料,如养殖业基本资料、天气信息、地理信息、媒介昆虫等,加强与门户网站、搜索引擎合作,尝试大数据分析,构建疫病传播扩散模型,评估传入和扩散风险,并对疫情的暴发和扩散做出预警。目前我国外来人兽共患病预警体系面临信息收集不够全面和系统、后期分析能力不足等问题,必须加强信息收集的全面性和系统性,提高数据分析能力,提升预警体系的有效性和及时性,在此基础上实现对疫情的快速反应。

(二)合理布局实验室网络体系

外来人兽共患病的防控有赖于健全的基础设施和全面的诊断能力。外来人

兽共患病病原危险性高,监测和研究工作须在高等级生物安全实验室展开;实验室诊断能力提升,必须依靠规范的质量管理体系,遵守科学的标准操作程序。

健全外来人兽共患病实验室监测网络,需要充分利用资源,借鉴国外先进经验,合理布局实验室网络,规范不同级别实验室功能。国家级实验室重点开展高危病原操作和疑似疫情确诊,开发并提供诊断试剂、疫苗等防控物资,对地方技术人员开展培训工作,提高其实验室管理和操作能力。区域实验室具备开展大规模监测和疑似诊断能力,通过相关质量管理体系认证认可,一方面提高监测和诊断结果的可靠性,另一方面适应国际化需要,为开展国际无疫认可工作提供详实、可靠的数据。欧美发达国家多数采用此类做法,开展了大量卓有成效的工作。例如美国为了有效防范疯牛病、西尼罗河热等 48 种外来病,美国农业部 A-PHIS 基于国土安全总统令启动了援助计划 1878 号“国家动物健康实验室网络(NAHLN)项目”,由外来病中心和国家兽医实验室牵头整合全国 58 个兽医实验室资源,做好相关疫病的早期识别和监测预警工作。

(三) 健全联防联控机制

外来人兽共患病病原可以感染人类、家养动物、野生动物以及媒介昆虫,其防控涉及卫生、农业、林业、海关、质检、商检等多个部门。目前,政府各部门间交流合作渠道还不够畅通,导致各方资源不能及时、有效整合与综合利用,一定程度上掣肘了外来人兽共患病防控工作。联防联控也早已列入政府工作范畴,推进速度还需加快。

第一,坚持“同一个世界,同一个健康”理念,建立包括人医、兽医、质检、商检、林业和海关等部门在内的防控体系,形成固定的工作机制,实现联防联控。加强顶层设计,在政府统一领导下,实现跨部门、跨区域、跨学科的密切合作,提高防控系统性和有效性。第二,加强除政府机构外的相关单位、企业、协会、组织、个人等利益相关方在外来人兽共患病防控中的作用。坚持政府为主导的人兽共患病防控模式的同时,充分尊重和考虑相关单位、企业、协会、组织、个人等各方利益,经过充分讨论,达成广泛共识,制定科学合理的防控计划,提高措施的可操作性,确保各项防控政策能够得到有效执行。第三,加强突发外来人兽共患病应急指挥能力建设,联席会议应由中共中央宣传部、工业和信息化部、卫计委、农业部、质检总局、公安部、财政部、交通部、军队系统、海关总署、外交部、商务部、食品药品监督管理总局、民航局、旅游局、林业局等部门组成,以动物疫病预防控制、动物卫生监督、动物流行病学、出入境口岸、检验检疫、定点医疗、疾病预防控制等机构作为关键节点,完善应急指挥机制、健全应急物资储备制度、完善应急预案、将重点疫病纳入行业保险保障范围、分病种制定应急预案和技术规范、养殖户扑杀赔偿规定等。

（四）提高公众知晓度

一方面,及时公开发布疫情信息,充分尊重公众知情权和监督权。利用网络等新媒体开展科普和防护知识宣传,提高公众的健康认知水平和防护意识。一旦疫情暴发,加大对重点防范区域人群的宣传力度,避免引发民众恐慌情绪,降低疫情的发生和扩散风险。制定疫情舆情应对预案,强化新闻主流媒体的正向引导作用。另一方面,对相关行业工作人员,开展经常性教育培训,提高综合防控技术能力。对卫计委、农业部、质检总局等部门从事外来人兽共患病防控技术人员,重点开展生物安全和疫情处置等专业性培训,既要做好疫情防控工作,又要做好自身防护,尤其是要重视基层医疗机构和一线医务人员的能力提升。对畜牧业生产从业者,多措并举开展防控知识的半专业培训,提高他们的疫病识别能力、快速报告能力,提高他们自我保护的意识和能力。

参 考 文 献

[1] CHING P K,de los REYES V C,SUCALDITO M N,et al. Outbreak of henipavirus infection,Philippines,2014[J]. Emerging Infectious Diseases,2015,21(2):328-331..

[2] SIMONS R R,HORIGAN V,GALE P,et al. A generic quantitative risk assessment framework for the entry of bat-borne zoonotic viruses into the European Union[J]. PLOS One, 2016,11(10):e0165383.

[3] PATEL H,SANDER B,NELDER M P. Long-term sequelae of West Nile virus-related illness:a systematic review[J]. Lancet Infectious Diseases,2015,158(8):951-959.

[4] TANG F,ZHANG J S,LIU W,et al. Failure of Japanese encephalitis vaccine and infection in inducing neutralizing antibodies against West Nile virus,People's Republic of China[J]. American Journal of Tropical Medicine & Hygiene,2008,78(6):999-1001.

[5] IYER A V,KOUSOULAS K G. A review of vaccine approaches for West Nile virus[J]. International Journal of Environmental Research & Public Health,2013,10(9):4200-4223.

[6] DALY J M. Middle East respiratory syndrome (MERS) coronavirus:Putting one health principles into practice[J]. Veterinary Journal. DOI:http://dx.doi.org/10.1016/j.tvjl. 2017.02.002.

[7] GOSSELIN P,LEBEL G,RIVEST S,et al. The integrated system for public health monitoring of West Nile virus (ISPHM-WNV):a real-time GIS for surveillance and decision-making[J]. International Journal of Health Geographics,2005,4(1):21.

[8] TEAM W E R,AGUA-AGUM J,ALLEGRANZI B,et al. After Ebola in West Africa—unpredictable risks,preventable epidemics[J]. New England Journal of Medicine,2016,375 (6):587.

张永强　1977 年生,山东邹平人。博士,副研究员,就职于中国动物卫生与流行病学中心,主要从事外来病防控技术和策略研究。建立我国羊痒病检测方法,参与我国向 OIE 申请"疯牛病可忽略风险国家"并获得认可。参与确诊我国 2013 年新疆小反刍兽疫疫情和全国小反刍兽疫防控,制作宣传视频和宣传资料在 CCTV-7 播出并在《农民日报》专版发表。制定、修订《小反刍兽疫防治技术规范》《非洲猪瘟防治技术规范》《小反刍兽疫全国消灭计划》等多项国家政策性文件;起草《外来人兽共患病防控战略研究》、《我国中长期外来动物疫病防控战略研究》、《我国外来病防控情况调查》(2011 年、2015 年)等多个研究报告,起草《中国兽医科技发展报告》(2011—2012 年、2013—2014 年)、《中国动物卫生状况报告》(2013 年、2014 年、2015 年)等白皮书;参加国家公益性行业专项"非洲猪瘟等重大外来动物疫病防控技术研究"、"边境动物疫病防控技术研究"、"国家现代农业产业技术体系建设(奶牛)"、中国工程院咨询项目"人兽共患病防控战略研究"、"十三五"项目"边境地区外来动物疫病阻断及防控体系研究"等多项课题。参编《兽医微生物学(第二版)》等行业专著 13 部,参译著作 3 部;发表论文 20 余篇。

中东呼吸综合征冠状病毒感染传播
与防控状况

周育森

军事医学科学院微生物流行病研究所

中东呼吸综合征(MERS)是 2012 年在中东地区发生的由一种新的高致病性冠状病毒感染引起的传染病。该病毒与 SARS 病毒相似,同属冠状病毒科。人感染后引起类似 SARS 病毒感染所致的疾病。目前这种新型冠状病毒被正式命名为中东呼吸综合征冠状病毒(MERS-CoV)。其感染导致的病死率高达 35%,远高于 2003 年 SARS 流行期的约 10%的病死率。目前在中东地区持续散发,具有传播扩散的危险性。全球各地区人群普遍易感,因此,MERS 是各国需要面对的重要公共卫生问题。

一、中东呼吸综合征病原学特征

MERS-CoV 为单股正链 RNA 病毒,属于 β 冠状病毒属 C 亚属,这是该亚属中发现的第一种能感染人的病毒。基因组大小为 30 kb,包含 11 个功能性开放阅读框(ORF)。基因组编码 5 种 MERS-CoV 特有的附属蛋白(3,4a,4b,5,8b),该 5 种蛋白拥有不同的功能,如 4a 可以阻断宿主干扰素的合成。这些附属蛋白并非病毒复制所必需,但是其编码基因的缺失可以导致病毒滴度的降低。另外基因组还编码 2 种复制酶(ORFs 1a,1b)和 4 种结构蛋白——刺突蛋白(S)、包膜蛋白(E)、基质蛋白(M)和核衣壳蛋白(N)。

目前对于 MERS-CoV 的 S 蛋白的研究较为深入。S 蛋白为病毒包膜上的一种寡聚体,属 I 型跨膜糖蛋白。S 蛋白可被蛋白水解酶切割成两个亚单位——远端的 S1 和膜端的 S2。S1 包含一个受体结合区(RBD),拥有与细胞表面蛋白 DPP4(CD26)结合的功能;S2 包含融合肽、跨膜区和两个 HR 区,起连接 S1 亚单位和病毒包膜的作用。从晶体结构可以看成,MERS-CoV 的 RBD 包含核心区和受体结合亚区,V484 至 L567 的 84 个氨基酸形成 4 股反向平行的 β 折叠,组成受体结合模块。针对该结构的中和抗体可以有效阻断病毒与其受体的结合,阻止病毒在宿主体内的复制。MERS-CoV 的 S 蛋白是诱导产生中和抗体的主要蛋白,是疫苗研发的主要靶点。

二、临床特征与治疗措施简况

① 与 SARS 相似的是,MERS 病毒感染导致的疾病临床表现和特征也主要表现为呼吸道感染,起病迅速,严重者多发展为急性肺炎。② 与 SARS 不同的是,20%~30%患者同时发生急性肾功能衰竭,而 SARS 患者仅有 6%左右的患者发生急性肾功能衰竭。③ MERS 病毒也可引起胃肠道症状,出现腹泻、腹痛而无呼吸道感染症状。这为临床诊断增加了难度。④ 大多数死亡病例多伴有其他基础性疾病,如糖尿病、肾病和心血管疾病等。

目前仍然没有特异和有效的治疗药物或方案,多采用抗病毒药(利巴韦林)和干扰素联合抗病毒治疗,但临床试验研究显示并未取得有效的治疗效果。临床救治主要是对症治疗和加强危重患者的救治。目前针对 MERS 的药物、疫苗等均在研发中,而且已经取得重要进展,但是均处于临床前阶段,还没有进入临床使用阶段。因此,目前仍没有特效治疗手段。

三、感染来源及感染传播途径

现有的流行病学和宿主溯源研究发现,MERS-CoV 是一种动物源性病毒。中东地区的单峰骆驼存在 MERS-CoV 感染,可能在病毒感染传播中起重要作用。此外,MERS-CoV 与蝙蝠中分离的某些冠状病毒亲缘关系较近,并可在蝙蝠来源细胞中有效复制,但目前仍未从蝙蝠等自然界其他动物中检测到该病毒。目前的感染者或病例感染来源较复杂,其中约 20%~30%有与动物包括单峰骆驼接触史;有一部分与已感染者或病例有明显的接触史,这部分主要是医护人员或家庭密切接触者;还有部分患者感染来源不明确。感染方式主要以密切接触和呼吸道感染传播为主。

四、目前疫情概况及感染传播方式

目前,中东、北非、欧洲、美国和亚洲共 27 个国家有确诊 MERS 病例报道。迄今,先后发现了 1 905 例患者:沙特阿拉伯发生的病例占 80%以上,韩国 186例,阿联酋 79 例,约旦 28 例,卡塔尔 16 例,其他国家主要是输入性散发病例。目前中东地区、欧洲、非洲、亚洲和北美地区均有 MERS 病例。因此,MERS 日益引起了各国的关注。

MERS 的感染传播方式主要分为社区传播、院内传播和输入性暴发流行。MERS 病原为中东呼吸综合征冠状病毒(MERS-CoV),该病毒为动物源性病毒,以阿拉伯半岛的单峰骆驼为自然宿主,经与其密切接触的农场主、屠宰场工人、牧民传播至人群。有基础性疾病、大于 60 周岁的男性为该疾病的高危人群,感染后可引起重症疾病,甚至死亡。在中东地区,社区感染传播方式主要由于直接或间接接触感染了病毒的单峰骆驼,或者与最初感染患者的密切接触而形成的。而中东以外的最初感染者均是由于去中东地区旅游,接触了携带病原的骆驼或人类而感染。

近两年来,院内感染传播成为 MERS 的主要传播方式。其原因有几点:① 对于大部分的医疗机构来说,MERS 依然是一种相对少见的疾病,因此医疗人员对该疾病的认知较少,没有足够的预防意识;② MERS-CoV 早期感染症状与上呼吸道感染类似,容易漏诊;③ 这些在医院漏诊的病例可能通过传染医院的护工和其他患者引起暴发流行。

输入性暴发流行是造成韩国 MERS 疫情的感染传播方式。2015 年 5 月,韩国发生了 MERS 的暴发流行。该次流行是在中东以外地区规模最大的一次流行,共造成 186 例感染,36 例死亡,其中还有一人曾来中国旅游。本次流行源于一名到中东旅行而感染病毒的韩国人,回国后先后传染了与其密切接触的家人、共用床位/病室的病友和为其提供看护的护工。2015 年 11 月韩国报道了最后一例 MERS 死亡病例。一些研究评估了环境病毒污染在该次流行中的作用,认为物体表面残存的病毒为院内传播提供了有利条件,因此做好严格的消毒工作对于预防该疾病的院内传播至关重要。

五、近期中东呼吸综合征疫情发展态势趋势

(1) MERS-CoV 可以通过密切接触造成人传人(person to person)的感染,但还没有具备明显的人际(human to human)传播能力。目前的感染者或病例感染来源较复杂,其中约 20%~30% 有与动物包括单峰骆驼接触史;有一部分与已感染者或病例有明显的接触史,这部分主要是医护人员或家庭密切接触者;还有部分患者感染来源不明确。感染方式主要以密切接触和呼吸道感染传播为主。通过密切接触感染和传播的风险日益增高。

(2) MERS-CoV 未发生明显变异。目前已从沙特阿拉伯、约旦、英国、法国和德国等国的病例标本中分离出中东呼吸综合征冠状病毒。各地分离的病毒同源性高,变异小。恢复期患者血清可以有效中和上述病毒株。这对疫苗的研发和免疫治疗等是十分有利的,也有利于今后的诊断和防控等。

(3) MRES 在世界范围内大规模暴发的可能性不大。目前全球范围内确诊的病例或感染者集中于中东地区,尤其是沙特阿拉伯和阿联酋,尚未出现在其他地区暴发和流行的趋势。中东地区尚未出现较大规模的聚集性病例,亦未见社区内持续的感染和传播情况,仍以散发为主。目前该疫情的影响仍为中东地区,

尚未构成全球性的突发公共卫生事件,在全球范围内出现大规模疫情的可能性不大。但存在发生局部地区暴发或流行的危险性。

（4）近期疫情仍然以局部地区散发为主,但通过国际旅行和朝圣人群感染与传播的风险日益增大。目前疫情主要以散发的形式发生于沙特阿拉伯等中东国家,先后通过旅游人群传播至欧洲和北非地区。由于得到及早的发现和及时的控制,目前还没有在中东地区以外的地区发生持续的散发感染。随着到中东地区朝圣人群的增加和进行国际旅游、商务活动人数的增加,MERS-CoV 感染疫情向其他地区扩散的风险逐渐增大。

（5）MERS-CoV 传入我国的风险仍然存在。目前,所有确诊病例均与中东地区有直接或间接接触,我国尽管与中东地区没有直接接壤,但与沙特、卡塔尔等多个国家交往密切,商贸旅游活动频繁,存在病毒输入我国的风险。同时,每年的麦加朝圣是伊斯兰教最大的宗教活动,我国的朝觐人数逐年增多,短期内大量人员的往返容易将病毒带入我国。

（6）我国人群普遍缺乏免疫力,病毒输入带来的风险不容小视。MERS 起病突然,进展迅速,出现肺炎后很快会发展为呼吸衰竭、急性呼吸窘迫综合征,甚至危及生命。同时临床表现复杂,多数患者出现胃肠道症状,临床诊断困难,必须结合实验室诊断。目前,我国人群普遍易感,一旦传入并发生疫情将对我国人群健康和社会稳定产生较大的影响。

六、中东呼吸综合征防控原则及措施

（1）采取综合防控、预防为主的措施控制 MERS-CoV 的感染传播。提高疾病防控的意识并切实执行防控措施对于预防 MERS-CoV 在医疗机构内传播至关重要。由于很多 MERS-CoV 早期感染者症状轻微,难以确诊,所以医疗机构需要建立一套清晰的分流程序,对潜在 MERS-CoV 感染病例与严重急性呼吸道症状的患者进行筛查与评估。护工在进行患者护理期间,无论患者的诊断如何,任何时间,任何操作都应该采取标准的防护措施。当为急性呼吸道感染患者提供护理时,气溶胶的防护应当加入标准化防护措施当中。

感染 MERS-CoV 的骆驼可能不会有任何症状,所以无法确认农场、市场、赛场或屠宰场的骆驼是否已经感染。受感染的骆驼在其鼻腔与眼睛分泌物中、脸部、奶、尿液、组织、肉中存在病毒,因此建议不要与上述骆驼部位发生直接接触。明显患病的骆驼切不可屠宰与食用,病死骆驼应当焚烧并妥善处理。收治 MERS-CoV 可疑感染者或确诊患者的医疗机构应当采取措施,以减少病毒传播至其他患者、健康护工和探访者的风险。这些措施应当包括合理的清洁、消毒、废物处理;与可疑或确诊患者接触时应当有接触防护和眼睛保护;医院清洁员工也应当进行相应的培训并在清洁 MERS-CoV 感染患者病房时采取相应防护措施。

近期有研究表明与骆驼有密切接触的人感染 MERS-CoV 的风险明显高于普通人。在中东地区,糖尿病、肾衰、慢性肺部疾病或免疫缺陷患者和老年人等高危人群在饲养有骆驼的农场或市场活动时,应当采取适当的防护措施,如避免与骆驼接触;不要饮用生骆驼奶与骆驼尿;不要吃半生的骆驼肉。

非疫情区国家的卫生部官员应当保持高度警觉,尤其是那些拥有大量来自中东地区的游客、移民和工人的国家。在这些国家应当根据 WHO 的指导加强对疫情的监控,同时保持医疗机构的疾病防控。若发现新的可疑或确诊病例,应当及时报告给 WHO。

(2) 加强宣教和科研工作,做好防控技术储备。MERS-CoV 是一种高致病性病毒,其致死率高。其感染传播可以通过密切接触和呼吸道感染传播。虽然目前疫情主要发生在中东地区,随着到中东地区朝圣人群的增加和进行国际旅游、商务活动的增加,中东呼吸综合征冠状病毒感染疫情向其他地区扩散的风险增大。新冠状病毒传入我国的风险随时存在,给我国新发传染病的防控也带来了新的挑战。为了应对今后可能出现的疫情,应未雨绸缪,加强相关防控和研究工作:① 开展宣教和培训工作,加强国内和军队医疗机构以及卫生防疫机构人员对 MERS-CoV 及其所致疾病的认识,掌握疫情的处置和防控方法;② 加强重点地区及军队医疗机构重症呼吸道疾病患者的监测和检测工作,尤其是对重点地区如西北地区的原因不明的重症病例进行监测;③ 加强对 MERS-CoV 感染的检测方法和试剂、抗病毒治疗药物(特异药物和抗体制剂)和疫苗等科研工作,做好技术贮备;④ 保持与国际相关研究和疾病控制机构的密切联系,随时掌握疫情动态,为军队和国内疾病防控提供全面的信息资料。

周育森　研究员,博士生导师,中国军事医学科学院微生物流行病研究所病原分子生物学研究室主任、病原微生物生物安全国家重点实验室病原生物学专业实验室负责人。主要从事肝炎病毒和新发传染病病原学及免疫学方面的研究。1996 年和 1997 年在国内率先报道了 HGV 和 TTV 的发现,并测定了国内病毒株的全基因序列,进行了系统的致病性研

究。建立的分子病原生物学研究室目前与美国匹兹堡大学、巴黎第十一大学、纽约血液中心和香港大学等联合进行研究生和博士后的培养与科研合作。先后承担国家自然科学基金、"973"计划和"863"计划等的多项课题研究。获军队科技进步奖一等奖和省部级二等奖、三等奖等。发表论文50余篇。

我国西南边境地区外来及新发人兽共患病毒病监测研究

张富强　范泉水　张海林　胡挺松　余　静
陈　刚　邓　波　周卫国

成都军区疾病预防控制中心,昆明

　　病原微生物的遗传适应性和人类的行为及生活方式的改变在传染病的发生、传播、扩散和流行中有重要作用。当前传染病流行呈现人兽共患性、细菌及病毒为主导病原体、传播速度快、流行范围广和不确定性等特点,人类再度面临新发和再现传染病的严峻挑战,尤其在环境复杂、医学动物种类众多、适宜病原体生存繁殖的西南边境及周边热带、亚热带地区,传染病病原监测预警、重要病原体遗传变异及其生物多样性、病原体溯源和未知病原体筛查鉴定技术研究显得尤其重要。

　　云南、西藏位于我国西南边陲,与越南、老挝、缅甸、印度、不丹、尼泊尔等国家及克什米尔地区接壤,邻近泰国、柬埔寨、马来西亚、孟加拉国。边防口岸及通道众多,边民交往及动物流动频繁,地理、气候、环境及疫源地情况复杂,野生动物及媒介生物种类繁多,天然地理屏障与内地相对隔离,具有特殊的地理环境和区位优势。其独特的地理区位及与东南亚国家相似的气候条件和生态环境,疫病分布、流行和遗传变异与周边国家有着密切的相关性,成为重大疫病及外来疫病的多发地区、传入门户及疫源地,在外来及新发传染病研究和防控中具有重要地位和特殊作用。本文就西南边境地区甲型流感病毒、蝙蝠携带的重要病毒、登革病毒、汉坦病毒监测及防控研究进展综述如下。

一、甲型流感病毒

　　甲型流感是由甲型流感病毒(influenza A virus)引起的,具有发病率高、传染性强、蔓延速度快、流行频繁等特点,可以引发多种并发症,甚至致人死亡。甲型流感病毒因其高变异性和众多的自然宿主,其传播、进化历程及影响因素极其复杂,遗传演化结果及趋势难以预测。随着经济全球化的快速发展,世界各国的经济联系更加密切,人们的社会交往日益频繁,流感的肆虐成为挑战人类公共安全的重要因素。与我国西南边境接壤或相邻的东南亚和南亚国家(缅甸、老挝、越南、柬埔寨、印度等),H5N1 亚型疫情绵延不断,每年均有发生,逐渐显现地方流行态势,成为全球禽流感分布流行的主要区域之一,难以根除。

(1) 在西南边境重要地域及邻近东南亚国家开展禽流感病原持续监测,2003 年以来共检测西南边境重要地域及邻近东南亚国家家禽及野生动物样品 56 723 份,分离获得甲型流感病毒 810 株,其中 H3N8 亚型病毒 1 株、H4N6 4 株、H5N1 320 株、H5N2 4 株、H5N6 8 株、H5N8 2 株、H9N2 472 株。云南省 16 个州市 68 个县市区均有 H5 亚型阳性样品分布,其中 65 个县市区位于边境(边界)县份(31 个)或与边境(边界)县份相连成片(34 个)。高致病性禽流感 H5N1 亚型病毒、禽流感 H9N2 亚型病毒有三种分布形式:① 连续分布,有明显的季节性,呈现一定的地方流行态势,H5N1 与 H9N2 亚型的时间分布存在一定的"拮抗"或"互补"现象;② 间断分布,输入性病例在禽流感分布中起重要作用;③ 混合分布(以间断分布为主),地方流行及输入性病例对禽流感分布均有影响[1-2]。

(2) 揭示了 H5N1 亚型病毒变异及进化历程,认识了西南边境重点地域高致病性禽流感 H5N1 亚型病毒蛋白主要功能域关键性氨基酸位点突变特点,解析了病毒蛋白的正选择氨基酸位点,跨越种间屏障,引起哺乳动物全身系统性感染的 H5 亚型毒株不断出现,严重威胁动物及人群健康。建立了流感病毒全基因组高通量测序技术,分析了西南边境及邻近我国的东南亚国家高致病性禽流感 H5N1 亚型病毒进化正选择位点;建立禽流感 H5N1 亚型病毒进化分支高通量快速鉴定技术及免疫逃逸毒株快速筛查系统,揭示了云南边境禽流感 H5N1 亚型病毒呈现单一分支(Clade 2.4)(2003 年、2004 年)——多分支(Clade1、2.3.2、2.3.4、2.4、7)(2005 年、2006 年)——单一分支(Clade 2.3.4)(2007 年、2008 年)——多分支(Clade 2.3.2、2.3.4)(2009—2010 年)——单一分支(Clade 2.3.2.1)(2011—2013 年)——多分支(Clade 2.3.2.1c、2.3.4.4)病毒蛋白氨基酸位点进化选择。分析发现,云南省禽流感 H5N1 亚型病毒表面保护性抗原(HA、NA)、聚合酶相关蛋白(PB1、PB1-F2)、离子通道蛋白(M2)、非结构蛋白(NS1、NS2)存在正选择氨基酸位点。表面保护性抗原(HA、NA)正选择氨基酸位点主要发生于鸡源毒株,与宿主免疫压力选择密切相关。据 WHO 报道,2.3.2.1a、2.3.2.1c、2.3.4.4 毒株在东南亚(柬埔寨、越南、缅甸)及南亚国家普遍存在。

(3) 建立禽流感 H5N1 亚型病毒进化分支高通量快速鉴定技术及免疫逃逸毒株快速筛查系统,发现高致病性禽流感 H5N1 亚型病毒存在不同进化分支间优势毒株的替代,现行疫苗不能有效抵御当前流行毒株的侵袭,给当前禽流感防控带来严峻的挑战。在病毒全基因测序、序列比对及系统发育分析确定毒株进化分支的基础上,发现高致病性禽流感 H5N1 亚型病毒不同进化分支毒株 HA 蛋白存在分支特异性核苷酸位点,应用多通道实时荧光 RT-PCR(TaqMan 探针)、焦磷酸测序(pyrosequencing)技术,针对各进化分支关键性、特异性核苷酸位点,建立了不依赖全基因测序的病毒进化(亚)分支高通量快速鉴定技术,将进化(亚)分支鉴定时间由 2 周缩短至 1 天以内,且同时可完成 96 个样品的同步鉴定分析,及时获得流行毒株完整信息。筛选代表性参考毒株,经增殖、纯化、灭活,加佐剂乳化后,免疫健康鸡群,制备高致病性禽流感 H5N1 亚型病毒不同进化(亚)分支特异性抗血清 8 种,采用血凝和血凝抑制试验、ELISA 技术,建立禽流感 H5N1 亚型免疫逃逸毒株快速筛查系统,可快速筛选、鉴定与流行毒株抗原性一致或最相近的进化(亚)分支毒株,及时发现新型变异毒株,有针对性地指导制苗种毒的更新及疫苗的有效选取和使用。

二、蝙蝠携带的重要病毒

蝙蝠在动物分类上属于翼手目(Chiroptera),其种类和数量仅次于啮齿类动物,是唯一能飞翔的哺乳动物类群,呈全球性分布,以热带地区的种类和数量最为丰富。蝙蝠与人类关系密切,是多种重要人兽共患病病毒的自然宿主。近十多年,对人类具有高致病性的一些新发病毒相继在蝙蝠体内被发现,如尼帕病毒(Nipah virus)、亨德拉病毒(Hendra virus)、埃博拉病毒(Ebola virus)、马尔堡病毒(Marburg virus)、狂犬病病毒(Lyssaviruses)、重症急性呼吸综合征样冠状病毒(severe acute respiratory syndrome-like coronavirus,SARS-like CoV)和中东呼吸综合征冠状病毒(Middle East respiratory syndrome coronavirus,MERS-CoV)等,对人及动物健康构成严重威胁。在西南边境地区开展蝙蝠携带重要病毒的监测研究,具有重要公共卫生意义。

(一)SARS 样冠状病毒

2011 年以来的调查发现,云南省蝙蝠中广泛存在 SARS-like CoV 的自然感染。先后在云南省中华菊头蝠(*Rhinolophus sinicus*)、大菊头蝠(*Rhinolophus fer-rumequinum*)、中菊头蝠(*Rhinolophus affinis*)、小菊头蝠(*Rhinolophus pusillus*)和皱唇犬吻蝠(*Chaerephon plicata*)中检测和/或分离到数种新型 SARS-like CoV,病毒全基因组测序及受体分析结果表明,与人 SARS-CoV 有较近的亲缘关系,很可能是 SARS-CoV 的祖先,研究提示蝙蝠可直接将此类病毒传播给人。同时监测发现蝙蝠还是其他冠状病毒的重要的天然储存宿主[3-4]。

(二)正呼肠孤病毒和轮状病毒

呼肠孤病毒科(Reoviridae)中与人、动物疾病关系较为密切的主要为正呼肠孤病毒属(*Orthoreovirus*)、轮状病毒属(*Rotavirus*)、Colti 病毒属(*Coltivirus*)和环状病毒属(*Orbivirus*)成员。其中正呼肠孤病毒属中至少有 6 种病毒,可引起人类呼吸道疾病,如与蝙蝠源病毒有关的马六甲病毒(Melaka virus)和 Pulau virus 等。2011 年从云南省沧源县棕果蝠(*Rousettus leschenaultii*)中分离到一株正呼肠孤病毒;2012 年从云南省小菊头蝠(*R. pusillus*)中分离到 1 株新型正呼肠孤病毒,研究发现该株病毒为蝙蝠、人和/或猪源轮状病毒的重组病毒。此外,在缅甸蝙蝠中也检测到正呼肠孤病毒[5]。

A 组轮状病毒(Group A rotaviruses,RVA)感染人最为多见,是引起婴幼儿严重急性腹泻和肠胃炎最重要的病原体。2012 年从云南省德宏州芒市的小菊头蝠中分离到 2 株新型 RVA(MSLH14),属 G3P[3]型,它们能引起乳小白鼠发病和死亡。生物信息学分析认为,该地区的蝙蝠 RVA 可能是造成东南亚国家有的儿童腹泻病原体的祖先;用间接免疫荧光检测采自云南等南部 5 个省的 450 份蝙蝠血清中的 RVA IgG 抗体,结果有 48 份阳性;另外,从果蝠和食虫蝠中检测到 4 株 RVA,其中 1 株为新的基因型、3 株为 MSLH14-like RVA[6]。

(三) 肝炎病毒

肝炎病毒科(Hepadnaviridae)包含正嗜肝病毒属(*Orthohepadnavirus*)和禽肝病毒属(*Avihepadnavirus*)。2008 年从缅甸长翼蝠(*Miniopterus fuliginosus*)体内检测到一种正嗜肝病毒属肝炎病毒,病毒全基因组序列分析表明其为新型肝炎病毒,被命名为蝙蝠肝炎病毒(bat hepatitis virus,BtHV);2011 年从云南省普洱市的一种蹄蝠(*Pomona roundleaf*)标本中检测到 4 株正嗜肝病毒属中的新型肝炎病毒,研究提示 BtHV 具有遗传多样性并可感染多种蝙蝠[7-8]。

(四) 丝状病毒

丝状病毒科(Filoviridae)丝状病毒属(*Filovirus*)中包括埃博拉病毒(Ebola virus,EBOV)、马尔堡病毒(Marburg virus)和库瓦病毒(Cueva virus),前两种病毒可导致人类严重疾病。蝙蝠被认为是丝状病毒的自然宿主,在非洲和亚洲(菲律宾和孟加拉国)的果蝠中多次检测到 EBOV 的基因或抗体,还从蝙蝠中分离到马尔堡病毒。在我国一些省份采集到蝙蝠血清标本 843 份,用 ELISA 检测,EBOV 抗体阳性 32 份,其中 10 份经蛋白免疫印迹分析证实,提示我国蝙蝠中可能存在 EBOV 或相关丝状病毒感染。2013 年对采自云南省德宏州的 29 只棕果蝠(*R. leschenaultii*)标本进行病毒宏基因组学分析,发现 3 条重叠序列(Contig)与已知丝状病毒基因序列具有约 70%的同源性。进一步研究获得了两条长度分别为 2750 nt(F1)和 2682 nt(F2)的片段,F1 对应丝状病毒 NP 基因的 3′端到整个

VP35 基因,F2 对应丝状病毒 L 基因的中间部分;这两个片段与 EBOV 基因序列的同源性分别为 46%~49% 和 66%~68%,与马尔堡病毒的同源性分别为 40% 和 60%,与库瓦病毒的同源性分别为 44% 和 64%。该研究在病毒基因水平上首次证明亚洲蝙蝠携带丝状病毒,该病毒与目前所有的丝状病毒具有较大的差异性,可能是一种新型丝状病毒[9]。

(五) 副黏病毒

副黏病毒科(Paramyxoviridae)副黏病毒属(*Paramyxovirus*)中包含多种人和动物病毒,其中尼帕病毒(Nipah virus)可引起人和猪的严重疾病。1998—1999年首次从马来西亚猪及与病猪接触而被感染的人的样本中分离到该病毒。马来西亚和孟加拉国疫情调查发现,猪和人间疫情与蝙蝠密切相关,多种蝙蝠可携带该病毒且自然感染率较高,认为蝙蝠是尼帕病毒的自然储存宿主。在与云南省邻近的越南、柬埔寨和泰国的果蝠中也检测到该病毒抗体。在我国云南省及其他省区的 692 份蝙蝠血清标本中检测到 ELISA 抗体阳性 33 份,其中 25 份经蛋白免疫印迹检测,有 17 份得到证实,提示我国蝙蝠等野生动物中可能存在尼帕病毒感染。

(六) 腺病毒

腺病毒(Adenovirus,ADV)为腺病毒科(Adenoviridae),包括哺乳动物腺病毒属(*Mastadenovirus*)和禽腺病毒属(*Aviadenovirus*),至少有 64 个血清型。ADV 可导致人和家畜的感染,以呼吸道和胃肠道感染较为常见,是人类呼吸道疾病和婴幼儿肺炎的病原之一。国内外从鼠耳蝠(*Myotis davidii*)等多种蝙蝠中分离和/或检测到 ADV,且具有生物多样性。另外从云南省 7 种蝙蝠中检测到腺联病毒(Adeno-associated viruses),感染率高达 37.5%(39/104)。此后从云南省多地以及相邻缅甸边境地区蝙蝠中也检测到 ADV 及腺联病毒[10]。

(七) 博卡病毒

博卡病毒(bocavirus)属于细小病毒科(Parvoviridae)博卡细小病毒属(*Boca-parvovirus*)成员,是一类重要的动物和人类病原体,可造成人和多种哺乳动物的上呼吸道、支气管感染,同时引起病毒性胃肠炎。从云南省鼠耳蝠、亚洲长翼蝠(Asia long-fingered bat,*Miniopterus fuliginosus*)、三叶蹄蝠(*Aselliscus stoliczkanus*)中发现博卡病毒,该病毒 NS1、VP1 基因与博卡病毒代表种犬博卡病毒(canine bocavirus)和犬微小病毒(canine minute virus)有最高的氨基酸序列相似性(58.7% 和 53.3%)。依据国际病毒分类委员会判断标准,NS1 蛋白基因氨基酸序列相似性低于 85% 的为博卡细小病毒属新种,表明上述检测到的病毒是新型博卡病毒。此外,从云南省蝙蝠中分离到其他类型的多株博卡病毒,表明云南蝙蝠携带的博卡病毒具有多样性[10]。

(八) 圆环病毒

圆环病毒科(Circoviridae)包括两个属,即 *Gryovirus* 和圆环病毒属(*Circovirus*)。圆环病毒能感染猪等家畜及多种禽类,有可能存在跨种传播,并导致相关疾病。从采自云南省的蝙蝠中检测到 5 株圆环病毒的全基因序列,基因比对及进化分析认为它们属于圆环病毒的新种。进一步对云南省 5 种 94 只果蝠和食虫蝠粪便进行检测,圆环病毒阳性为 37 份,感染率高达 39.36%。此外,从缅甸蝙蝠中也检测到圆环病毒,表明云南边境地区蝙蝠群体中广泛存在圆环病毒感染[10]。

三、登革病毒(Dengue virus,DENV)

2013—2016 年云南省边境地区的西双版纳州、德宏州和临沧市相继发生登革热疫情,从登革热本地感染病例和输入性病例样本中分离到 DENV-1、2、3 和 4 型毒株。流行病学调查和分子溯源研究表明,云南省存在 DENV 四种血清型及其不同基因型毒株的本地流行,每一起本地登革热暴发疫情均与缅甸、老挝或泰国的输入性病例密切相关,而且所有云南省 DENV 分离株均与东南亚流行株具有较高的同源性和较近的亲缘关系。由此认为,云南省近几年本地登革热流行的传播来源均为相邻东南亚国家。鉴于西南边境地区相继发生过多种血清型毒株的流行,其中有的地区已连续四年发生登革热疫情,具有形成登革热地方性流行的趋势或风险,并有可能引发重症登革热或登革出血热病例,因此应加强边境地区登革热跨境传播的监测和防控。

四、汉 坦 病 毒

肾综合征出血热(hemorrhagic fever with renal syndrome,HFRS)是由汉坦病毒(hantavirus,HV)感染引起的、经啮齿动物传播的一种自然疫源性疾病。云南省为我国 HFRS 流行区之一,首次 HFRS 疫情报道可追溯到 1957 年,1983 年经病原学和血清学证实云南省存在该病及其自然疫源地。对 HV 宿主动物及其基因分型研究表明,云南省啮齿动物 HV 自然感染普遍,广泛存在以褐家鼠为主要传染源的家鼠型 HFRS 疫源地,也存在以大绒鼠为主要传染源的野鼠型 HFRS 疫源地;存在以褐家鼠—黄胸鼠为主要宿主的汉城型病毒的循环形式和以高山姬鼠—大绒鼠为主要宿主的汉滩型病毒的循环形式,汉滩型病毒具有多种宿主动物的特点,在国内具有特殊性。在啮齿类等小动物携带病原体与宿主动物间的进化与生态关系研究中发现,云南梁河地区短尾鼩中发现的 HV 差异很大,并与目前国际上已知的 HV 在氨基酸序列上存在 7%以上的差异,符合国际病毒分类委员会制定的布尼亚病毒科病毒新种的分类标准,命名其为梁河病毒。2013年以来在云南、西藏边境地区开展啮齿类等小动物携带 HV 监测研究,在西藏樟木地区的褐家鼠中检测到新型汉城型病毒,与已知的汉城病毒在核酸序列上存在 20%以上的差异,命名为樟木病毒(Zhangmu virus);近年,在云南楚雄地区褐家鼠中检测到汉城型病毒,与 2008 年报道的老挝黄胸鼠分离株(L0199)及 2011年云南报道的患者血液分离株(DLR2)病毒核酸序列有 92%的相似性[11]。

五、结　语

外来及新发传染病是当前面临的全球性公共卫生问题,此类疾病的暴发或流行大多由动物源性病原体,尤其是野生动物中的未知新病原体引起,具有突发性、不确定性的特点,尤其在流行早期对其病原和流行环节均不太清楚,给防治工作带来诸多困难。由于生态环境以及人类行为的改变,野生动物与家养动物、人群接触更加频繁,加之病毒为适应新的宿主动物而发生变异,在新发人兽共患病从自然宿主或储存宿主(野生动物)—中间宿主或病原增殖放大宿主(家养动物或家栖动物)—人的跨种间传播过程中,病毒对人的易感性和人感染概率及风险依次增高,而人一旦感染有可能导致"人-人"传播和疾病的暴发和大流行,如SARS、MERS 和埃博拉病毒病。因此,应在保护野生动物种群生态的前提下,加强野生动物及家养、家栖动物携带的重要病原的监测、遗传进化分析及与人类疾病关系的研究,以期预防、减少和有效控制外来及新发人兽共患病的发生、传播、扩散和流行。

参 考 文 献

[1]　HU T S,ZHAO H Y,ZHANG Y,et al. Fatal influenza A (H5N1) virus infection in zoo-housed tigers in Yunnan Province,China[J]. Scientific Reports,2016,6:25845.

[2]　HU T S,SONG J L,ZHANG W D,et al. Emergence of novel clade 2.3.4 influenza A (H5N1) virus subgroups in Yunnan Province,China[J]. Infection,Genetics and Evolution,2015,33:95-100.

[3]　HE B,ZHANG Y Z,XU L,et al. Identification of diverse alphacoronaviruses and genomic characterization of a novel severe acute respiratory syndrome-like coronavirus from bats in China[J]. Journal of Virology,2014,88(12):7070-7082.

[4]　XU L,ZHANG F Q,YANG W H,et al. Detection and characterization of diverse alpha-and beta-coronaviruses from bats in China[J]. Virologica Sinica,2016,31 (1):69-77.

［5］　HU T S,QIU W,HE B,et al. Characterization of a novel orthoreovirus isolated from fruit bat,China［J］. BMC Microbiology,2014,14(1):293.

［6］　HE B,XIA L L,HU T S,et al. The complete genome sequence of a G3P Chinese bat rotavirus suggests multiple bat rotavirus inter-host species transmission events［J］. Infection, Genetics and Evolution,2014,28:1-4.

［7］　HE B,ZHANG F Q,XIA L L,et al. Identification of a novel orthohepadnavirus in *Pomona roundleaf* bats in China［J］. Archives of Virology,2015,160(1):335-337.

［8］　HE B,FAN Q,YANG F,et al. Hepatitis virus in long-fingered bats,Myanmar［J］. Emerging Infectious Diseases,2013,19(4):638-640.

［9］　HE B,FENG Y,ZHANG H L,et al. Filovirus RNA in fruit bats,China［J］. Emerging Infectious Diseases,2015,21(9):1675-1677.

［10］　HE B,LI Z,YANG F,et al. Virome profiling of bats from myanmar by metagenomic analysis of tissue samples reveals more novel Mammalian viruses［J］. PLoS One. 2013,8(4): e61950.

［11］　HU T S,FAN Q S,HU X B,at al. Molecular and serological evidence for Seoul virus in rats (*Rattus norvegicus*) in Zhangmu,Tibet,China［J］. Archives of Virology,2015,160 (5):1353-1357.

张富强　在西南边境系统开展了禽流感、狂犬病、登革热等自然疫源性疾病病原监测、溯源、分子流行病学及防控技术研究,初步认识了云南省禽流感分布现状、流行动态、感染特点和波动规律,揭示了禽流感病原生物多样性、区域分布规律、变异特征、进化趋势及历程;阐明了云南省动物狂犬病病原时空分布、流行特点、病毒基因结构及变异特征,明确了疫病传播方式和多种发生及流行态势,揭示了病原生物多样性、毒株起源及遗传演化关系。在西南战区蝙蝠体内首次发现新型肝炎病毒(类人乙肝病毒),分离获得新型轮状病毒、正呼肠孤病毒、出血热病毒等。近五年主持或参与国家、军队重大、重点及面上项目 10 余项。获国家科技进步奖二等奖 1 项,军队及省部级一、二等奖 6 项,三等奖 7 项。云南省中青年学术技术带头人、成都军区卫生优秀学科带头人、军队后勤装备评价专家库技术专家,2013 年获国务院政府特殊津贴。获国家发明专利授权 5 项、新型实用专利 2 项。发表论文 80 余篇(SCI 收录 16 篇)。

进出境食源性致病微生物防控策略研究

薛　　峰[1,2]　　胡月珍[3]　　曾德新[2]　　诸葛祥凯[1]　　汤　芳[1]
蒋　　原[4]　　夏咸柱[5]　　戴建君[1]

1. 南京农业大学动物医学院,南京;
2. 江苏出入境检验检疫局,南京;
3. 常州出入境检验检疫局,常州;
4. 上海出入境检验检疫局,上海;
5. 军事医学科学院军事兽医研究所,长春

近年来,进出境食品贸易随着贸易全球化和便利化的进程得到迅猛发展,越来越多的进口食品进入我国消费者的日常生活,出口贸易成为我国经济增长和出口创汇的重要经济来源之一。同时,发达国家和地区对我国出口食品的要求越来越高,形成非关税技术壁垒,对我国食品出口产生重大影响。从近年进口食品检出不合格和出口食品被境外通报的数据来看,致病微生物仍是导致不合格的重要因素之一,食源性致病菌所造成的食品安全危害涉及食品加工、储存、运输、销售、食用各个环节,与化学污染物相比具有发生更迅速、传播更广泛、影响更深远、危害更直接等特点。本文从进出境食品安全现状形势分析入手,分析目前我国进出境食源性致病菌防控现状、不足与对策。

一、进出境食品安全现状形势分析

(一) 食品安全事件频发,食品安全形势严峻

国际上近年来发生的食品安全事件有:2011 年德国黄瓜出血性大肠杆菌感染、美国香瓜李斯特菌疫情;2012 年日本腌制大白菜 O157 污染事件、德国草莓诺瓦克病毒污染中毒事件;2013 年新西兰奶粉肉毒杆菌事件;2014 年新西兰奶粉双氰胺污染事件;2015 年美国僵尸肉事件;2016 年美国沙门氏菌感染家禽事件等。

国内的食品安全事件近年来也时有发生。例如,2011 年毒生姜事件、染色馒头事件;2012 年毒胶囊事件;2013 年假羊肉事件;2014 年上海福喜采用过期肉

事件;2015 年五常大米掺假事件;2016 年假牛肉事件;等等。

从以上可以看出食品安全的形势依然严峻,特别是在国外发生的食品安全突发事件,大多是由于食源性致病菌污染所引起,所以加强对境外食品食源性致病菌的防控尤为重要。

(二) 贸易保护不断加强,出口食品压力增大

一些发达国家接连出台了一系列系统性强、覆盖面广、要求苛刻、影响巨大的食品新法规、新标准、新检测技术和自动扣留、禁入或加严检验等技术性贸易措施,并采取官方或第二、第三方的审核、认证、实施专利保护等手段,对进口食品提出苛刻的市场准入要求。由于我国食品生产、加工卫生控制水平相对较低,出境食品因检出微生物被国外通报的情况也占一定比重。例如据食品伙伴网数据,2016 年我国出境食品被欧盟 RASFF 系统通报的 202 批产品中 12 批被检出致病菌;遭美国 FDA 拒绝进口的 538 批产品中 10 批被检出致病菌;被日方检出不合格的 144 批食品中 50 批被检出含有致病菌或菌落总数超标。

(三) 境外食品并非绝对安全,不可盲目崇信

"十二五"期间,各地出入境检验检疫机构严格进口食品口岸检验检疫,5 年来共检出不合格食品 12 828 批、6.8 万吨、1.5 亿美元。在不合格品种方面约有一半是糕点饼干、饮料、粮谷及制品和乳制品。不合格的原因有 20 类,其中最主要的是微生物污染、品质不合格、食品添加剂不合格和标签不合格,约占不合格食品总批次的 3/4,其中微生物污染的批次占不合格食品总批次的 21.1%。

二、我国进出境食源性致病微生物防控现状

(一) 法规和标准体系

我国建立了《中华人民共和国食品安全法》《中华人民共和国进出口商品检验法》《中华人民共和国出入境动植物检疫法》《中华人民共和国产品质量法》等法律法规及部门规章构成的进出境食源性病原微生物防控管理法律法规体系。此外,国家质检总局的局令、公告等部门规章及其他规范性文件也具有法律强制力。

我国进口食品标准主要依据的是我国食品国家标准,截至目前,经过清理整合,我国已制定公布 1 114 项新的食品安全国家标准,其中有关微生物检验的标准有 38 项,发布通用标准《食品安全国家标准 食品中致病菌限量标准》(GB 29921—2013),对食品中的致病菌限量进行了统一规定。

（二）主要管理制度

1. 市场准入制度

主要是进口食品监管,一是对输华食品国家(地区)食品安全管理体系进行评估和审查,符合我国规定要求的,其产品准许进口。"十二五"期间,共对 63 个国家(地区)的 92 种食品进行管理体系评估,对其中符合我国要求的 34 个国家(地区)的 28 种食品予以准入。二是对境外输华食品生产加工企业质量控制体系进行评估和审查,符合我国规定要求的,准予注册。截至 2015 年,共累计对 1.5 万家境外食品生产企业进行了注册。三是对输华食品境外出口商和境内进口商实施备案,落实进出口商主体责任。截至 2015 年,共备案境外出口商 102 816 家,境内进口商 26 065 家。此外,还建立了对输华食品出具官方证书制度和进境动植物源性食品检疫审批制度,并将建立输华食品进口商对境外食品生产企业审核制度[1]。

2. 注册登记制度

在进口方面,我国境内出口食品的出口商或者代理商应当向国家出入境检验检疫部门备案,向我国境内出口食品的境外食品生产企业应当经国家出入境检验检疫部门注册。国家质检总局制定并更新《进口食品境外生产企业注册实施目录》,目前需实施注册管理的产品主要有肉类、水产品、乳品及燕窝产品。

在出口方面,《中华人民共和国食品安全法》规定,出口食品生产企业和出口食品原料种植、养殖场应当向国家出入境检验检疫部门备案。国家质检总局制定《出口食品生产企业备案管理规定》明确对 22 大类出口食品生产企业实施备案管理,并要求对罐头类、水产品类(活品、冰鲜、晾晒、腌制品除外)、肉及肉制品类、速冻蔬菜、果蔬汁、含肉或水产品的速冻方便食品和乳及乳制品类七大类产品在备案时需验证其 HACCP(危害分析与关键控制点)体系。

3. 检验检疫制度

在进口方面,一是口岸检验检疫工作,检验检疫机构可根据国际通行的合格评定程序,按照分类管理原则确定的检验监管模式对进口食品实施检验[2]。二是对进口食品严格实施风险监控,国家质检总局组织建立进口食品风险评估模型,组织制定、调整并发布进口食品监督抽检计划和风险监测计划,包括年度计划和专项计划。三是对进口食品严格实施风险预警,对于口岸检验检疫和风险监测中发现的问题,及时发布风险警示通报,采取控制措施。

在出口方面,一是产地检验检疫工作。二是风险监控,国家质检总局组织建立出口食品风险评估模型,组织制定、调整并发布出口食品监督抽检计划和风险监测计划,包括年度计划和专项计划。各直属检验检疫局在总局计划的基础上,可另增加制定本辖区出口食品监督抽检计划。

4. 后续监管制度

在进口方面,一是建立输华食品国家(地区)及生产企业食品安全管理体系回顾性检查制度,二是要求进口商建立进口食品的进口与销售记录。三是实施进口食品生产经营者不良记录制度。四是实施进口商约谈制度。

在出口方面,主要是按照《出口食品生产企业备案管理规定》和《出口食品生产企业安全卫生要求》对企业持续符合备案要求的情况进行监管,包括定期监管和日常监管制度。

三、我国进出境食源性致病菌防控存在的问题

1. 源头监管范围有限,监管力度不强

"全过程监管"是现代食品安全管理的基本理念,对进口食品而言同样如此。目前世界上 200 余个国家和地区向我国出口食品,由于各国动植物卫生状况、食品安全管理体系千差万别,生产企业水平参差不齐,可能含有的风险物质错综复杂,仅靠口岸产品检验把关难度极大。管理前移,通过对食品输出国的食品风险分析和企业注册管理,是投入最低、效果最好的手段。尽管我国已开展境外注册工作,但范围仅限于肉类、水产、乳品、燕窝等少数品种,非常有限。

2. 口岸查验的可操作性有待提升

目前,国家质检总局制定了统一的监督抽检及风险监测计划,口岸检验检疫部门根据统一平台的自动抽批实施口岸查验和抽送样,基本实现进口食品查验比例和查验项目全国统一,但还存在一些亟须解决的问题:一是对因检出不合格或者进口商失信行为而加严检测及处理费用由谁承担的问题需明确,根据国际通用做法应由进口商提供,倒逼企业履行食品安全保障的首要责任,降低政府监管成本[3];二是需加大对一线检验人员的培训工作,提高一线检验人员现场查验水平。

3. 企业的主体责任有待进一步落实

一是进出口企业质量安全意识淡薄,一些食品生产经营者不知标准、不懂标准或不用标准,自检、自控水平不高。二是进出口企业质量管理水平有待提高,目前,我国进出口企业管理和经营工作基础薄弱,很多中小型食品生产企业投资规模小,存在人员素质低、食品安全控制技术水平落后以及设备、设施老化等问题。

4. 进出口食品安全检测、溯源技术手段仍需提升

在目前的食品微生物检验中,还有许多安全监测、溯源手段存在空白,快速筛选的食品检测技术仍不成熟,检测技术手段比较单一,缺乏超痕量分析等高技

术检测手段。样品前处理方法落后,检测方法不适用于现代食品安全生产标准等,现有的一些快速检测方法存在着灵敏度不高或者特异性不强的问题,致病微生物检出后溯源难。

四、提高我国进出境食源性致病菌防控能力的建议

(一)提高进出境食品生产经营者食源性致病菌自我防控能力

1. 倡导科学的食品安全卫生控制和管理方法

有效的进出境食品生产加工病原微生物防控体系必须采用先进的食品安全卫生控制和管理方法,依据 CAC(国际食品法典委员会)《食品卫生通则》及《危害分析与关键控制点(HACCP)体系及其应用准则》等先进理论,建立和完善良好的操作规范(GMP)、卫生标准操作程序(SSOP)以及危害分析与关键控制点(HACCP)。

2. 引入惩戒机制

一方面继续实施进出口食品生产经营者不良记录制度,加大对违规企业的处罚力度。另一方面,对进出口食品生产经营者实施分级管理,比如对被检出食源性致病菌不合格的进口商加大抽检比例,要求进口商支付检测费用等措施来有效促进企业履行保障食品安全的"首要责任"。

(二)优化进出境食品食源性致病微生物防控管理手段

1. 做好源头管理

在出口方面,一是对出口食品原料基地实施备案管理;二是对出口食品生产企业实施备案管理,推进出口质量安全示范区建设,即在一个地区、一个区域从生产、加工、储存、流通等环节实施全过程管理。

在进口方面,对进出口商实施备案管理,建立输华食品出口国食品安全管理体系的检查评估制度,继续推行进口食品境外生产企业注册制度,调整和更新《进口食品境外生产企业注册实施目录》。

2. 实施科学的监督抽检计划和风险监测计划

风险评估,是风险分析体系的核心,而风险分析制度是食品安全科学监管的基础。要提高进出口食品的监管效能,提升进出口食品食源性致病菌的防控能力,必须对进出口食品实施风险评估,建立进出口食品安全风险评估模型,并以此来确定进出口食品监督抽检计划和风险监测计划,包括年度计划和专项计划。科学的计划有利于利用有限的监管资源发挥最大的监管效能。

3. 加强对进出境食品食源性致病微生物风险信息的管理

一是应建立进出境食品食源性致病菌信息管理数据库,记录并保存有关进出口食品的预警信息、风险评估、风险预警措施及快速反应措施等内容。二是及时实施风险通报,检验检疫机构应及时将监管时获知的风险信息向同级卫生行政部门通报。三是建立进出口食品安全风险会商制度,根据风险会商的结论和建议及时调整进出口食品检验检疫监管措施。

(三) 加强对进出境食源性致病微生物检测技术的研究

1. 提高进出境食源性致病菌检测技术,以加大进出境食源性致病菌的检出率

一是保障传统检测方法的准确性;二是加大对先进检测技术方法的研究。传统的食源性致病菌检测技术(如分离培养、生化鉴定)无法对难培养或不可培养的致病菌进行检测,存在特异性差、操作烦琐、耗时等缺点,无法实现及时有效的检测。随着分子生物学的快速发展,需加强对微生物检测技术的研究,主要有快速生化检测方法、微生物免疫学、蛋白质芯片、代谢学技术、免疫传感器技术、PCR 技术等[4]。但这些技术仍然存在一定的缺陷,如在 PCR 检测技术方面,多重 PCR 技术较易产生假阳性与假阴性检测结果,实时荧光定量 PCR 技术成本较高,免疫磁珠-多重实时荧光定量 PCR 技术较易产生杂菌交叉反应,PCR-ELISA 技术污染问题较严重等[5]。因此,这些技术仍需进一步完善,以促进新技术在食源性致病菌检测中的应用与推广。

2. 加强进出境食源性致病微生物防控方面的技术与管理人才培养与团队建设

联合出入境检验检疫、卫生、农业等国内进出境食品安全主管部门及相关高校、科研院所中现有的进出境食源性致病菌防控方面的管理人才与技术人才,组建专家库,通过优势互补、联合攻关来提高专业技术人才的素质,培养一批该领域的高素质技术人才与管理人才,并形成多个特色鲜明、分工合理、人有专长的专业技术团队。

(四) 加强国际协作与交流

1. 加强技术合作

美国、欧盟、日本、韩国的食源性致病菌物防控工作的特点是管理体制统一、法规标准数量庞大、要求细致、更新频繁、可操作性强,同时便于生产者、管理者和消费者执行,并且在食品安全管理均以"风险控制"为核心。因此,我国必须注重加强与上述国家和地区的政府管理部门、技术机构开展技术合作与交流,做到学以致用、用以促学。

2. 参与国际组织活动

近年来,随着国际贸易全球化进程的加快,WHO、FAO、CAC、AOAC(美国分析化学家协会)、NMKL(北欧食品分析委员会)等相关国际和地区组织多次召开了病原微生物分析方法验证、耐药性检测等主题的会议,组织了世界上多个国家组建专题工作组参与制定有关国际标准、规则等。我国作为农产品和食品进出口贸易大国,有必要积极参与国际相关标准、法规的制定和研讨工作,并提出有利于我国进出口贸易的各项措施。

参 考 文 献

[1] 国家质量监督检验检疫总局."十二五"进口食品质量安全状况(白皮书)[R]. 2016.

[2] 杨洋,殷杰,贝君,等. 新《食品安全法》对进口食品安全管理的影响[J]. 食品安全质量检测学报,2015, 6(9):3771-3773.

[3] 李建军,徐海涛. 国际进口食品安全管理的主要经验及对我国的启示[J]. 中国食品卫生杂志,2014,26(6):584-587.

[4] 吕振华. 微生物检测技术在进出口食品安全检测中的应用研究[J]. 现代农业科技,2013(10):286-287.

[5] 胡金强,雷俊婷,景建洲,等. 食源性致病菌 PCR 检测技术研究进展[J]. 轻工学报,2016,31(3):49-56.

薛峰 1978 年生,教授、博士生导师,南京农业大学高层次引进人才,国家"万人计划"青年拔尖人才、江苏省"333 高层次人才培养工程"第二层次培养对象。主要从事人兽共患病防制新技术及其病原学基础研究、食品安全控制、兽医公共卫生研究。参加有关病原微生物防控方面的国际学术会议和政府间工作组会议,参与中国工程院重大咨询项目"中国食品安全现状、问题及对策战略研究"工作。主持国家级、省部级科研项目 10 余项,主持制定国家及行业标准 13 项。获省部级科技奖励 10 项,其中一等奖 3 项、国家专利优秀奖 2 项,获授权发明专利 7 项。发表论文 30 余篇,参与编写著作 5 部。

吸血节肢动物与外来病传播

韩　谦　廖承红　兰坚强　张　磊

海南大学热带农林学院热带兽医学与媒介生物学实验室，海口

一、引　　言

节肢动物是动物界中最大的一类动物，其中包括吸血的蚊、蜱、蠓、蚤、虱等。这类嗜血的节肢动物被统称为媒介生物。随着全球经济和贸易的日趋发展，人类活动范围不断扩展，以及全球气候变暖改变了各种生物分布范围，由媒介生物传播的疾病种类越来越多，其中包括登革热、黄热病、寨卡病毒病、疟疾等重要疾病，给人类带来极大的危害。

二、主要媒介生物

1. 蚊

在生物分类上，蚊（mosquito）属于蚊科，重要的属包括伊蚊、按蚊、库蚊、脉毛蚊和鳞蚊。全世界已知蚊3 000余种，我国已发现300余种。在兽医寄生虫学中，蚊属于外寄生虫，被认为是世界上最贪婪的吸血节肢动物[1]。在畜牧业中，蚊是养殖场"三害"之一。蚊叮咬畜禽体表，除了吸取大量血液外，还损伤动物皮肤，造成伤口痛痒，骚动不安，影响摄食和休息，降低生产性能。更为重要的是，蚊是多种人畜疫病和人兽共患病的重要传播媒介。由于蚊是第一大病媒生物，对人类健康威胁重大，其被认为是世界上最危险的动物。

2. 蜱

蜱（tick）是一类比较重要的医学节肢动物，是多种重要疾病的传播媒介，可能与蜱瘫痪相关[2-3]。许多蜱传的疾病仅是由某一类种属蜱传播的。蜱总科分为三个科，其中硬蜱科及软蜱科的蜱属于医学媒介，而纳蜱科分布在非洲，并不传播疾病[4]。全世界已知的蜱800余种，我国已发现110余种。

3. 蠓

蠓（biting midge）是一类重要的医学昆虫，属双翅目，蠓科，全世界已知有4 000种左右，中国近413种[5]。成虫口器为刺吸式，体小，约1~4 mm，呈黑色或褐色，孳生地较为广泛，分为水生、陆生和半水（陆）生三类，寿命约1个月，以

幼虫或卵越冬。螨在吸血后完成卵的发育,其宿主也因不同种类的螨而不同。已知吸血螨类被证明可携带 20 余种疾病。

4. 虱

虱(louse)属昆虫纲,吸虱目,人虱科,包括大约 5 000 种无翅小昆虫。虱是一种永久性体外寄生虫,常寄生于鸟类和哺乳动物等恒温动物体表[6]。虱分为两大群:① 钝角亚目和丝角亚目,寄生于鸟类和哺乳类;② 吸虱亚目,仅寄生于哺乳类。以人类为宿主的虱子分为头虱、体虱和阴虱三类,可传播多种疾病,如流行性斑疹伤寒、战壕热和回归热等。

5. 蚤

蚤(flea)属昆虫纲,蚤目,无翅,足长,其基节特别发达,善于跳跃,主要寄生于哺乳动物和鸟类体表,以吸食宿主的血液为生。蚤是猫、鼠等动物立克次体、鼠疫杆菌的主要传播媒介,可引发斑疹伤寒症、鼠疫等[7]。目前,全球共有蚤 2 500 多种。

三、媒介生物传播的重要疾病

(一) 蚊传疾病

蚊传播的疾病——蚊媒病在全球流行范围广,传播力强,发病率高。蚊媒病包含有可在动物间和/或动物与人类间传播的寨卡病毒病、疟疾、丝虫病、登革热和黄热病等[8-9]。其中,登革热是增长最快的蚊媒病,全球每年约有 100 万例登革热确诊病例,约 2 万人死亡。我国多次暴发登革热疫情,登革热输入性病例逐年增加。由于登革热无有效治疗方法,流行时会像禽流感一样引起社会恐慌[10]。由于我国存在各种蚊生存的气候条件,故也要警惕其他尚未在我国流行的蚊媒病的输入,如源于非洲的基孔肯雅热已在我国南方流行[11-12]。综上所述,蚊媒病仍然是影响我国公共卫生安全的重要问题。

1. 登革热

登革热(dengue)是蚊媒传播的一种流行于热带及亚热带地区的急性传染病,最近几十年登革热疾病频繁暴发,全球约有一半人口处在登革热发病的风险区内。登革热具有传播迅猛、发病率高、人群普遍易感、重症类型死亡率高等特点。临床表现主要为头疼、高烧发热、肌肉和关节疼痛、淋巴结肿大及白细胞减少等症状。特殊条件会发生登革出血热,比登革热更为严重,可出现出血或休克,严重者甚至死亡[13]。2014 年 9 月,我国 23 个省份共发现 12 336 例病例,死亡 4 人。这也是继 2005 年后首次报告的死亡病例。

2. 寨卡病毒病

寨卡病毒病(Zika virus disease)是起源于非洲地区的一类蚊媒传播疾病，近几年来开始暴发，主要在非洲、南美洲、加勒比等地区传播流行，但我国也出现了输入性病例[14]。寨卡病毒是属于黄病毒科黄病毒属的单股正链 RNA 病毒。患者感染后的临床表现为急性发热伴斑丘疹、关节痛或结膜炎，其他常见的症状可包括肌痛和头痛。寨卡病毒病的潜伏期目前还未确定，但是一般为数天至一周，病死率极低。在巴西等地，发现寨卡病毒病的发生与小头畸形儿患者有关[15]。

3. 西尼罗河热

西尼罗河热(West Nile fever)是蚊媒传播的一种急性人兽共患传染病，由西尼罗病毒引起，病毒暴发可引起人、马、鸟类等的大量感染，严重者甚至死亡[16]。该病主要分布地区为欧洲、亚洲、非洲的部分地区，以及澳大利亚和美国的南部、北部及中部地区。2012 年该病在美国出现暴发流行，导致 1 590 人感染，66 人丧生[17]。潜伏期一般为 2~15 天，主要表现为全身不适、乏力、发热、头痛、身痛、咽喉痛，偶尔有皮疹、淋巴结肿大，严重的出现神经性疾病，肌肉无力、瘫痪甚至死亡。

4. 黄热病

黄热病(yellow fever, YF)是一种由黄热病病毒导致的疾病，主要在非洲和中、南美洲热带等地区流行，其传播媒介主要是伊蚊。在临床上，黄热病的症状有发烧、寒栗、无食欲、恶心、头部和背部疼痛等，严重的出现黄疸、出血，并伴随细菌性败血症，甚至死亡[18-19]。其潜伏期为 3~7 天，病死率一般为 2%~5%，重型可达 50%。

5. 裂谷热

裂谷热(Rift Valley fever, RVF)是一种急性病毒性人兽共患病，主要影响到牛、羊、骆驼和山羊等家养动物，也可传染人。该病是由白蛉病毒属的裂谷热病毒引起，大多数人感染由于接触受感染动物的血液或器官导致，也可经感染蚊子叮咬而感染。裂谷热潜伏期为 2~6 天。轻度裂谷热症状不明显，呈现流感样发热、肌肉疼痛、关节疼痛和头痛。少数患者出现更为严重的症状——重度裂谷热，通常会出现三种明显综合征中的一种或多种症候：眼部疾病(0.5%~2%的患者)、脑膜脑炎(不到 1%)或出血热(不到 1%)[20]。总病死率随着流行情况的不同而存有很大差异。目前，RVF 在家养动物中暴发可以通过持续使用疫苗得以控制。

(二) 蜱传疾病

蜱传疾病种类繁多，不同的蜱种传播不同的疾病，但有时一种蜱又可传播多种类型的病原。已知蜱可传播 83 种病毒、31 种细菌、32 种原虫。其中大多数是重要的自然疫源性疾病和人兽共患病,如 Q 热、蜱传斑疹伤寒、莱姆病和巴尔通体感染等,给人类健康及畜牧业带来很大危害[21]。

1. 莱姆病

莱姆病又称为莱姆疏螺旋体病,是由蜱为媒介传播的一种自然疫源性疾病,其病原是伯氏疏螺旋体。该病多发生于夏季和秋季,发病早期以皮肤出现游走性红斑为特点。

2. Q 热

Q 热是由贝氏立克次体引起的疾病,可感染人和其他动物。感染方式主要由呼吸道吸入传播,或接触受感染动物的体液和排泄物。牛、羊为人体 Q 热的主要传染源。该病潜伏期为 9～40 天,临床表现为起病急骤。病原体能在蜱体内长期存在,并经卵传递,如乳突钝缘蜱可贮存病原体 2～10 年。

3. 无形体病

无形体病是由嗜吞噬细胞无形体细菌侵染人体或其他动物导致的蜱传人兽共患病。该菌属革兰氏阴性菌;1994 年美国首先发现人类感染的无形体病,即人粒细胞无形体病,主要表现为血小板、白细胞减少等病症[22]。由于其症状与某些病毒感染的症状类似,容易造成误诊甚至导致死亡。

(三) 蠓

已知蠓通过叮咬动物和人能传播多种流行性疾病,如乙型脑炎、奥柔普西热、蓝舌病、水疱性口炎、非洲马瘟、赤羽病、原虫病和丝虫病等,部分疾病已证明是人兽共患病[23]。其中,蓝舌病是由蓝舌病毒引起的反刍动物的一种急性病毒性传染病,世界动物卫生组织(OIE)把蓝舌病定为必报传染病之一。

(四) 虱

虱可以传播数种疾病,主要的有以下几种。

1. 流行性斑疹伤寒

流行性斑疹伤寒是由普氏立克次体引起的急性传染病,又称为虱传斑疹伤寒。虱吸食患者血后立克次体侵入虱胃上皮细胞并大量增殖,数天后上皮细胞破裂,病原即随同虱粪一同排出。流行性斑疹伤寒是唯一一种可引起疾病突然暴发的立克次体病,伴随寒颤、高烧、严重头痛、皮肤斑疹蔓延至全身、精神萎靡甚至错乱等症状,致死率达 1%～20%[24]。但由于诊断方法的类似,流行性斑疹伤寒常被误诊为伤寒热。

2. 战壕热

第一次世界大战期间,该病主要发生在德国、波兰、意大利等国前线军队中,因此被称为"战壕热"[25]。战壕热又称五日热,是由五日热立克次体引起的急性发热性疾病,其主要传播媒介是体虱。该病症状表现为间歇热型和头部、关节和骨骼等剧痛等,与流行性斑疹伤寒相似而较轻,但病程较长。

3. 回归热

回归热是由回归热螺旋体引起的一种周期性发作的急性发热传染病。根据传播媒介的不同,可分为虱传回归热和蜱传回归热。病原体并不进入组织亦不从粪便排出,其传染主要是通过虱体被碾破后体液中的病原经伤口进入人体而致。虱传型回归热潜伏期为 2~14 天,发病后症状表现为怕冷、寒颤和头痛等,严重的出现肝脾肿大、黄疸等;持续 6~7 天,症状减轻,再经 7~9 日后症状重现,因此被称为"回归"。

(五) 蚤

蚤主要通过生物性方式传播疾病。最重要的是鼠疫,其次是鼠型斑疹伤寒(地方性斑疹伤寒);还能传播数种绦虫病。

1. 鼠疫

鼠疫又被称为"黑死病",是鼠蚤传播的一种烈性传染病,因感染鼠疫杆菌所致。蚤叮咬病鼠后,通过再次叮咬将鼠疫杆菌传播到其他动物,在野栖啮齿动物中形成鼠疫自然疫源地。另外,鼠疫还可经呼吸道、皮肤和消化道等方式感染。当人或家鼠进入鼠疫自然疫源地后,可能感染鼠疫,从而引起家鼠和人之间鼠疫的流行。鼠疫主要有腺型和肺型两个类型:腺型发生在流行初期,潜伏期为 2~4 天;肺型发生在流行高峰期,发病较快,潜伏期数小时至 2~3 天[26]。常见症状有淋巴结肿痛、化脓、继发肺炎或败血症,甚至死亡。

2. 鼠型斑疹伤寒

鼠型斑疹伤寒是莫氏立克次体以蚤为媒介的急性传染病,该病多见于热带和亚热带,主要流行于家鼠之间。临床症状与流行性斑疹伤寒相似,常同时存在于某些地区。但是,该病相对症状较轻,死亡率低。

四、媒介生物与外来病防控

蚊、蜱等节肢动物是许多人兽共患病传播的重要媒介。由于自然环境的破坏,全球虫媒病的流行也在发生变化,出现流行范围不断扩展、已经消灭的疾病死灰复燃、新型病种不断出现、疾病的流行频率增大等问题。随着我国对外经济贸易区以及"一带一路"政策的不断深化和推进,防控外来疾病的流行传播将是一项长期而艰巨的任务,具有重要的战略意义。

　　首先,需要健全联防联控机制,加强对外来生物的防控和监测,强化"十三五"规划纲要的"同一健康"理念,加强政府各部门的紧密合作,实现最大限度地降低外来病原感染的风险。

　　其次,严格控制媒介生物密度,阻断其繁殖和传播途径,以达到控制外来病流行的目的。现在不断发展的多种新型技术已经在媒介生物的防控中得到运用,比如定向基因组编辑、调控基因表达、性外激素干扰等手段,通过放射性不育技术、阻碍成虫交配技术、调控虫卵发育技术、沃尔巴克氏体控制蚊虫技术等培育不育系昆虫。这些技术和手段将有效控制病媒的种群密度,以控制疾病的传播流行。

　　目前,媒介生物的防治方法中最为直接有效的是化学防治,主要使用驱避剂和杀虫剂,如人工合成驱避剂 DEET、有机磷杀虫剂和拟除虫菊酯类杀虫剂等,已成功用于人们的生活中。但随着药物的大量而不合理的使用,许多媒介生物都对化学杀虫剂已产生较强的抗药性,而且有机磷类、氨基甲酸酯类对哺乳动物毒性较强,且不易降解,对生态环境造成威胁。相比于化学杀虫剂,微生物杀虫剂(如苏云金杆菌和球形芽孢杆菌)和植物杀虫剂有效成分均为天然产物,易降解,对人、有益生物及环境友好,具备良好的安全特性。而大环内酯类的多杀菌素等,杀灭多种媒介生物极为有效,且对人类和一些有益生物比较友好,易降解,是防治虫媒生物的另一类有效杀虫剂。

　　因此,防控的重点是降低媒介生物的密度,利用和发展生物、物理或化学治理策略,开展及时有效的预防和消灭工作,对媒介生物进行综合治理,减少媒介生物产生的危害,全面推动和提高媒介生物防治工作,为人类健康做贡献。

参 考 文 献

[1]　汪明. 兽医寄生虫学[M]. 北京:中国农业出版社,2013.

[2]　GODDARD J. Physician's guide to arthropods of medical importance[M]. 6th ed. Boca Raton,FL:CRC Press,2012.

[3]　ESTRADA-PEÑA A,JONGEJAN F. Ticks feeding on humans:a review of records of human-biting Ixodoidea with special reference to pathogen transmission [J]. Experimental & Applied Acarology,1999,23(9):695-715.

[4]　MATHISON B,PRITT B. Laboratory identification of arthropod ectoparasites [J]. Clinical Microbiology Reviews,2014,27(1):48-67.

[5]　YU Y,LIU J. World species of bloodsucking midges (Diptera:Ceratopogonidae) [M]. Beijing:Military Medical Science Press,2006:1-72.

[6]　BLANTON L S,WALKER D H. Flea-Borne Rickettsioses and Rickettsiae [M]. American

Journal of Tropical Medicine & Hygiene,2016,96(1):53.

［7］ 《实用流行病学》编委会. 实用流行病学［M］. 兰州:甘肃科技出版社,1989:1335-1336.

［8］ CHRISTOPHERS S R. *Aedes aegypti*（L.）the yellow fever mosquito:its life history,bionomics and structure［M］. Cambridge:Cambridge University Press,1960.

［9］ KAHN C M. The merck veterinary manual［M］. 10th ed. Whitehouse Station,NJ:Merck & Co.,Inc.,2010.

［10］ 王梦蕾,苏昊,吴焜,等. 中国蚊媒病流行现状及防治进展［J］. 热带医学杂志,2012,12(10):1280-1285.

［11］ WU D,WU J,ZHANG Q,et al. Chikungunya outbreak in Guangdong Province,China,2010［J］. Emerging Infectious Diseases,2012,18(3):493-495.

［12］ ZHANG Q,HE J,WU D,et al. Maiden outbreak of chikungunya in Dongguan city,Guangdong province,China:epidemiological characteristics［J］. PLoS One,2012,7(8):e42830.

［13］ 孟凤霞,王义冠,冯磊,等. 我国登革热疫情防控与媒介伊蚊的综合治理［J］. 中国媒介生物学及控制杂志. 2015;26:4-10.

［14］ 廖承红,兰坚强,张磊,等. 寨卡病毒——人兽健康新威胁［J］. 中国兽医杂志,2016,52(4):74-76.

［15］ OLIVEIRA MELO AS,MALINGER G,XIMENES R,et al. Zika virus intrauterine infection causes fetal brain abnormality and microcephaly:tip of the iceberg［J］. Ultrasound in Obstetrics & Gynecology,2016,47(1):6-7.

［16］ CDC. West Nile virus:what you need to know CDC fact sheet［R］. 2015.

［17］ MURRAY K,RUKTANONCHAI D,HESALROAD D,et al. West Nile virus,Texas,USA,2012［J］. Emerging Infectious Diseases,2013,19(11):1836-1838.

［18］ BEASLEY D,MCAULEY A,BENTE D. Yellow fever virus:genetic and phenotypic diversity and implications for detection,prevention and therapy［J］. Antiviral Research,2015,115:48-70.

［19］ WHO. Rift Valley fever factsheets［R］. 2017.

［20］ IKEGAMI T,MAKINO S. The pathogenesis of Rift Valley fever［J］. Viruses,2011,3(5):493-519.

［21］ BRITES-NETO J,DUARTE K,MARTINS T. Tick-borne infections in human and animal population worldwide［M］. Veterinary World,2015,8(3):301-315.

［22］ BARON S. Medical microbiology［M］. 4th ed. Galveston:University of Texas Medical Branch at Galveston,1996.

［23］ 王飞鹏,黄恩炯,蔡亨忠,等. 吸血蠓及其传播的疾病［J］. 昆虫知识,2010,47(6):1270-1273.

［24］ WHO. Typhus factsheets［R］. 2017.

［25］ ANSTEAD G. The centenary of the discovery of trench fever,an emerging infectious disease of World War I [J]. Lancet Infectious Diseases,2016,16(8):e164

[26]　BUTLER T. Plague history:Yersin's discovery of the causative bacterium in 1894 ena-
　　　bled,in the subsequent century,scientific progress in understanding the disease and the
　　　development of treatments and vaccines [J]. Clinical Microbiology & Infection,2014,20
　　　(3):202-209.

韩谦　海南大学教授,博士生导师。1985 年,北京农业大学本科毕业;1988 年,北京农业大学硕士毕业;1997 年,中国农业大学博士毕业。1988—2002年,中国农业大学动物医学院,历任助教、讲师和副教授。1998—1999 年,丹麦兽医和农业大学实验寄生虫学中心,Guest Scientist;2000—2002 年,美国伊利诺伊大学兽医学院,Visiting Scholar;2002—2004年,瑞典农业科学大学,Researcher;2004—2005 年,美国伊利诺伊大学兽医学院,Research Scientist;
2006—2013 年,美国弗吉尼亚理工大学农业与生命科学学院,Research Scientist。学术兼职有美国弗吉尼亚理工大学兽医学院兼职教授、中国畜牧兽医学会兽医寄生虫学分会常务理事、海南省卫生有害生物防制协会会长、*Frontiers in Molecular Biosciences* 期刊副主编等。制定了我国"规模化养猪场寄生虫控制程序";引领了国产阿维菌素的动物应用研究。获北京市优秀教师、第六届中国农学会青年科技奖、兽医寄生虫学分会杰出贡献奖和多项省部级科技奖。目前从事热带动物疾病与媒介生物学的研究。发表论文 120 篇,其中包括发表在 *PLoS Genetics*、*PNAS*、*Structure* 等期刊的 64 篇 SCI 论文;主译出版了《默克兽医手册》(1997年版)。

加强防控储备研究　保障公共卫生安全

谭树义　曹宗喜　张　艳　林哲敏

海南省农业科学院畜牧兽医研究所,海口

近年来,伴随着经济发展,生活水平提高,动物性食品需求增加,生活方式的改变,环境状况恶化以及世界贸易的增加和世界人口的流动等,给人兽共患病的传播提供了温床。在世界范围频频发生布氏杆菌病、狂犬病、禽流感等多种人兽共患病,严重威胁人类的健康和畜牧业的发展,对社会发展和稳定也有很大影响。严峻的公共卫生安全形势给兽医科研带来了新的机遇和挑战。

一、人兽共患病的现状

据 OIE 和 WHO 统计,在人类传染病中,人兽共患病占 60%,动物源性占 75%;而在动物传染性疾病中,可传染给人类的占 70%。我国已证实的人兽共患传染病约有 90 种,普遍存在并能引起人类严重临床症状的人兽共患病有 54 种之多,如狂犬病、流行性出血热、疯牛病、禽流感、戊肝、布氏杆菌病、日本血吸虫病、流行性乙型脑炎等。人兽共患病主要是通过患病动物直接传染给人或者经过蚊、蝇等生物媒介等传染给人类,威胁人类健康和生命安全。

(一) 我国的人兽共患病现状

1. 原有的人兽共患病发病率呈上升趋势

近年来,不仅大肠杆菌等细菌性疾病发病率上升,某些病毒性和寄生虫性人畜共患病的发病也出现增多。根据国家卫生和计划生育委员会的统计数据(表1),曾得到有效控制的狂犬病、布鲁氏菌病、流行性乙型脑炎、结核病、血吸虫病再度流行。狂犬病是由狂犬病病毒引起的人兽共患传染病,是迄今为止人类病死率最高的急性传染病。狂犬病曾一度得到比较好的控制,但近年来狂犬病疫情回升较快。2013 年以来,登革热疫情的报告病例数明显上升,2014 年达到 46 864 例,疫情形势比较严峻。此外,随着南水北调工程的进行,加之全球气候变暖,钉螺污染水系可能有向北扩散的趋势,曾一度平息的血吸虫病也出现回升,并且疫情形势仍十分严峻,仅 2015 年就出现 34 143 例感染。另外,布鲁氏菌病、流行性乙型脑炎、结核等曾得到有效控制的人兽共患传染病,近年来发病率也有回升趋势,连控制比较好的鼠疫也时不时地出现。

表 1　近年原有的人兽共患病发病统计

年份	狂犬病	布病	乙脑	结核	血吸虫	登革热	鼠疫
2011	1 917	38 151	1 625	953 275	4 483	120	1
2012	1 425	39 515	1 763	951 508	4 802	575	1
2013	1 172	43 486	2 178	904 434	5 699	4 663	0
2014	924	57 222	858	889 381	4 212	46 864	3
2015	801	56 389	624	864 015	34 143	3 858	0

数据来源:国家卫生和计划生育委员会的年度统计数据。

2. 新的人兽共患病病原体出现或病原体宿主谱改变

据报道,自 20 世纪 60 年代以来全世界新发现疫病达 100 余种,许多新的人类传染病与动物密切相关。马尔堡病毒、埃博拉病毒、新型汉坦病毒、亨德拉病毒、尼帕病毒、西尼罗病毒和猴痘病毒等新病原体出现或感染新宿主,造成新出现的人兽共患病毒病在世界范围内流行。这些病原体虽然在我国还未出现,但对我国的公共卫生安全造成严重威胁。

2002 年我国发生 SARS 疫情,并波及许多国家和地区,累计病例 8 476 例,死亡 874 人。1997 年香港发现 H5N1 型人禽流感,导致 6 人死亡,之后在亚洲乃至全球蔓延。2009 年发生的甲型 H1N1 流感病毒在我国造成 103 854 例病例。2013 年在我国上海和安徽两地率先发现的 H7N9 型禽流感是全球首次发现的新亚型流感病毒,截至 2015 年 12 月,全国已确诊 545 人(表 2)。除此以外,还面临着其他一些外来新病传入的危险。

表 2　近年新发的人兽共患病发病统计

年份	H7N9	人感染高致病性禽流感	甲型 H1N1 流感
2011	–	1	9 360
2012	–	1	1 072
2013	19	1	–
2014	330	3	–
2015	196	6	–

数据来源:国家卫生和计划生育委员会的年度统计数据。

注:"-"表示未统计。

（二）海南省的人兽共患病现状

1. 布鲁氏菌病

近年，在陵水（2009 年）、儋州（2010 年）、万宁（2012 年）、海口（2012 年）等地有人感染猪 3 型布鲁氏菌病的报道。黄绍明等采用琥红平板凝集试验法对2006—2010 年收集的 1 830 份动物血清进行布鲁氏菌病病原检测。结果表明：种用公母猪 365 份样品，阳性 6 份，阳性率 1.64%；奶牛 96 份，阳性 0 份，阳性率 0%；入岛生猪 1 369 份，阳性 32 份，阳性率 2.34%。种用公母猪和入岛生猪的阳性率逐年上升，给公共卫生安全带来很大的威胁。

2. 戊肝

杜丽等收集 235 份海南普通人群样品，检测结果表明戊肝总体阳性率为3.0%。王凤阳等应用 ELISA 方法，对海口和三亚的 18 个养猪场的 190 只成年猪进行了 HEV 血清学调查。结果表明：在海口和三亚地区 18 个猪场的 190 只猪中，抗-HEV 抗体阳性猪 176 只，总阳性率 92.6%。在 18 个猪场中，有 13 个猪场的阳性率在 90% 以上（其中 11 个猪场的阳性率为 100%），最低的阳性率为60%。

二、人兽共患病流行的原因

1. 人类进入新的疫源地

伴随着人类社会的发展，人类活动的范围不断扩大，增加了自然疫源性疾病传给人的机会。

2. 人口增加及流动

世界人口增加、生活都市化、居住环境缺少排污和垃圾处理设施，以及流动人口剧增、人们国际交往增加等，均使人类接触病原体或食源性危害的机会增多。同时，人类过度的开发、广泛的人口流动破坏了生态环境，导致某些传染病媒介的种群、数量及分布改变，为动物病原体提供了物种间的桥梁，进而将动物病原传给人类。

3. 畜牧业过度集约化发展

畜禽须拥有一定的活动空间，才能确保其能舒适地自由活动。但当前畜牧生产设施有碍于动物的自由活动和正常习性的表达。例如怀孕母猪有 4 个月饲养在封闭的栏架内，不能转身及前后移动等。饲料添加剂的应用促使动物超常生长，导致动物生理平衡的失调。又如在肉鸡生产中，使用高蛋白日粮和生长激素，使肉鸡在 6 周龄时就达到 2.3 kg，比 40 年前快了 2 倍，但鸡的快速增长会伴随腹水症的出现，提高了鸡的死亡率。目前的饲养方式改变了动物之间以及动物与环境之间的关系,这一改变可引起动物的应激反应,进而影响动物的免疫系统。

生产鹅肥肝需要对鹅进行强迫灌喂超过生长发育需要的饲料,这种违背动物生理规律的饲养方式给动物带来了严重的生理和心理伤害。同时,伴随着畜牧业生产规模的不断扩大和集约化程度的不断提高,畜禽饲养过程中产生大量的粪尿、有害气体、生活污水、动物机体的皮屑及这类废弃物中的各种病原微生物(尤其是人兽共患病病原)等,对其生活环境造成了严重污染。

4. 病原变异或泄露

病原微生物发生变异与进化,耐药菌株产生,使其致病性增强。缺乏严格的生物安全措施,使病原微生物或毒素无意中暴露及意外释放。

5. 环境污染

生物污染,如病原微生物、寄生虫卵、幼虫随人或动物粪便排泄,严重污染水源、环境;畜牧场、屠宰场排出的大量未经处理的污水和废弃物也是人兽共患病的重要传播途径。城市流动人口剧增、居住环境缺少排污和垃圾处理设施,也易导致生物污染而引发人兽共患病。

6. 动物迁徙

在人类栖息地周围的半野生动物(鼠、鸟等)、家畜、观赏动物等均为人兽共患病流行病学上非常重要的传染源。候鸟迁徙可远距离传播病原,病原在新的环境进行重组等变异,加速了病原的进化,可能突破种间屏障,造成新的疫情。例如 2013 年在我国出现的 H7N9 型禽流感。

三、加强防控储备研究,保障公共卫生安全

1. 建立人兽共患病的检测方法技术

针对新发传染病建立检测方法,为调查评价新的传染病奠定方法学基础。笔者所在研究团队早在 2008 年已建立了猪戊型肝炎的巢氏 PCR 方法,并在华南地区采集的 213 份病料中检测到了 13 份 HEV 阳性的病料,经测序分析,这 13 株 HEV 均属于基因 4 型。

2. 开展人兽共患病的病原学监测

疾病监测工作在医学领域和兽医学领域中占有相当重要的位置,就是在整个现代公共卫生学领域中也是重要组成部分。监测是手段,控制是目的,监测要为控制服务这一宗旨,是我国历来倡导的"预防为主"卫生工作方针的具体体现。针对感染人和禽的偏肺病毒,笔者所在研究所针对 6 个种鸡场的 1 104 份样品进行了禽偏肺病毒感染情况评价。结果显示:抗体阳性率为 96.57%(87.43% ~ 98.13%)。

3. 评估动物疫情风险

随着畜牧业生产规模不断扩大,养殖密度不断增加,畜禽感染病原的机会增加,病原变异速率加快,外来动物疫病传入风险增大,新发、再发传染病发生的可能性增大,开展动物疫情风险评估和预警是有效防控疫病的重要手段和方法。因此,要开展人兽共患病的病原学检测工作,对重点区域的病原开展致病性和基因分型研究,筛选优势菌毒株,构建疫病扩散的模型,建立病原长期定位监测数据库,为动物疫情风险评估和疫病防控提供科学依据。

4. 确保防控技术应用到位

基于防控技术的应用和普及,人兽共患病是可防可控的。畜牧从业者漠视疫苗免疫、忽略环境消毒、不注重生物安全,从事动物剖检时不采取佩带口罩、手套等防护措施,过分亲密接触动物,食用肉时不完全加热,食用奶时不完全煮沸等都是人兽共患病流行传播的重要途径。要切断人兽共患病传播,畜牧从业者和消费者首先应树立主动防控意识和积极采取防控措施,这才是最有效的方法。

四、结　语

面对兽医公共卫生学问题上的新局面、新挑战,为保障公共卫生安全,必须开展防控储备研究,建立人兽共患病的检测方法,开展病原的致病性和基因分型研究,建立预测和预警机制,为国家经济健康发展、社会安定和人民健康保驾护航。

谭树义　海南省农业科学院畜牧兽医研究所所长,研究员。从事农业科研与管理工作 30 余年,先后主持参加国家、省部和地市级科研、推广项目 50 余项。获国家科技进步奖一等奖 1 项,省科技进步奖一等奖 2 项,省科技成果转化奖一等奖 1 项,省科技进步奖三等奖 2 项,地厅级科技进步奖二等奖 2 项、三等奖 4 项。在国内外学术期刊、学术交流会上发表论文 68 篇。

澳大利亚出口活畜检疫监管措施研究

蒋　原　张　强　李　健　李春阳

上海出入境检验检疫局,上海

澳大利亚是世界上最大的活畜出口国,畜牧业在其国民经济中占有举足轻重的地位。澳大利亚畜牧业生产体系和动物疫病防控体系声誉良好,使其畜牧业在竞争激烈的国际贸易中一直处于优势地位。据统计,2014—2015 年,澳大利亚有超过 365 万头种畜、奶牛和屠宰牲畜出口到世界 32 个国家和地区[1]。澳大利亚是一个与外界大陆隔绝的岛国,在疫病防控方面有得天独厚的地理优势。加上其采取严格的边境管理措施,严格控制动物和动物产品的进口,严禁进口家畜,多年无外来动物疫病引入。澳大利亚重大动物疫病控制取得了引人瞩目的成绩,世界动物卫生组织(OIE)正式认可澳大利亚无口蹄疫、牛传染性胸膜肺炎、疯牛病、非洲马瘟和小反刍兽疫国家地位[2]。

随着我国农业供给侧改革的深入,高品质的乳制品和肉制品需要优良的品种,大量国外动物进口到我国,仅 2014 年我国从境外进口活牛 28.8 万头,其中从澳大利亚引入近 23 万头。国外优质活畜的引入,极大地改良了我国家畜的种质资源,但也增加了境外动物疫病传入我国的风险。本文从澳大利亚出口活畜的疫病控制体系入手,介绍了澳大利亚对出口动物的官方检疫监管措施,并结合境外参加产地检疫的案例,提出了降低澳大利亚进口活畜引入疫病风险的措施,为我国进口活畜的检疫监管提供参考。

一、澳大利亚动物出口法律法规

澳大利亚两级政府,即联邦政府、州和领地政府,都可以立法。各州的法可以不同,每个州都有自己行政区域内的动物疫病控制立法。联邦政府主管兽医事务的是农业和水资源部(以下简称农业部),负责全国有关兽医法律执行情况、屠宰厂以及进出口动物检疫。出口活畜的工作主要由农业部负责流程监管和出证工作,本文仅介绍联邦政府立法。主要联邦政府动物出口法律法规有:

(一)《生物安全法 2015》(Biosecurity Act 2015)

2015 年 5 月 14 日澳大利亚联邦议会通过了生物安全立法草案,6 月 16 日澳大利亚总督批准了该草案,正式成为《生物安全法2015》。经过一年过渡期准备,2016年6月14日澳大利亚农业和水资源部(DAWR)通告(2016年第54号通告),2016年6月16日起《生物安全法2015》开始实施[3]。新的《生物安全法2015》正式取代百年之久的1908年颁布的《检疫法1908》,成为澳大利亚大生物安全概念的核心法律。

《生物安全法2015》旨在支持新时期的生物安全系统,不论运输、技术或未来的挑战如何变化。该法内容包括生物安全风险管理;人类健康、生物安全风险管理;货物、生物安全风险管理;运输工具、压舱水和沉积物、生物安全风险管理;监控,控制和应对、生物安全突发事件、遵守和执行、管理和官员、其他杂项条款等共计11章,为澳大利亚政府对进入澳大利亚境内可能对动物、植物和人类健康、环境和经济造成危害的病虫害的风险管理提供一个现代化监管框架,使得以先进和迅速响应的方式管理生物安全风险[4]。

(二)《出口管制法》(Export Control Act 1982)

《出口管制法》于1982年颁布,并逐年修订,是一部出口的总法,所有货物的出口都基于这部法律。该法主要分为前言、指定货物的出口、活畜出口中批准出口计划的兽医的认证、执行权限、官方标志和贸易描述、其他杂项条款六大章。该法特别对合格活畜出口过程中出口计划批准兽医的官方授权、授权兽医在出口过程中的职责以及违规的惩处作了明确的规定,授权兽医可对批准出口程序的准备、已批准出口程序的执行、变更、暂停和取消。批准出口计划可由授权兽医或授权官员来执行,确保出口过程中活畜的卫生状况和动物福利符合要求[5]。

(三)《出口管制(动物)细则2004》[Export Control(Animals)Order 2004]

《出口管制(动物)细则2004》是根据《出口管制实施条例(细则)1982》[Export Control(Orders)Regulations 1982]的规定颁布的。颁布以来,前后经过了11次修订,目前版本是2016年修订的[6]。该细则以活动物和动物繁殖材料为出口管制对象,包括以下内容:① 根据批准出口程序准备活畜出口,其中对出口意向通知书(notices of intention to export,NOI)、货物风险管理计划(consignment risk management plans,CRMP)、出口商供应链保证系统(exporter supply chain assurance systems,ESCAS)、隔离场的注册等环节的批准审核做了规定;② 海运活畜的出口;③ 活畜的其他出口;④ 动物繁殖材料的出口;⑤ 活畜出口兽医的认可;⑥ 审查;⑦ 其他条款。

该细则明确了只有通过澳大利亚农业部注册的出口商方可从事家畜的出口活动;出口商对每批出口的家畜负责,农业部兽医官员只有认为符合进口国家的要求时才会签发卫生证书和出口许可证书。该细则是澳大利亚《出口管制法》关于活畜及其繁殖材料出口的实施细则。

（四）《澳大利亚肉类和家畜工业法》(Australian Meat and Livestock Industry Act 1997)

《澳大利亚肉类和家畜工业法》颁布于 1997 年,目前已经过 19 次修订,包括前言、肉类和活畜出口的控制、澳大利亚活畜出口法规、行业营销和研究机构以及批准捐助者、其他条款五章[7]。该法确定了与澳大利亚出口活畜有关的原则,这些原则包括:① 出口所涉活动的规划;② 活畜的来源;③ 活畜的饲养,直到到达海外目的地;④ 对活畜的处理,直至到达海外目的地;⑤ 澳大利亚境内活畜的运输;⑥ 澳大利亚出口启运之前家畜装运;⑦ 将活畜装载到从澳大利亚港口启运的船只或飞机上;⑧ 将活畜从澳大利亚运往海外目的地;⑨ 与从活畜出口计划到海外目的地交货过程中的任何阶段有关的任何其他事项。

（五）《澳大利亚出口活畜标准》(Australian Satndards for Export of Livestock, ASEL, 2011 年, 2.3 版)

《澳大利亚出口活畜标准》是一个出口活畜的标准汇编,相当于我国的操作规程,覆盖了澳大利亚目前主要可出口的绵羊、山羊、牛、骆驼、羊驼、水牛和鹿 7 种动物,包括农场挑选出口动物、活畜的陆地运输、隔离场内家畜的管理、运输船只的准备和装载、活畜的海上运输管理、活畜的航空运输 6 个与出口活畜环节紧密相关的标准操作程序,为活畜出口行业提供了一个基本的动物卫生和动物福利要求[8]。

二、出口动物的检疫监管

澳大利亚联邦政府农业部主管动物检疫、国际动物卫生事务以及国内兽医事务的协调;州和领地政府农业部门主管辖区内动物疫病的控制和根除工作;澳大利亚动物卫生协会(Animal Health Australia, AHA)是一个非营利的公益性组织,推进、管理和评估国家动物疫病管理方案,并与行业机构保持联系,以促进澳大利亚畜牧业可持续性发展。出口动物的监管由农业部驻地区的机构负责,其他机构在动物疫病的控制和动物流动管控上协同农业部做好兽医事务工作。

（一）农业部门主导的出口监管

联邦政府农业部是澳大利亚动物卫生最高管理机构,农业部内设机构中负责动物卫生的部门为动物生物安全司(包括动物生物安全处、动物和生物制品进口评估处、动物卫生政策处),负责活畜出口的部门是出口司(出口标准处、活动物出口处)。

农业部主要负责国际、国内动物卫生事务,国家间双边动物卫生检疫条款的协商,在活畜出口中的职责是通过文件审查、动物临床检查来确保出口商出口的活畜符合进口国的要求和 ASEL 的要求;出口过程中,农业部兽医官员会参与其认为有必要的出口环节,如检疫计划的签署、出口前临床检查、出口前监督装运等;对符合要求的出口商签发出口许可证,对满足澳大利亚及进口国要求的出口活畜签发国际兽医卫生证书。

出口活畜的过程中,农业部还有以下三个职责对保证出口活畜的质量至关重要。

1. 监管出口商

出口商是活畜出口活动的责任人,是所有出口程序的执行者。出口商必须保证出口动物满足澳大利亚动物卫生和动物福利体系的要求,包括联邦政府、州和领地的相关要求。出口商也必须保证出口动物符合进口国家的卫生要求,比如对动物来源农场资质的要求。出口商还必须保证出口的家畜满足进口合同规定的相关规格要求,如动物的性别、年龄、异性双生(free martin)等合同约束条款。出口商也应该为动物运输负责,包括防止动物外伤、减缓运输过程中动物应激等。

农业部通过核准澳大利亚出口商执照来对出口商进行管理,违规的出口商会被警告、暂停出口业务,直至撤销出口执照。农业部还有一个重要的职责就是调查活畜出口过程中任何可能违规的案例。如果出现出口商违反双边检疫条款或隔离动物出现异常死亡的情况,农业部兽医官员需要介入调查。调查的目的是为了保证出口活畜健康,规范出口活畜的市场秩序,并实施纠正措施以防止再犯(包括在出口商的执照和出口许可证上注明条件,加强监管,或采取其他必要措施)。

2. 注册农场

农业部负责对注册农场(registered premises)进行审查并登记注册。每一个注册农场都有唯一的注册号(property identification codes,PIC),通过 8 位数字和字母的编码来对动物来源农场进行识别。根据中澳双边检疫条款和 ASEL 要求,出口商需要对农场检疫合格的动物集中进行隔离检疫。注册农场经营者如果想将农场注册成为隔离场,需提交操作手册给联邦政府农业部,对其场所符合 ASEL 的"隔离场内家畜的管理"进行详细介绍,包括疫病暴发的应急处置计划。农业部活动物出口处同意注册会签发隔离场注册证书,并对隔离场的管理提出要求。

澳方认为中澳检疫条款中的隔离场,对于海运出口的动物,隔离场即为注册农场,注册有效期是一年;而空运出口的隔离场为检疫核准农场(quarantine approved premises,QAP),农业部QAP操作官员现场对空运动物隔离场检查核准,一次核准一次有效。

澳大利亚出口活畜的隔离场,都是私有化的注册农场,没有动物饲养圈舍,全部为露天饲养,加装隔离护栏、动物保定通道和装卸平台即成为隔离场。隔离场经营者对隔离场的设计、维护、安保和使用负责。出口商可以使用自己控制的隔离场或租借他人的隔离场。澳大利亚动物卫生生物安全环境好,出口动物隔离场远不如国内的国家隔离场或指定隔离场管理规范。

3. 认可兽医

澳大利亚出口活畜过程中,政府官方兽医只负责关键环节的监管,其他兽医事务都由出口商聘请注册兽医(registered veterinarian,RV)或澳大利亚政府认可兽医(Australian Government accredited veterinarian,AAV)来具体操作执行。澳大利亚政府认可兽医是通过《出口管制(动物)细则2004》来管理实施。根据该细则,在澳大利亚一个州或领地的注册兽医、兽医从业者或兽医临床人员,在申请认证成为AAV之前,必须完成"澳大利亚兽医认证培训计划的初始认证培训计划"和"澳大利亚政府认可兽医计划"两个培训计划。申请兽医递交的申请书经由农业部出口司活动物出口处的责任兽医官代表农业部部长审核批准后,给申请兽医发送认可通知书,并在农业部网站对AAV名单进行更新。AAV的认可从认可通知之日起为期一年,除非认证根据兽医的要求提前撤回或被撤销。每年需要重新认可。

AAV依据《出口管制法》为出口商提供兽医服务,AAV可在核准的出口方案下提供出口前准备服务,或在核准的出口方案下提供运输船上服务,或两项服务都提供。通常会和出口商签订服务合同。AAV资质虽由联邦政府农业部审核,但不属于官方兽医,不受政府聘用。AAV的职责是根据澳大利亚相关的法规和进口国的要求(双边条款),负责核定出口商的出口计划,并按照计划的规定为出口商进行出口活畜的免疫、治疗、采血检测和准备等系列工作。如果AAV随轮船或货机运输活畜前往出口国,在运输途中有责任向农业部报告押运活畜的相关情况。

(二)官方认可实验室的检测

澳大利亚农业部取消了对出口动物检测实验室的批准审核,农业部和澳大利亚国家检测机构协会(NATA)签订了合作谅解备忘录,以保证NATA认可的实验室符合国际标准(ISO/IEC 17025)并能提供高水准的实验室检测服务。获得 NATA 认可的相关实验室均可开展出口动物的实验室检测工作,不论是官方实验室还是私立实验室,只要出口条款要求检测项目获得 NATA 认可,即可从事出口动物的检测业务。相关实验室对检测报告负责,农业部认可各实验室的检测报告。

(三)国家动物卫生监测计划

澳大利亚动物卫生协会(AHA)代表澳大利亚联邦政府、州和领地政府以及澳大利亚畜牧业及服务提供商的最高国家委员会等会员的利益,协调和管理了60 多个与动物生物安全、卫生和福利有关的国家项目[9]。实施了一系列国家动物卫生和监测计划,如全国动物卫生信息系统(national animal health information system,NAHIS)、澳大利亚野生动物卫生网络(Australia wildlife health network)、国家虫媒病毒监测计划(national arbovirus monitoring program,NAMP)、澳大利亚北部检疫部署(Northern Australia quarantine strategy,NAQS)、传染性海绵状脑病国家监测计划、国家残留调查(national residue survey,NRS)和布鲁氏菌病监测等,形成了覆盖全国的动物卫生监测网络。其中 NAMP 涉及澳大利亚存在的虫媒病主要是蓝舌病和赤羽病。随着全球气候变化,澳大利亚虫媒的活动范围一直在南移;我国进口澳大利亚反刍动物的检疫条款对蓝舌病有严格要求,认为虫媒活动地区即为蓝舌病潜在疫区,进口动物必须从蓝舌病非疫区挑选动物。NAMP 通过在哨兵牛群中进行血清学监测,对牛群进行策略性血清学调查和捕获昆虫媒介,在澳大利亚各州和领地收集数据,录入 NAMP 数据库,用于开发蓝舌病毒区域地图[10]。NAMP 每年会根据虫媒监测情况,在其官方网站更新NAMP 地图,该地图作为蓝舌病疫区和国际贸易中农业部官员出具兽医卫生证书的依据。

(四)国家家畜识别计划

国家家畜识别计划(national livestock identification scheme,NLIS)是澳大利亚识别和追踪牲畜的计划。NLIS 提高了澳大利亚对食品安全或动物疫病事件迅速做出反应的能力,以保持对主要出口市场的准入[11]。

所有的牛、绵羊和山羊农场主必须标记识别饲养的动物,并把这些动物进出养殖农场的移动记录录入 NLIS 数据库。其他所有的移动包括进入和离开牲畜交易市场、进入屠宰场都需要进行记录。当对一种家畜完整执行记录登记后,NLIS 数据库就涵盖了动物全生命周期数据,这样就可以对动物进行个体和群体的识别。动物的移动信息由生产者(农场主)、市场交易员、活畜代理或处理员记录移动文件并递交给 NLIS 系统。为了食品安全、产品征信和市场准入,可以执行从出生农场到屠宰场对动物进行全链条追溯。NLIS 数据库中查到登记动物的移动轨迹,对出口家畜身份的调查起到关键性作用。

牛的 NLIS 身份识别使用经批准的射频识别(radio frequency identification, RFID)芯片装置和带有唯一识别码的装置,动物出生后标识电子耳标或瘤胃推注柱状电子装置,这两种电子标识都可以通过手持式读取仪或通道嵌板式读取仪快速扫描读取数据。据测试,每年电子标识丢失的比例不超过 1%,数据比较可靠。NLIS 数据库包括电子标识生产数据、饲养者数据、交易市场数据、育肥场数据和屠宰加工厂数据,可报告具有不同 PIC 的农场之间牛的所有移动。

绵羊和山羊 NLIS 识别是基于动物群系统的追踪绵羊和山羊的系统,于 2006 年 1 月 1 日推出,使用印有 PIC 的可识读耳标。动物群移动时发货人还需提供用于识别和跟踪的移动证明文件。

四、澳大利亚活畜出口程序

2015—2016 财年澳大利亚家畜出口产业产值超过 178 亿澳元,是澳大利亚非常有价值的行业[12]。澳大利亚出口活畜的指导原则是:活畜出口链上所有的环节都应该考虑动物健康和动物福利;所有的参与者都应为动物健康和动物福利负责;出口环节的动物健康和动物福利与澳大利亚国内的一致;出口家畜应满足本国动物健康和动物福利以及进口国的相关要求;活动物的出口应建立在风险分析的基础上。联邦政府农业部通过流程控制动物卫生和动物福利风险,活畜出口操作流程为如下。

(1)具有出口活畜资质的出口商准备 NOI 和 CRMP 材料并向联邦政府农业部提交。

(2)联邦政府农业部审核并出具托运物的批准书,活畜出口活动正式展开。

(3)出口商从生产商(一般指农场主)处购买出口动物,标识出口耳号,扫描核对电子耳号,RV 或 AAV 开始农场检疫,按议定书要求采血送实验室检测。参与农场检疫的动物出口商需向农业部地区机构提交电子耳号和农场信息,经农业部地区官员审核来源农场资质文件合格后,农场检疫合格送隔离场集中隔离检疫,隔离检疫期间按要求采血送实验室检测,开展疫苗的免疫接种以及其他疾病的药物预防性治疗。

(4)联邦政府农业部核发出口许可证和核准出口计划。

(5)农业部驻地区兽医官员开展出口前最后临床检查,检查动物健康和动物福利,审核运输工具的消毒文件。

(6)机场、港口监督装运,农业部驻地区兽医官员出具兽医卫生证书。

相比进口动物的严格监管而言,澳大利亚出口动物监管也算相对宽松。

五、关于降低我国从澳大利亚进口活畜引入疫病风险的思考

我国对进境活畜有着严格的规定,与外国签订的进口活畜双边检疫议定书中明确规定只有境外检疫最终符合要求的动物才被允许进入我国。虽然澳大利亚有多部法律法规和出口标准规范活畜出口工作,但执行的过程主观上存在"严进宽出"的思维,而国外出口商更是利益至上,存在弄虚作假、以次充好等现象,极大地增加了疫病传入我国的风险。根据国家质检总局与澳大利亚农业部签订的双边检疫条款要求,明确提出"中方派出兽医人员到输出动物的农场、有关隔离场和实验室配合澳方的兽医人员对出口动物开展检疫出证工作",赋予了我预检兽医对澳方工作进行监督的权利。我国长期坚持实施预检兽医制度,最大程度地降低了国外动物疫病传入我国的风险。根据预检过程中发现的各种问题,对于澳大利亚出口我国活畜尚需在预检过程中加强以下方面的监督。

(一) 加强对 AAV 的监督

《出口管制(动物)细则 2004》规定了 AAV 的职业行为守则,AAV 必须将动物健康和动物福利置于出口商的利益之上,违规的 AAV 会被调查,暂停或撤销 AAV 认可。但 AAV 与出口商之间是聘用关系,存在利益关系,在关键时刻会站在相关利益方的立场上说话。出口动物检疫工作中,临床检查有瑕疵的动物淘汰标准上存在分歧时,AAV 会帮助出口商解释说情;出口商出现违反检疫条款行为时,AAV 也会帮忙包庇掩盖违规行为;为了赶工作进度,AAV 甚至敷衍预检兽医的工作。AAV 存在打擦边球的行为,其服务质量对降低引入疫病的风险很重要。加强对 AAV 工作的监督,对 AAV 违规情况除向主管部门通报外,还应对其聘用出口商进行警告。

(二) 实验室的检测服务

NATA 认可的实验室都可以参与出口动物测试服务,农业部不指定测试实验室。一般情况下,私立实验室在测试市场竞争中,为迎合客户,可以加班赶进度,检测工作完成快,受出口商欢迎。但为追求利益最大化,私立实验室实验环境条件相对简陋,检测人员短缺,不规范操作时有发生。官方实验室相对正规,但检测完成时间难以保证,晚出具报告一天,出口商损失大,预定的运输船停泊在码头,动物放在隔离场不能装运,所有的费用都需要出口商承担。近年我国预检兽医发现的检测问题基本都集中在私立实验室上,为节省成本,检测工作质量难以保证。质检总局与澳大利亚农业部沟通,加强了检测实验室的监管。

（三）充分利用 NLIS 系统

澳大利亚 NLIS 系统,是为了在动物疫病、肉类安全、产品诚信和市场准入等方面进行追溯和管理而建,目前不仅涵盖了所有牛的信息,还包含了绵羊和山羊的信息,同时还有农场信息和存栏信息,是澳大利亚畜牧业基础数据库。澳大利亚政府不会向第三方开放数据库权限来查询动物移动信息。农业部官员会对出口商的动物来源采取抽查的方式,对中方动物检疫条款中关于蓝舌病疫区的限制进行验证,抽检按比例进行,存在漏检可能性。建议我国预检兽医对实验室检测结果异常的动物来源农场,多与农业部兽医官员沟通,加大抽查力度,打击出口商从蓝舌病疫区调运动物到非疫区再出口中国的违规行为。经过国家质检总局的努力,澳大利亚农业部对发现调运动物的违规出口商已采取警告、暂停出口执照等措施,从源头上降低了动物疫病传入我国的风险。

参 考 文 献

［1］ The Australian Livestock Export Industry. Livestock export tatistics ［EB/OL］. ［2017-04-13］. http://auslivestockexport.com/trade-statistics.

［2］ World Organization for Animal Health. Official disease status ［EB/OL］. ［2017-04-13］. http://www.oie.int/animal-health-in-the-world/official-disease-status.

［3］ Australian Government Department of Agriculture and water Resources. Biosecurity act 2015 ［Z］.

［4］ Australian Government Department of Agriculture and Water Resources, Australian Government Department of Health. Biosecurity act 2015 ［Z］.

［5］ Australian Government Department of Agriculture and Water Resources. Export control act 1982 ［Z］.

［6］ Australian Government Department of Agriculture and Water Resources. Export control (animals) order 2004 ［Z］.

［7］ Australian Government Department of Agriculture and Water Resources. Australian meat and livestock industry act 1997 ［Z］.

［8］ Australian Government Department of Agriculture, Fisheries and Forestry. Australian standards for the export of livestock (Version 2.3) 2011 and Australian position statement on the export of livestock ［M］. Canberra:Commonwealth of Australia,2011.

［9］ Animal Health Australia. Who we are ［EB/OL］. ［2017-04-13］. https://www.animal-healthaustralia.com.au/who-we-are.

［10］ Animal Health Australia. National arbovirus monitoring program ［Z］.

［11］ The NSW Department of Industries. National livestock identification system ［Z］.

［12］ Australian Government Department of Agriculture and Water Resources . Livestock ［EB/

OL]. [2017-04-13]. http://www.agriculture.gov.au/export/controlled-goods/live-animals/livestock.

蒋原　1964 年生,上海[ ]入境检验检疫局副局长、研究员。主要从事进出境动物检疫、食源性病原微生物、转基因产品检测和食品中非法添加及残留物快速检测等方面的研究。食品安全国家标准审评委员会委员、中国兽药药典委员会委员、国家质检总局食品检测专业委员会副主任委员、国家认证认可监督管理委员会食品化妆品检验标准化技术委员会副主任、合肥工业大学"黄山学者"特聘教授、扬州大学兼职教授、南京农业大学省级"肉类生产与加工质量安全控制协同创新中心"PI、中欧地平线项目(食品安全)食源性微生物负责人。主持及参加国家级、省部级科研项目 30 多项,制定标准 20 余项。获国家科技进步奖二等奖 1 项、省部级科研奖励 20 余项。发表论文 30 多篇,主持和参与编写著作 10 余部。

鸟与蝙蝠携带的人兽共患细菌性病原

郭学军　周　伟　张锦霞　祝令伟

军事医学科学院军事兽医研究所,长春

目前,人类活动已经逐渐延伸到野生动物栖息地,使人与野生动物的接触更加频繁,而野生动物是"病原的天然储存库",绝大多数新发传染病都来自野生动物,所以这种接触使人类将面临更多人兽共患病的威胁。鸟和蝙蝠有许多共同特点,它们活动范围广,影响范围大,可以"无视边境"的存在而自由地来去飞行,而且与人类的生活环境有密切接触。随着 SARS、禽流感和埃博拉等疫情的暴发,蝙蝠和鸟作为重要的病原储存宿主及传播者而备受关注。目前对鸟和蝙蝠传播人兽共患病的研究主要集中在病毒病,由于细菌性传染病多呈散发性,其造成的社会影响和经济损失相对较小,人们的重视程度不高。实际上,细菌性传染病在外来人兽共患病中同样占据着重要的地位,且随着气候变暖以及人流和物流的增加,细菌对各种生态环境的适应程度也不断发生变化,病原菌也会出现新的特点,细菌病的传染源、传播途径和易感动物也在发生变换。外来人兽共患致病菌和各种细菌耐药基因可随着各种载体进入国境,成为国家生物安全和公共卫生安全的重大隐患。

一、影响鸟和蝙蝠传播人兽共患病病原的因素

鸟和蝙蝠肠道病原体的多样性与其采食种类与采食习惯有关,但实际上我们对这些病原的真实生态背景以及病原在鸟/蝙蝠、其他动物(家畜、宠物)和人三者之间的传递过程和机制知之甚少,而这些却是影响病原扩散的重要因素,如某些对人和动物致病的细菌(巴氏杆菌、沙门氏菌和耶尔森氏菌等)对蝙蝠也有致病性;而某些把蝙蝠作为宿主的病原体(巴通体、钩端螺旋体和伯氏疏螺旋体等)仅对其他动物和人类有致病性。要全方位了解鸟/蝙蝠从环境中获得致病菌后对其本身的影响,就要了解正常状态下其肠道菌群的组成及相互作用的情况,进而了解宿主对致病菌的易感性;同样,了解了非致病菌的传播机制也可以了解致病菌的传播动力学。影响鸟/蝙蝠传播病原菌的因素主要有两方面,即暴露环境和易感性:暴露环境因素有很多,比如生活史、群体生活特性、性别、年龄、体重等,还包括群居密度、环境中病原分布是否均匀、病原密度和毒力等,也受到鸟/

蝙蝠彼此间相互接触程度的影响;而固有免疫和获得性免疫水平会影响到个体对病原的易感性。准确检测到病原体及其丰度也会受到检测方法的敏感性、特异性、样品处理方法的偏差和样本数量的影响。

鸟和蝙蝠对多种人兽共患病原体具有易感性,所以它们可以将这些病原扩散到人和家畜当中,近些年发生了多起由野鸟和蝙蝠导致的人兽共患病的暴发和流行,如甲型流感和埃博拉等。多种鸟和蝙蝠可以成为多种病原体的储存库,并通过它们直接传播到人类和家畜;也可以通过蚊虫叮咬,将携带的病毒扩散到其他鸟类和物种,如西尼罗病毒等。研究鸟和蝙蝠携带与扩散细菌性病原体对研究外来病有着重要意义。而且,由于目前还没有发现鸟和蝙蝠可以携带烈性细菌病原体,所以,以细菌为模式病原研究鸟/蝙蝠传播扩散传染病的机制也有着更为安全的优势。

目前的研究主要针对已知的、对人和动物有较大威胁的病原菌,包括哪些鸟/蝙蝠容易带菌、它们携带病原菌的比率如何,比如海鸥携带沙门氏菌、空肠弯曲菌和大肠埃希氏菌的情况等。其主要研究方法是从觅食生态学出发,但是这只能知道哪些肠道菌容易使鸟类致死,不能说明这些细菌的真实来源;而且由于没有对处于隐性感染个体进行检测,所以不能提供这些细菌在健康鸟中的信息,进而低估了其作为病原携带者的作用。由于对家禽肠道菌群的组成和传播致病菌的方式等已有较为广泛和深入的研究,虽然不能完全通过这些数据推断野生鸟的情况,但可以借鉴这些数据来对野生鸟进行分析。

二、鸟中的病原菌

从1970年至今为数不多的研究报告中发现,多数雁形目候鸟(黑头欧、疣鼻天鹅等)、麻雀、啄木鸟和鸽子等都可携带包括沙门氏菌、空肠弯曲菌、大肠埃希氏菌、李氏杆菌、小肠结肠耶尔森氏菌、葡萄球菌等多种致病菌,甚至霍乱弧菌,但所报告的携带率数据差别较大,如棉拭子中空肠弯曲菌携带率为4.2%~79.6%、沙门氏菌携带率为0.17%~22.2%。由于大多数鸟携带的病原菌是用传统方法鉴定的,而且样本数量小、没有统计学数据,所以不能反映其真实情况。另外,这些研究也仅集中在常见的、已经研究得较为清楚的人肠道病原,所以这些数据具有局限性。

(一)肠道病原菌

(1)沙门氏菌。无论是健康还是发病死亡的鸟都可以携带多种血清型的沙门氏菌,其中,鼠伤寒沙门氏菌最为常见,它可以致死凤头潜鸭、麻雀、八哥等,鸡白痢沙门氏菌可以降低野鸡孵化率、增加雏鸡死亡率,带菌禽卵可以感染人类,造成沙门氏菌食物中毒。

（2）肺炎克雷伯氏菌。该菌是常见的由禽类携带的致病菌,但是还没有引起鸟类发病的报道,该菌是人类临床感染的常见重要病原菌。

（3）大肠埃希菌。多种健康或发病鸟都可以携带不同致病力的大肠埃希菌,高致病性菌株可导致人出血性结肠炎、溶血性尿毒症和血小板减少性紫癜等。

（4）绿脓假单胞菌。该菌是一种禽类常见致病菌,主要侵害上呼吸道,造成鼻炎、鼻窦炎和咽喉炎,是人烧伤感染的常见菌。

（5）球菌。在多起败血死亡的鸟中分离到了不同种的链球菌和肠球菌。而金黄色葡萄球菌病是一种家养禽类的常见病,可导致禽发生骨髓炎、关节炎和肌腱炎,也是人食物中毒和临床感染的常见菌。

（6）耶尔森氏菌。一般认为鸟是假结核耶尔森氏菌和小肠结肠炎耶尔森氏菌的重要储存宿主,鸟类极有可能向人和其他哺乳动物传播该菌,导致受感染的人和动物发生腹泻。

（7）空肠弯曲杆菌。由于鸟类具有高体温(42 ℃)环境,使之成为空肠弯曲杆菌理想的宿主。多数健康鸟可携带胎儿空肠弯曲杆菌,说明该菌可能是多种鸟中的一种肠道常在菌。该菌在肠道内的定植与宿主生活环境和采食习性有关,例如在多数食昆虫和食草的鸟中极少检出空肠弯曲杆菌,而该菌在猛禽、食腐性鸟类和地面觅食类鸟中的检出率很高。人类食用未完全煮熟的被该菌污染的禽类制品可致病。该菌已成为世界范围内最常见的致泻病原。空肠弯曲杆菌可以在水中和土壤表面存活,海鸥和鸽子是其重要传播者。

（8）单核细胞增多性李斯特菌(李氏杆菌)。该菌可在 4 ℃条件下存活,广泛存在于自然环境中,容易经采食进入鸟等宿主体内。李氏杆菌可使禽类发病,表现为精神沉郁、停食、下痢等症状,多在短时间内死于败血症。人类食入未经完全蒸煮的被该菌污染的肉制品会发生中毒,表现为肌肉和颈部肌肉疼痛、抽搐,胃肠炎和流产。

（9）产气荚膜梭菌。该菌是另一种在环境中广泛存在、对禽类有致病性的肠道常在菌,可致火鸡和雏鸡发生急性或亚急性疾病,也可通过食物链从禽产品传染给人类,引起梭菌性食物中毒。

（二）非肠道病原菌

（1）鹦鹉热衣原体。该菌是一种主要感染禽类的人兽共患病病原菌,该菌主要在不同种类的鸟之间传播,偶尔由带菌动物传染给人和其他哺乳动物。不同鸟感染的菌株毒力有所不同。鹦鹉热可以表现为亚临床感染,也可以表现为高致病、高致死性,有时可对鸟群或鸡群造成毁灭性伤害。该菌可通过呼吸、眼睛或消化道感染,还可以通过卵传播,吸血昆虫也有助于其扩散。流动野鸟是衣原体的重要储存宿主,常见的携带者为鸽形目、雀形目和雁形目的鸟类。发病鸟和亚临床感染鸟都可以传播病原,对人和其他动物是一种潜在威胁。人鹦鹉热是一种典型的吸入性感染疾病,所以患者多有活禽接触史,如鸟类饲养和贩卖者、兽医、饲养场和屠宰场人员。

（2）肉毒梭菌。该菌产生的毒素对禽类具有神经麻痹作用,是食物中毒致死的原因。肉毒素分为 A 到 G 共 7 个型,C 型对鸟类有致病作用,其中水禽和鸻鹬类发病最多,蛆虫可以寄生于死于肉毒梭菌中毒的鸟的尸体中,而其他鸟类吃了这些蛆虫,就会导致大面积暴发食物中毒,海鸥、潜鸟和水鸟会由于食入被 E 型毒素污染的鱼而发病。由于肉毒梭菌的芽胞可以在沼泽湿地中存活多年,所以鸟类会频繁发生这类疾病。

（三）蜱传病原菌

从迁徙鸟中已经检测到可使人类发生莱姆病、立克次体病和人埃里克体病等的病原。由于栖息在蜱的生活区,所以鸟容易受到蜱叮咬,而蜱携带的病原体,如立克次体等,就会随着鸟的飞行将病原扩散。但鸟类参与埃里克体病传播的机制目前还不清楚。莱姆病是由伯氏疏端螺旋体所致,可以通过硬蜱在动物和人类之间传播,硬蜱最喜叮咬在鸟体表,它们需要在宿主身上经过 24~48 h 完成吸血,这期间蜱可以随着鸟迁徙数百甚至上千公里到达一个新的区域,而后才从宿主鸟身上掉落,再将病原带到新的地方并传播到新的宿主,已经从在海鸥身上的蜱中检测到莱姆病病原体。虽然每只鸟所携带的蜱数量较少,但可以在当地的蜱种群中扩散,从而加速疾病的传播过程。无病原蜱也可以通过叮咬获得鸟血液中的病原而成为带菌蜱。由此可见,鸟类不仅具有保存伯氏疏螺旋体的作用,而且通过迁徙加速了该病在世界各地扩散。

（四）野鸟携带的耐药菌

细菌耐药性已成为当今世界的一个重要的公共卫生问题,不仅人和动物,野生动物目前也可以携带多种耐药菌。研究表明,通过采食,很多候鸟已经获得了携带超广谱 β-内酰胺酶（ESBLs）耐药基因的耐药菌;这些耐药菌不仅可以携带某些固有耐药基因（如候鸟肠道中的蜂房哈夫尼亚菌染色体上携带的 AAC-1 基因）,更需注意的是,一些在人和动物中常见的耐药基因（如肠杆菌科细菌携带的质粒型 ESBLs 基因 CTX-Ms）在鸟肠道内可以发生跨越种属的基因水平转移,将耐药基因传递给非肠杆菌科的细菌,如耶尔森氏菌科的水生拉恩菌（NIH 分类)产生了具有 ESBLs 表型的水生拉恩菌。这些新型耐药菌也必将随着候鸟的迁徙扩散到世界各地。

三、蝙蝠携带的病原菌

蝙蝠是哺乳动物中仅次于啮齿目动物的第二大类群,为翼手目,现发现有 19 科 185 属 962 种,而且还在不断发现新的种,除极地和大洋中的一些岛屿外,遍布全世界。蝙蝠具有很多特性,如寿命长,在觅食期尤其是季节变化时可长距离迁徙,栖息地广。由于蝙蝠的栖息地常在人类的生活区附近,且很多携带病原体(包括各种细菌、病毒和寄生虫等),其是多种病原体的储存器,在人兽共患细菌病的传播中扮演重要角色。蝙蝠的群居特性使病原菌能在同群个体中发生接触传播;蝙蝠更换栖息地和远距离迁徙可导致不同蝙蝠种群来源的病原菌交叉扩散;冬眠状态下的蝙蝠免疫力低下,为嗜冷菌(肠致病性耶尔森氏菌等)的侵袭创造条件,复苏后会携带多种病原菌;觅食过程是蝙蝠获得和传播病原的关键环节,所以不同食性的蝙蝠携带病原菌的差异较大。

近些年,有关蝙蝠携带的病原体本底信息、传播机制及影响因素的研究日益增多。研究表明,蝙蝠是多种人兽共患传染病病原的中间宿主,在觅食和栖息过程中,能通过粪便、体液和抓咬等途径将体内病原向人、家畜和野生动物传播。随着高通量测序技术和病原分离培养技术的发展,蝙蝠携带的新人兽共患传染病病原不断被发现,现已成为科学研究和疫病一体化防控的热点。蝙蝠携带人兽共患细菌性病原主要包括:肠道病原菌和节肢动物源性病原菌。肠道病原菌主要包括沙门氏菌、志贺氏菌、耶尔森氏菌、梭状芽胞杆菌和空肠弯曲杆菌等;节肢动物源性病原菌主要包括巴尔通体、立克次体、疏螺旋体和钩端螺旋体等。上述病原菌能导致蝙蝠、人类和其他动物患病,但还不了解其交叉感染、跨种传播的机制和规律。

(一)肠道病原菌

沙门氏菌,是人和动物的肠道致病菌,也是全球公共卫生部门的重点关注病原。在健康和患病蝙蝠样本中分离到多种血清型的沙门氏菌,尤以蝙蝠科、犬吻蝠科、叶口蝠科、狐蝠科和兔唇蝠科分离率较高。分离株都具有宿主广泛性,可感染人类。在靠近居民区的患病蝙蝠组织样本中分离获得了肠炎沙门氏菌和鼠伤寒沙门氏菌,它们对人和动物都具有很强的致病性。在多个地区的蝙蝠样本中还发现了非伤寒沙门氏菌,其中包括人类临床少见的加拉加斯沙门氏菌和兰达夫沙门氏菌。

细菌性痢疾是重要的人兽共患食源性传染病,该病病原包括痢疾志贺氏菌

（A 群）、福氏志贺氏菌（B 群）、鲍氏志贺氏菌（C 群）和宋内氏志贺氏菌（D 群），能导致灵长类动物和人的胃肠炎或严重痢疾。在蝙蝠科、犬吻蝠科和吸血蝠亚科等蝙蝠肠道样本中，B 群、C 群、D 群志贺氏菌的分离率约 3%，因此说蝙蝠是志贺氏菌重要的中间宿主。

耶尔森氏菌的宿主范围宽、地理分布广，主要包括小肠结肠炎耶尔森氏菌和假结核耶尔森氏菌，对人和动物健康具有潜在威胁。从野生动物和家畜样本中分离到耶尔森氏菌的报道较多，但研究蝙蝠携带耶尔森氏菌的数据较少。波兰的一项研究发现，70 份大鼠耳蝠粪便样本的耶尔森氏菌阳性率高达 35%。由于蝙蝠具有冬眠习性，患病死亡个体尸体腐烂较快，导致相关研究数据较少。但已有研究证明，假结核耶尔森氏菌对蝙蝠具有致病性。

蝙蝠可以携带空肠弯曲杆菌。蝙蝠的觅食习性与鸟类有相似之处，这就决定了其也成为空肠弯曲杆菌的重要储存宿主，只是在已有的蝙蝠样本中分离率不高，目前还没从多种不同食性的蝙蝠样本中成功分离到空肠弯曲杆菌，所以对蝙蝠携带空肠弯曲杆菌的了解较少。另外，在蝙蝠样本中还分离到大肠埃希菌、弧菌和梭状芽胞杆菌等肠道共生条件致病菌，它们是人出血性腹泻和肠道外细菌感染的重要病原。

（二）节肢动物源性病原菌

吸血节肢动物是人和动物细菌性病原的重要中间宿主，它们通过叮咬已经感染的个体获得病原菌，在营寄生过程中不断更换宿主，导致病原菌扩散传播。大量研究表明，从蝙蝠科、蹄蝠科、髯蝠科、筒耳蝠科、鞘尾蝠科、叶口蝠科和狐蝠科的蝙蝠体表或其栖息洞穴中已经发现感染巴尔通体、立克次体和疏螺旋体的软蜱及其他多种吸血节肢动物。经血清抗体检测，在蝙蝠中检出回归热疏螺旋体、斑疹伤寒立克次体、斑点热立克次体的阳性率为 1.1%~12.9%。患病蝙蝠及其携带的吸血节肢动物是巴尔通体、立克次和疏螺旋体等在人、家畜和蝙蝠之间跨种传播的重要风险因素。

钩端螺旋体是人和动物重要的细菌性病原体，啮齿类动物是钩端螺旋体的重要中间宿主。蝙蝠携带钩端螺旋体检出率可高达 35%。蝙蝠主要通过尿液污染环境引起钩端螺旋体流行。不同科的蝙蝠对钩端螺旋体的易感程度有较大差异，其中叶口蝠科最易感，蝙蝠科和犬吻蝠科偶有发现。栖息地和气候环境是影响钩端螺旋体感染蝙蝠的重要因素。在澳大利亚，狐蝠肾脏和尿液样本中致病性钩端螺旋体检出率分别高达 11% 和 39%，血清抗体阳性率达 28%，因此狐蝠是澳大利亚人和其他动物感染钩端螺旋体的重要传染源。

四、展　　望

最近几年发生的多起重要人兽共患病激发了人们对候鸟和蝙蝠的研究热情,但是对它们携带细菌病原的研究不多,了解的较少。可喜的是,人们已经开始认识到野生动物尤其是鸟和蝙蝠这些可以长距离飞行的动物所携带的人兽共患细菌性病原的潜在威胁,并已经有多家实验室开始开展细菌病原生态学的研究。由于这一领域的未知内容很多,需要更多的科研工作者投身其中去深入了解和探索。相信在不远的将来会出现更多更有价值的研究成果。

参 考 文 献

[1]　GREIG J,RAJIĆ A,YOUNG I,et al. A scoping review of the role of wildlife in the transmission of bacterial pathogens and antimicrobial resistance to the food Chain [J]. Zoonoses & Public Health,2015,62(4):269.

[2]　MÜHLDORFER K. Bats and bacterial pathogens:a review [J]. Zoonoses & Public Health,2013,60(1):93-103.

[3]　BENSKIN C M,WILSON K,JONES K,et al. Bacterial pathogens in wild birds:a review of the frequency and effects of infection [J]. Biological Reviews of the Cambridge Philosophical Society,2009,84(3):349.

[4]　TUÜEVLJAK N,RAJIĆ A,WADDELL L,et al. Prevalence of zoonotic bacteria in wild and farmed aquatic species and seafood:a scoping study,systematic review,and meta-analysis of published research [J]. 2012,9(6):487-497.

[5]　BAI Y,URUSHADZE L,OSIKOWICZ L,et al. molecular survey of bacterial zoonotic agents in bats from the country of Georgia (Caucasus) [J]. PLoS One,2017,12(1):e0171175.

[6]　BANSKAR S,BHUTE S S,SURYAVANSHI M V,et al. Microbiome analysis reveals the abundance of bacterial pathogens in Rousettus leschenaultii guano[J]. Scientific Reports,2016,6:36948.

[7]　GUNNAR H. Transport of ixodid ticks and tick-borne pathogens by migratory birds [J]. Frontiers in Cellular & Infection Microbiology,2013,3(3):48.

郭学军　研究员,军事医学科学院军事兽医研究所细菌学研究室主任。1986 年入伍,2000 年获得预防兽医学博士学位。2011 年在澳大利亚悉尼大学进修耐药菌的水平传播机制。从事人兽共患细菌病诊断和防控研究 20 余年。军队兽医专业委员会理事、中国畜牧兽医学会动物传染病学分会理事、中国微生物学会微生物与免疫学分会细菌组成员。主要从事家畜和野生动物细菌病原的诊断、分子溯源、细菌耐药分析,在炭疽的流行与防控方面有较深的造诣,圆满处理了多起重大动物疫情。主持军队重点课题、国家自然科学基金项目和"863"计划项目等 10 余项,负责农业部炭疽监测与确诊以及国家林业局野生动物疫源疫病监测。获军队科技进步奖一等奖 1 项。发表 SCI 论文 20 余篇,参编著作 8 部。

流感病毒抗原性变异的监测与预测研究

高玉伟　张醒海　李元果　赵梦琳　方树珊　夏咸柱

军事医学科学院军事兽医研究所,长春

一、流感病毒与病毒抗原性

平均每隔几十年,流感就会通过大流行给人类带来一场灾难。由其引起的死亡人数,比战争导致的死亡人数还要多。流感病毒为正黏病毒科的成员,该科包括 A 型流感病毒属、B 型流感病毒属、C 型流感病毒属、托高土病毒属和传染性鲑贫血病毒属。A 型流感病毒属、B 型流感病毒属和 C 型流感病毒属的分类主要是基于病毒颗粒中核蛋白(NP)和膜蛋白(M)抗原性及其基因进化关系的不同。托高土病毒属和传染性鲑贫血病毒属与其他流感病毒属之间没有抗原性上的关系,但因其基因的起源及部分序列具有一定的同源性而归入该科。2016年,国际病毒分类委员会执委会批准命名了一个新的病毒属——D 型流感病毒属,该属的 D 型流感病毒首次分离自猪,但后来发现牛是该病毒的主要存储库[1],目前尚未有对人类致病的报道。

在上述流感病毒中,A 型流感病毒是感染人、马、猪和禽类的常见病原体,还可感染貂、海豹、鲸等哺乳动物,是正黏病毒科中对人和动物的危害最严重的病毒,而且该病毒还可从动物跨种传播给人并且在人间流行。根据 A 型流感病毒表面蛋白血凝素(HA)和神经氨酸(NA)蛋白结构及其基因特性的不同,可将 A 型流感病毒分为不同的亚型。至今,已发现的 A 型流感病毒包括 18 个血凝素亚型和 11 个神经氨酸酶亚型,其中除了 H17N10 和 H18N11 来自于蝙蝠外,其他均源自于禽类中。

A 型流感病毒的抗原性主要由其表面蛋白 HA 和 NA 决定,十分复杂,且在持续不断地发生着变化。抗原性变化的方式主有两种:抗原漂移(antigenic drift)和抗原变异(antigenic shift)。抗原漂移是指 HA 和 NA 上抗原性的小改变。抗原变异是由于这两个分子发生了重大的改变而导致抗原性发生重大变化。造成 HA 和 NA 基因发生持续和快速变化的原因,包括病毒 RNA 基因本身的快速改变及自然选择压力两种因素。决定流感病毒免疫反应的主要是体液免疫反应识别的抗原表位,即 B 细胞表位。

二、流感病毒抗原性的变异与监测

人流感病毒和部分禽流感病毒的抗原性变化较为频繁。相比之下马流感病毒的抗原性相对比较稳定。为了及时筛选到变异株,世界卫生组织(WHO)建立了流感病毒监测网络,按照标准流程制备疫苗毒株(图1),基本流程为:① 分离病毒制备雪貂血清;② 结合血清学分析结果与流行病学数据确定最新流行的疫苗候选病毒株;③ 采用经典的体内重组法或反向遗传重组获得具有高增殖能力的疫苗候选株。对于季节性流感疫苗候选株,该策略需要的时间长达 20 周;而对于 H5 亚型病毒,则可能需要长达 52 周的时间判定抗原性是否变异。判定抗原性变异的主要标准是不同毒株间的 HI 抗体差异。两毒株间的 HI 抗体滴度大于 4 时,可认为病毒间的抗原性出现了差异。

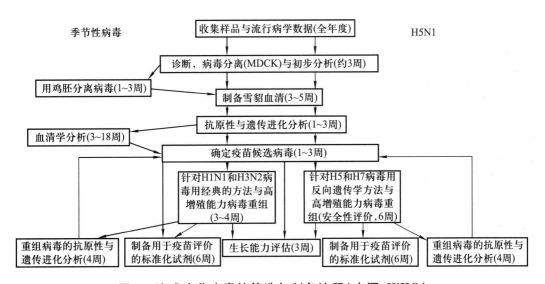

图 1　流感疫苗病毒的筛选与制备流程(来源:WHO)

(一) H3 亚型流感病毒抗原性的变异

H3N2 亚型病毒自 20 世纪 70 年代在人间流行以来,先后进化成为不同的抗群。通过回顾性分析发现形成的抗原群达 13 个以上。特别在 2012 年后,形成了以 3a、3B、3C 等抗原群。该病毒的抗原群在命名上以数字加字母的形式区分,如 3C.2a 等。2014 年 2 月,WHO 推荐使用 A/Texas/50/2012(H3N2)-样病毒(TX/50,3C.1)作为北半球的疫苗株。但自 2014 年的 3 月起到 9 月,出现了大量的 H3N2 变异株 3C.3a 或 3C.2a。新变异株的流行导致当年疫苗免疫的效果极差。因此,在 2015 年,WHO 推荐使用 3C.3a 病毒替代 TX/50 病毒。

但在 2015 年的上半年,3C.2a 又成为主要流行株,为此 WHO 推荐使用 A/HongKong/4801/2014(HK/4801;3C.2a 分枝)作为疫苗病毒。自 1968 年以来,人用 H3N2 疫苗已更换了近 30 次,近一步证明该病毒的抗原性变异速度较快。

(二)H5 亚型流感病毒抗原性的变异

H5N1 亚型高致病性禽流感病毒已进化出了多个基因型,给分类命名带来了困难。为统一分类与命名的标准,2008 年 WHO、FAO 和 OIE 联合制定了一种针对 H5N1 病毒的新分类方法。该方法规定:HA 基因序列的核苷酸差异在 1.5%以内的毒株群划分为 1 个分枝(clade),不同分枝间 HA 基因核苷酸差异大于 1.5%。按此标准,H5N1 亚型 AIV 可分为 0~9 共 10 个分支。2012 年进行了扩充,增加了亚分支、次亚分支和第 4 级与第 5 级细小分枝(如 2.3.2.1C)。目前在世界范围内流行的主要是 2.3.4.4 和 2.3.2.1 分枝。病毒的进化分枝与病毒的抗原性在一定程度上具有相关性。同一分枝内的病毒抗原性相近。WHO 在根据基因序列进化分枝结果和血清学分析结果不断地更新候选疫苗株。我国农业部也依据对禽类的流行病学调查结果和交叉血清学结果及时更换疫苗株,以期提供与流行株最为匹配的疫苗株。我国在禽类使用的疫苗病毒株的进化分枝为:Re-1(GS/GD/96,clade 0);Re-4(CK/SX/06,clade 7.2);Re-5(DK/AH/06,clade 2.3.4);Re-6(DK/GD/12,clade 2.3.2);Re-7(CK/LN/11,clade 7.2);Re-8(clade 2.3.4.4)。其中,7.2 分枝与其他分枝间无血凝抑制抗体(HA/HI)抗原相关性。

值得注意的是,在 2014 年开始全球流行的 2.3.4.4 谱系 H5Nx 亚型(N2、N6和 N8)流感病毒在不到两年的时间里进化出多个小的分枝。而且血清学分析发现,不同分枝间的抗原性差异较大(表 2)。例如,尽管同为 2.3.4.4 分枝的病毒,A/gyrfalcon/Washington/41088-6/2014 RG43A(H5N8)的抗体与除 A/Sichuan/26221/2014 RG42A(H5N6)外的其他同分枝病毒株无交叉反应或交叉反应极低(表 2)。该病毒流行的第一年里,并没有使用疫苗,说明该病毒的抗原性变异与疫苗的免疫压力并不相关。

表 1　2.3.4.4 分枝 H5 亚型流感病毒的抗原相关性分析（HA/HI 检测）（来源：WHO，2016）

参考抗原	分枝	GZ1	SC/26221	GD/99170	GYR/41088-6
A/Guizhou/1/2013 RG35（H5N1）	2.3.4.2	**320**	<#	<	<
A/Sichuan/26221/2014 RG42A（H5N6）	2.3.4.4	20	**160**	1 280	40
A/Guangdong/99710/2014（H5N6）	2.3.4.4	20	320	**1 280**	<
A/gyrfalcon/Washington/41088-6/2014 RG43A（H5N8）	2.3.4.4	<	160	160	**80**
测试抗原	分枝	GZ1	SC/26221	GD/99170	GYR/41088-6
A/environment/Anhui/01578/2016（H5N2）	2.3.4.4	<	<	160	<
A/environment/Chongqing/38172/2016（H5N6）	2.3.4.4	<	320	1 280	<
A/environment/Shandong/225523/14（H5N8）	2.3.4.4	<	20	80	<
A/environment/Xinjiang/27739/2015（H5N9）	2.3.4.4	<	40	320	<
A/Hubei/29578/2016（H5N6）	2.3.4.4	<	<	<	<
A/Yunan/44625/2015（H5N6）	2.3.4.4	<	<	20	<
A/Anhui/33162/2016（H5N6）	2.3.4.4	<	<	<	<
A/Hunan/30727/2016（H5N6）	2.3.4.4	<	80	80	<

＃ 表示血凝抑制滴度<20。

三、预测流感病毒抗原性变异的研究进展

抗原表位上的一些突变会造成流感病毒抗原性发生改变，从而导致疫苗失去保护作用。对未来病毒株的抗原表位的分析和预测，将极大加快疫苗的研发速度。

Perelson 等[2]在 1979 年提出了抗原与抗体关系的空间位置理论，该理论认为结合后的抗原与抗体位于空间中的一个固定位置。不同的抗原与抗体的相互作用会处于空间中的不同位置。基于这一理论，就可以将病毒的抗原性定位于空间中的不同位置，进而可以依据两病毒间的距离区分抗原性差异。

（一）基于病毒核酸序列的病毒抗原性变异分析

抗原性变异的分子基础是病毒 HA 氨基酸的突变。通过分析不同毒株间的 HA 基因序列差异，可绘制病毒 HA 的进化树，研究人员采用了多种模式试图找到影响抗原性关键氨基酸并建立预测变异的数学模型。对 6 624 条 H3 亚型流感病毒 HA 氨基酸序列分析后发现，有 131 条氨基酸与抗原性相关[3]。Hailiang 等[4]在序列分析的基础上建立了流感病毒序列分析的理论模型，即基于脊变量回归（抗原介导）的抗原性预测模型，该模型将复杂的序列信息转化为不同病毒间的相对距离。WHO 将在 2010 年将疫苗病毒由 A/Brisbane/10/2007（H3N2）更换为 A/Perth/16/2009（H3N2），应用上述模型分析发现两病毒间的距离为 2.39 个单位，两病毒间抗原性较远，这一数据说明该模型可用于新出现毒株的抗原性预测。Yousong Peng 等[5]通过对近 2 万条 H1、H3 和 H5 的序列分析后建立一个 PREDAV-FluA 抗原性变异预测模型，可以用来确定决定抗原性的关键氨基酸。并用这种方法对 H5 亚型的抗原表位做出了预测。研究人员可使用网站上的数据库对感兴趣的毒株进行预测。上述序列分析的方法由于缺少大量抗体检测的验证，还不能准确预测流感病毒抗原性的变异。

（二）基于抗原抗体图谱的抗原性变异分析

Perelson 等于 1979 年提出的空间位置理论在 2004 年得到了实际应用。Derek J. Smith 等[6]梳理了 1968—2003 年的 H3N2 亚型流感病毒的 HI 效价结果，建立了 H3N2 亚型流感病毒的二维抗原图谱（图 2A）。通过交叉 HI 实验。确定了不同抗原分枝病毒的空间位置，从而为抗原性的图谱化奠定了基础。图中病毒相距越远，抗原性差异越大。从图中可以直观地确定不同抗原群间的抗原性差异。WHO 的疫苗更新数据证明每一个群都需要一种疫苗才能够提供针对该群病毒的保护。这表明了该图谱可能用于新抗原变异株的预测。Björn F. Koel 等[7]对该图谱的进一步分析发现，抗原位点 A（145 位）与抗原位点 B（155 位、156 位、158 位、159 位、189 位和 193 位）的 7 个氨基酸决定了 H3 亚型流感病毒的抗原性差异（图 2B），这为今后进一步预测流感病毒的抗原性提供了关键的分子标记。

Chengjun Li 等[8]应用该图谱和随机突变病毒法对 H3N2 亚型流感病毒的抗原性进了预测。研究人员构建了 A/Texas/50/2012（H3N2）-like virus 的 HA 突变病毒库，并用 2013 年 12 月至 2014 年 1 月的人血清进行筛选，结果发现了与后续流行株 A/HongKong/4801/2014 在抗原图谱上位于同一分枝的病毒。这表明应用抗体筛选随机突变病毒并结合图谱分析的方法可能用于新抗原变异株的

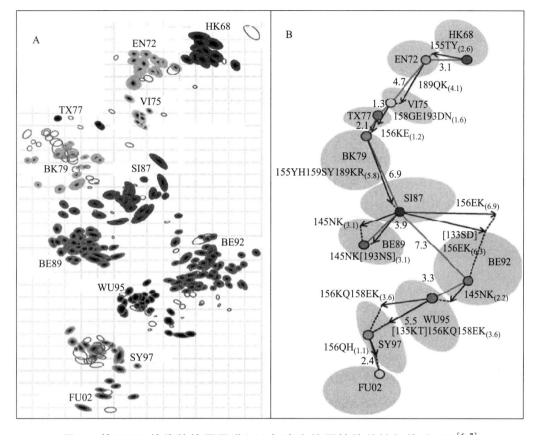

图 2　基于 HI 效价的抗原图谱(A)与决定抗原性的关键氨基酸(B)[6-7]

注:病毒为 1968 年到 2003 年的 H3 亚型人流感病毒;A 图中的实体部分为病毒,空心圆为抗体

预测分析。Richard 等[9]将抗原抗体法和序列分析法结合,建立了同时基于序列与抗原抗体反应的图谱法,并形成了数据库。该数据库可对 H1N1、H3N2 等流感病毒的抗原性变异做出预测。

四、展　　望

预测流感病毒抗原性是生产流感疫苗的前提和限速步骤,也是应对流感大流行的关键。预测的新理论和新模型的不断出现使提前预知抗原性变异方向成为了可能。这些新的理论与方法不但可用于流感病毒的研究,同样可以用于其他容易发生变异的病原体的抗原性分析与预测。

参 考 文 献

[1]　FERGUSON L,OLIVIER A K,GENOVA S,et al. Pathogenesis of influenza D virus in Cattle [J]. Journal of Virology,2016,90(12):5636.

［2］ PERELSON A S,OSTER G F. Theoretical studies of clonal selection:minimal antibody repertoire size and reliability of self-non-self discrimination［J］. Journal of Theoretical Biology,1979,81(4):645-670.

［3］ LEES W D,MOSS D S,SHEPHERD A J. A computational analysis of the antigenic properties of haemagglutinin in influenza A H3N2［J］. Bioinformatics,2010,26(11):1403-1408.

［4］ SUN H,YANG J,ZHANG T,et al. Using sequence data to infer the antigenicity of influenza virus［J］. MBio,2013,4(4):234-250.

［5］ PENG Y,YANG L,LI H,et al. PREDAC-H3:a user-friendly platform for antigenic surveillance of human influenza A（H3N2）virus based on hemagglutinin sequences［J］. Bioinformatics,2016,32(16):2526-2527.

［6］ SMITH D J,LAPEDES A S,JONG J C D,et al. Mapping the antigenic and genetic evolution of influenza virus［J］. Science,2004,305(5682):371-376.

［7］ KOEL B F,BURKE D F,BESTEBROER T M,et al. Substitutions near the receptor binding site determine major antigenic change during influenza virus evolution［J］. Science,2013,342(6161):976-979.

［8］ LI C,HATTA M,BURKE D F,et al. Selection of antigenically advanced variants of seasonal influenza,viruses［J］. Nature Microbiology,2016,1(6):16058.

［9］ NEHER R A,BEDFORD T,DANIELS R S,et al. Prediction,dynamics,and visualization of antigenic phenotypes of seasonal influenza viruses［J］. Proceedings of the National Academy of Sciences of the United States of America,2016,113(12):1701-1709.

高玉伟 1975年3月生,吉林大学博士、国家禽流感参考实验室博士后、美国威斯康星大学麦迪逊分校访问学者。军事医学科学院研究员、病毒研究室主任。中国畜牧兽医学会兽医公共卫生学分会常务理事、中国畜牧兽医学会养犬学分会第七届理事会和生物技术学分会第十届理事会理事。主要从事以流感病毒为主的重要人兽共患病毒病的跨种传播机制与防控研究。先后主持和参加国家"十三五"重大传染病专项、国家科技支撑计划、"863"项目、"973"计划、农业部公益性行业(农业)科研专项、国家科技部应急课题等15项。获国家科技进步奖一等奖1项(第五位),军队科技进步奖一等奖1项(第一位),省部级科技进步奖一等奖2项及军队二等奖1项。总政治部等七部委"埃博拉出

血热疫情防控先进个人",国家林业局"保护森林和野生动物资源先进个人",军事医学科学院"拔尖人才",荣立二等功、三等功各一次。获授权专利 7 项。发表 SCI 文章 66 篇;出版著作 4 部;制定林业行业标准 1 部。

外来人兽共患病人源化抗体研究进展

赵平森[1]　翁锐强[1]　钟志雄[1]　夏咸柱[2]

1. 梅州市人民医院中山大学附属梅州医院,梅州;
2. 中国人民解放军军事医学科学院军事兽医研究所,长春

1975 年,用于生产鼠单克隆抗体的杂交瘤技术诞生[1]。几十年来,抗体研发与产业蓬勃发展。人们对抗体治疗寄予很高期望,但许多早期产品在人体使用中受其免疫原性的限制[2]。因此,研究人员利用多种生物技术,如单克隆抗体序列和糖基化模式技术,不仅降低其免疫原性,提高靶向亲和力,而且增加半衰期或增强抗体的效价[3]。抗体的应用经历了非人源抗体、人鼠嵌合抗体、人源化抗体,最终到制备全人源单克隆抗体的转基因小鼠和噬菌体展示文库等不同的阶段。

其中,人源化抗体主要通过互补决定区(complementary determining region, CDR)的移植和表面重塑两种途径对鼠源性单克隆抗体(mAb)进行进一步人源化改造。其大部分氨基酸序列被人源序列取代,基本保留亲本鼠 mAb 的亲和力与特异性,又降低了异源性,进一步降低免疫原性,有利于应用于人体。在人源化抗体的研究中,虽然解决了鼠源抗体的免疫原性等问题,但人源化抗体的生产仍存在较大的挑战;在抗体人源化改造的过程中,需要大量复杂、昂贵的电脑模拟,模拟不同的氨基酸以恢复其选择性与亲和力,工作量非常大,而且仍含有少量鼠源性成分。因此,完全的人源性抗体才是用于治疗的理想抗体。

全人源化抗体是指将人体抗体基因通过转基因或转染色体技术,将人类编码抗体的基因全部转移至基因工程改造的抗体基因缺失动物中,或细胞系中,使动物或细胞系表达人类抗体,达到抗体全人源化的目的。目前,常用的人抗体转基因小鼠平台主要有 Medarex's HuMAb Mouse、UltiMab、TC Mouse 和 KM Mouse平台。在转基因小鼠中,人抗体基因同样可以发生重排并获得表达,并随着技术的发展,转基因小鼠技术制备人抗体日渐成熟,目前也有多个此类平台获得的人抗体获得上市[4]。

抗体技术通过几十年的发展得到了巨大的进步,通过杂交瘤技术获得的单克隆抗体技术虽然具有良好的均一性,但由于抗体依赖性细胞介导的细胞毒作

用较弱,作用时间短,并且在人体使用中能够产生人抗鼠抗体(HAMA)反应,限制其进一步发展。20世纪80年代的噬菌体展示技术的发展,通过筛选得到抗体可变区与恒定区组合得到具有完整功能的全人单克隆抗体,这一技术也广泛用于抗体的筛选工作。但噬菌体展示的缺点是库容量不足,易丢失高亲和力、低拷贝的特异性抗体等。核糖体展示技术是一种完全在体外合成蛋白质分子并进行选择与进化的技术,通过PCR就可进行所有复制与扩增,并能在短时间内建立核糖体展示文库,因此具有建库周期短、筛选简便等优势,但在RNA核糖体复合体的相对不稳定性而需要优化。利用转基因小鼠制备全人抗体,通过基因工程技术将编码人抗体的基因序列整合入小鼠基因组中,形成转基因鼠,在抗原的刺激下,该转基因鼠可分泌合成人抗体,抗体的产生经过正常装配和成熟的过程,具有较高的亲和力。单个B细胞PCR克隆技术则是通过流式细胞仪分选单个人类B细胞,利用基因工程技术克隆人抗体可变区的全套基因,与人抗体恒定区基因连接,在人类细胞系中表达、纯化,获得人源抗体。

人兽共患病具有发病速度快、传播范围广、病死率高、难以核查和根除等特点,除给人类造成灾难外,还严重影响野生动物及畜牧业发展,引发严重的公共卫生事件和社会动荡。人与畜禽共患疾病包括由病毒、细菌、衣原体、立克次体、支原体、螺旋体、真菌、原虫和蠕虫等病原体所引起的各种疾病[5]。

本文针对获得性免疫缺陷综合征(acquired immunodeficiency syndrome,AIDS)、重症急性呼吸综合征(SARS)、埃博拉出血热(EHF)、中东呼吸综合征(MERS)、西尼罗河热(WNF)、登革热(DF)、寨卡病毒病和狂犬病8种外来病毒性疾病及其人源化抗体研究进展进行综述。

一、人类免疫缺陷病毒

获得性免疫缺陷综合征是由感染人类免疫缺陷病毒(human immunodeficiency virus,HIV)引起的。HIV能攻击人体免疫系统,最终使人体丧失免疫能力,$CD4^+T$淋巴细胞是HIV最重要的攻击目标。固有免疫对HIV似乎无效,之前人们对HIV-1感染后治疗显得束手无策,直到抗逆转录病毒药物联合应用的出现,才使病毒得到持续抑制[6]。尽管如此,不间断服用抗病毒药物带来的治疗负担及副作用促使研究人员寻找更好的替代治疗方法[7]。经过几十年的努力,研究人员通过噬菌体展示库、B细胞分选、培养等技术,发现了一些广谱中和抗体(bNAb)[8-9],这些bNAb对HIV的抑制作用在动物模型中得到充分验证[10-12]。基于HIV病毒感染机体后产生bNAb后研究发现,中和抗体靶向不同的表位,发现靶向45-46^{G54W}是最有效的CD4结合位点(CD4bs)抗体[13]。采用基于单个B细胞培养的高通量中和筛选方法,从供体分离多个bNAbs。迄今分离的最有效的 bNAb 包括 PGT121、PGT128、PGT135、PGT145 和 PGT151 家族[14-15];体内实验中发现低剂量的 GT121 同样具有保护性。从同样的供体内分选得到具对 gp41 膜近端区(MPER)bNAb 10E8[16]和能够结合 gp120—gp41 结合部位的特异性抗体 35022[17]。

二、重症急性呼吸综合征冠状病毒

重症急性呼吸综合征冠状病毒(severe acute respiratory syndrome coronavirus, SARS-CoV)感染可引发重症急性呼吸综合征(severe acute respiratory syndrome, SARS),2013 年在全球的多个地方暴发[18-19]。SARS-CoV 感染能够引起机体的免疫反应,据此可以寻找治疗和干预策略,包括人单克隆抗体(hmAb)[18,20]。目前,已经使用几种不同的方法来产生 SARS-CoV 特异性中和 hmAb,包括转基因小鼠,从天然和 SARS 康复期患者克隆抗体链可变区,以及 SARS 恢复期的 B 细胞的永生化[21-22]。大多数 hmAb 与 Spike(S)蛋白的受体结合结构域(RBD)特异性反应能阻止受体结合[23-25]。然而,已经鉴定了几种可以结合位于 RBD 的 N 末端或在 S2 结构域中的表位的 hmAb[26]。使用 hmAb 寻找病毒逃避突变体进一步阐明了 hmAb 的治疗效用[27-28]。

三、埃博拉病毒

在人类和非人灵长类动物中,埃博拉病毒(Ebola virus,EBOV)会引起致命的出血热。自 1976 年被发现以来,EBOV 在非洲频繁暴发,病死率高达 90%[29-30]。目前,还没有针对 EBOV 的有效的疫苗或治疗药物。

EBOV 的表面糖蛋白(GP)介导其进入机体,因此,研究者以 GP 为主要目标研发有效的疫苗或抗体[31]。EBOV 一旦进入靶细胞内,GP 在相关酶作用下,将在 GP1 与 GP2 间形成二硫键而组装成稳定的三聚体[32]。因此,靶向 EBOV GP 抗体能够有效地保护机体,但在人体中的抗体反应如何仍待进一步探索[32]。通过从 EBOV 感染康复者的外周血 B 细胞中分离鉴定出 349 个靶向 EBOV GP 的单克隆抗体,结果发现 77% 的抗体能够显著中和病毒,展示出巨大的临床应用潜能。进一步的结构分析发现 mAb 靶向 GP 茎部区域的病毒膜表面,在 EBOV 感染的小鼠模型中,mAb 同样能够有效防止病毒,由此可见 GP 茎部区域为一个很好的新的 EBOV 候选疫苗和免疫疗法靶点[33]。有研究人员通过免疫中国猕猴,利用 B 细胞分选后分离鉴定出 3 种具有中和病毒活性的 mAb(q206、q314 和 q411),发现这三种 mAb 均能够有效中和 EBOV。更进一步研究发现 q206 和 q314 靶向新的抗原表位,而 q411 则靶向 GP1 亚基糖,并且 q206 和 q411 似乎能影响 GP1 与其受体 NPC 结合[34]。

虽然目前埃博拉病毒的序列是保守的,但也不能保证其将保持不变。在长期的进化中,病毒也可能突变进而在人群中大规模暴发[35-38],因此,研究并获得强有效的中和性 mAb,将有利于我们在与 EBOV 的斗争中处于有利的地位,也有利于研发新一代的 EBOV 治疗性抗体[39-41]。

四、中东呼吸综合征冠状病毒

中东呼吸综合征冠状病毒(Middle East respiratory syndrome coronavirus, MERS-CoV)感染引起中东呼吸综合征(Middle East respiratory syndrome, MERS)。MERS 于 2012 年 6 月发现并分离得到[42],其临床表现与 SARS 相似,但致死率远高于后者[43-44]。MERS 的高致病性及传播的特点,迫使人们开发有效的预防及治疗方案。研究发现,MERS 患者或康复者的血清中检测出高水平的抗 MERS-CoV 抗体[45],显示针对 MERS-CoV 的 mAb 可能具有很强的抗病毒中和能力。研究人员开发出一种中和性 mAb(Mersmab1),能有效阻断 MERS-CoV 进入人体细胞,后续的研究发现它能够与二肽基肽酶 4(DPP4)竞争结合受体结合域[46]。有研究人员则从具有中和活性的健康供者的 B 细胞库中,利用 Velocimmune 技术和 VelociGene 技术快速开发全人 mAb[47-49]。所有的 mAb 针对 MERS-CoV 的中和 RBD 区域。MERS-CoV 和 SARS-CoV 的 RBDS 组成的核心结构(RBM)是非常相似的,但其与受体结合基序有明显的不同,导致其受体结合特异性[50-52]。研究人员已获得能够结合 MERS-RBD 的高活性 mAb(4C2 和 2E6),发现人源化的 4C2 抗体(4C2h)能够在体内降低病毒滴度[53]。

五、西尼罗病毒

西尼罗病毒(West Nile virus,WNV)通过受感染的蚊子的叮咬传播给人类[54]。WNV 在西半球广泛传播,现已构成重大的公共卫生风险,加之缺乏特异性治疗剂或疫苗来对抗或预防感染,故迫切需要了解其感染宿主机及其免疫机制,以便更好地控制病毒的传播。

体内 WNV 的中和与针对病毒包膜(E)蛋白的抗体反应的发展相关。使用随机诱变和酵母表面展示技术,研究人员筛选出单克隆抗体 E16 在体外中和了 10 种不同的 WNV,并且即使在感染后 5 天作为单一剂量施用,在小鼠中仍显示出治疗效果。人源化形式的 E16 保留抗原特异性、亲和力与中和活性,在小鼠的暴露后治疗实验中,单剂量的人源化 E16 保护小鼠不感染 WNV[55]。进一步研究发现人源化 E16 能够在小鼠模型中有效保护 WNV 感染小鼠后发生的致命性脑炎,表明人源化 mAb 对 WNV 感染中枢神经系统具有治疗作用[56]。

研究人员利用噬菌体展示技术,从感染受试者的 B 细胞中筛选并得到两种具有较强中和活性的人 mAb(CR4348 和 CR4354)[57]。随后的实验表明这两个 mAb 是 WNV 特异性,保护小鼠免受致命感染[58]。

六、登 革 病 毒

登革病毒(Dengue virus,DENV)是通过感染的蚊子叮咬传播的病原体,引起发热,甚至致命性出血。目前还没有获批的 DENV 疫苗或抗病毒治疗抗体。因此,迫切需要研发出一种有效的治疗性方法。DENV 有四种不同的病毒亚型(DENV-1～4)。E 蛋白是主要的病毒包膜糖蛋白,在病毒进入期间介导病毒和内体膜的融合,并且是中和抗体的靶标。黑猩猩单抗 5H2 能够高效地与 DENV-4 的蛋白 E 的 I 区域结合,晶体结构表明,5H2 能够与其结合以防止蛋白 E 的融合,从而抑制病毒进入细胞内[59]。在 DENV 中,E 蛋白具有约 30% 的序列变异。研究人员研发出一些能够中和 DENV 的单克隆抗体,其中 1C19、752-2 C8、753(3)C10 能中和四种不同亚型的 DENV,并且在 AG129 小鼠模型中,1C19 能够同时抑制 DENV1 和 DENV2 的感染[60-62]。与此同时,有研究人员也开发一些鸡尾酒抗体疗法,虽然能够在体外中和不同的 DENV 亚型,但在体内抑制效果仍需进一步研究[63-67]。在对 DENV 的研究中,中和性抗体仍然为人类对抗病毒提供重要帮助,但对于多亚型病毒的中和性抗体仍需进一步的研究。

七、寨 卡 病 毒

寨卡病毒(Zika virus,ZIKV)于 1947 年被发现,当初并被认为仅引发轻微疾病。2016 年在南美暴发的寨卡疫情引起了广泛关注,特别是怀孕期间 ZIKV 感染已经成为一个全球公共卫生问题,因为 ZIKV 能够引起严重的先天性疾病[68]。研究人员使用一组人 mAb 中和 DENV,发现大多数与 DENV 包膜蛋白反应的抗体也对 ZIKV 反应。为了开发出抗 ZIKV 的抗体,研究人员筛选了六种小鼠 mAb,包括 ZV-48、ZV-54、ZV-64 和 ZV-67,它们可特异性中和非洲、亚洲和美洲 ZIKV 毒株。Fab 片段和 scFvs 的 X 射线晶体学及竞争结合分析发现这些抗体主要靶向三种包膜的 DIII 中的空间不同表位。体内实验揭示特异性中和 mAb 在 ZIKV 感染的小鼠模型中是具有保护活性的,表明 DIII 可由多种类型特异性抗体靶向,为开发用于妊娠保护的预防性抗体或设计针对 ZIKV 的表位特异性疫苗提供重要参考[69]。

与鼠源抗体相比,人源化抗体具有更大的优势。故在此基础上将抗体进一步人源化。人源化抗体 ZIKV-117 同样能够抑制多种不同的 ZIKV 毒株,能特异性结合 E 蛋白,从而抑制病毒转入机体细胞中,ZIKV-117 单抗治疗显著降低妊娠和非妊娠小鼠胎儿感染及死亡率[70]。

八、狂犬病病毒

狂犬病病毒(rabies virus,RABV)是狂犬病的致病原,是一种典型的嗜神经病毒,能引起致死性的急性脑脊髓炎[71]。全球每年有 26 000～55 000 人死于狂犬病。从流行病学角度看,全球有 30 亿人口生活的国家和地区都存在狂犬病的流行,都存在狂犬病暴露的风险。目前,中国的狂犬病发病率位居世界第二位,我国每年有超过 3 000 人死于狂犬病。狂犬病高发区域主要分布在经济欠发达地区,给当地居民的生命安全和经济发展带来巨大损失。

被动免疫制剂对狂犬病的紧急防治至关重要。全国每年有近千万狂犬病暴露者接受狂犬病免疫球蛋白(RIG)被动免疫。目前,临床上使用的 RIG 有马源狂犬病免疫球蛋白(ERIG)和人源狂犬病免疫球蛋白(HRIG)两类。ERIG 易引起过敏反应和血清病;HRIG 价格昂贵,产量少,并且存在血液制品污染的风险。因此,研发全人源的抗狂犬病病毒中和抗体具有重要意义。

目前,已经开发了几种 RABV mAb,处于临床开发的不同阶段[72-73]。在人源抗 RABV mAb 的重组表达中,研究人员从 RABV 疫苗免疫后的志愿者中获取特异的 B 细胞,通过 Epstein-Barr 病毒转化方法,获得一种 IgG3 亚型的中和性 mAb(No.254),其能有效地中和 CVS、ERA、HEP-Flury 和 Nishigahara 等 RABV 毒株,并识别出位于 RABV 糖蛋白的抗原位点 II 的保守表位。与此同时筛选得到的 4D4 是 IgM 亚型,其对 CVS 和 Nishigahara 有中和活性,但 4D4 识别的是与 RABV 神经毒力相关的新的抗原位点,这两种人类 mAb 在未来可用于狂犬病暴露后预防作用[74]。近期,一项研究分离获得一批抗 RABV 中和活性单克隆抗体,其中 RVC20 和 RVC58 具有广谱中和活性。体外实验表明,RVC58 可以中和 35 个 RABV 株和 25 个狂犬病病毒属的非 RABV 株。与现行临床应用的抗体(CR57、CR4098 和 RAB1)以及人类 RIG 相比,RVC58 具有更广谱的中和活性。利用叙利亚仓鼠实验表明,含 RVC58 鸡尾酒疗法可以保护致死性 RABV 对实验动物的感染。以上研究表明,RABV 单克隆中和抗体鸡尾酒制剂在狂犬病暴露后紧急救治和预防中具有良好的临床应用潜力。笔者所在课题组致力于研究人源(化)抗 RABV 抗体研究,建立了单个 B 细胞流式细胞分选、单细胞扩增技术、抗体基因克隆以及单克隆抗体表达等技术平台,相关研究正在进行中。

九、展　　望

从早期的鼠源单克隆抗体,到人源化单克隆抗体,再到最新的全人源单克隆抗体,其中全人源单克隆抗体从根本上不再受免疫原性限制,展现出美好的应用前景。相信在未来人源(化)单克隆抗体将作为一种高效的人兽共患病的预防、救治和诊断的手段。

参 考 文 献

[1] KÖHLER G,MILSTEIN C. Continuous cultures of fused cells secreting antibody of prede-fined specificity [J]. Biotechnology,1975,24:495-497.

[2] GALUN E,TERRAULT N A,EREN R,et al. Clinical evaluation (Phase I) of a human monoclonal antibody against hepatitis C virus:Safety and antiviral activity [J]. Journal of Hepatology,2007,46(1):37-44.

[3] DHAR R,KARMAKAR S,SRIRAMAN R,et al. Efficacy of a recombinant chimeric anti-hCG antibody to prevent human cytotrophoblasts fusion and block progesterone synthesis [J]. American Journal of Reproductive Immunology,2004,51(5):358-363.

[4] NELSON A L,DHIMOLEA E,REICHERT J M. Development trends for human monoclonal antibody therapeutics [J]. Nature Reviews Drug Discovery,2010,9(10):767.

[5] 夏咸柱,钱军,杨松涛,等. 严把国门,联防联控外来人兽共患病[J]. 灾害医学与救援:电子版,2014,3(4):204-207.

[6] WEISS R A. Special anniversary review:twenty-five years of human immunodeficiency virus research:successes and challenges [J]. Clinical & Experimental Immunology,2008,152(2):201-210.

[7] ARTS E J,HAZUDA D J. HIV-1 antiretroviral drug therapy [J]. Cold Spring Harbor Per-spectives in Medicine,2012,2(4):a007161.

[8] BURTON D R,HANGARTNER L. Broadly neutralizing antibodies to HIV and their role in vaccine design [J]. Annual Review of Immunology,2016,34(1):635-659.

[9] MASCOLA J R,HAYNES B F. HIV-1 neutralizing antibodies:understanding nature's path-ways[J]. Immunological Reviews,2013,254(1):225-244.

[10] HESSELL A J,HAIGWOOD N L. Animal models in HIV-1 protection and therapy [J]. Current Opinion in HIV & AIDS,2015,10(3):170-176.

[11] MASCOLA J R,MONTEFIORI D C. The role of antibodies in HIV vaccines [J]. Annual Review of Immunology,2010,28(28):413.

[12] van GILS M J,SANDERS R W. In vivo protection by broadly neutralizing HIV antibodies [J]. Trends in Microbiology,2014,22(10):550.

[13] DISKIN R,SCHEID J F,MARCOVECCHIO P M,et al. Increasing the potency and breadth of an HIV antibody by using structure-based rational design [J]. Science, 2011, 334 (6060):1289-1293.

[14] WALKER L M,HUBER M,DOORES K J,et al. Broad neutralization coverage of HIV by multiple highly potent antibodies [J]. Nature,2011,477(7365):466.

[15] FALKOWSKA E,LE K M,RAMOS A,et al. Broadly neutralizing HIV antibodies define a glycan-dependent epitope on the pre-fusion conformation of the gp41 protein on cleaved

Envelope trimers[J]. Immunity,2014,40(5):657.

[16] HUANG J,OFEK G,LAUB L,et al. Broad and potent neutralization of HIV-1 by a gp41-specific human antibody [J]. Nature,2012,491(7424):406-412.

[17] HUANG J,KANG B H,PANCERA M,et al. Broad and potent HIV-1 neutralization by a human antibody that binds the gp41-120 interface [J]. Nature,2014,515(7525):138-142.

[18] PEIRIS J,GUAN Y,YUEN K Y. Severe acute respiratory syndrome [J]. Nature Medicine,2004,10(12):S88-97.

[19] ROTA P A,OBERSTE M S,MONROE S S,et al. Characterization of a novel coronavirus associated with severe acute respiratory syndrome [J]. Science,2003,300(5624):1394-1399.

[20] PEIRIS J S,CHU C M,CHENG V C,et al. Clinical progression and viral load in a community outbreak of coronavirus-associated SARS pneumonia:a prospective study [J]. Lancet,2003,361(9371):1767-1772.

[21] MARASCO W A,Sui J. The growth and potential of human antiviral monoclonal antibody therapeutics [J]. Nature Biotechnology,2007,25(12):1421.

[22] TRAGGIAI E,BECKER S,SUBBARAO K,et al. An efficient method to make human monoclonal antibodies from memory B cells:potent neutralization of SARS coronavirus [J]. Nature Medicine,2004,10(8):871-875.

[23] HE Y,ZHOU Y,LIU S,et al. Receptor-binding domain of SARS-CoV spike protein induces highly potent neutralizing antibodies:implication for developing subunit vaccine [J]. Biochemical & Biophysical Research Communications,2004,324(2):773-781.

[24] SUBBARAO K,MCAULIFFE J,VOGEL L,et al. Prior infection and passive transfer of neutralizing antibody prevent replication of severe acute respiratory syndrome coronavirus in the respiratory tract of mice [J]. Journal of Virology,2004,78(7):3572-3577.

[25] HOFMANN H,HATTERMANN K,MARZI A,et al. S protein of severe acute respiratory syndrome-associated coronavirus mediates entry into hepatoma cell lines and is targeted by neutralizing antibodies in infected patients [J]. Journal of Virology,2004,78(12):6134-6142.

[26] KENG C T,ZHANG A,SHEN S,et al. Amino acids 1055 to 1192 in the S2 region of severe acute respiratory syndrome coronavirus S protein induce neutralizing antibodies:implications for the development of vaccines and antiviral agents [J]. Journal of Virology,2005,79(6):3289-3296.

[27] COUGHLIN M M,BABCOOK J,PRABHAKAR B S. Human monoclonal antibodies to SARS-coronavirus inhibit infection by different mechanisms [J]. Virology,2009,394(1):39-46.

[28] THOMAS,GREENOUGH,GREGORY,et al. Development and characterization of a severe

acute respiratory syndrome-associated coronavirus [J]. Journal of Infectious Diseases, 2005,191(4):191:507-514.

[29] ROLLIN P E,KSIAZEK T G. Ebola hemorrhagic fever [J]. Lancet,2011,377:849-862.

[30] KORTEPETER M. Emergence of Zaire Ebola Virus Disease in Guinea — NEJM [J]. New England Journal of Medicine.

[31] RODDY P. A call to action to enhance filovirus disease outbreak preparedness and response [J]. Viruses,2014,6(10):3699-3718.

[32] MISASI J,SULLIVAN N J. Camouflage and misdirection:the full-on assault of Ebola Virus disease [J]. Cell,2014,159(3):477-486.

[33] BORNHOLDT Z A,TURNER H L,MURIN C D,et al. Isolation of potent neutralizing antibodies from a survivor of the 2014 Ebola virus outbreak [J]. Science,2016,351(6277): 1078-1083.

[34] ZHANG Q,GUI M,NIU X,et al. Potent neutralizing monoclonal antibodies against Ebola virus infection [J]. Scientific Reports,2016,6:25856.

[35] GIRE S K,GOBA A,ANDERSEN K G,et al. Genomic surveillance elucidates Ebola virus origin and transmission during the 2014 outbreak [J]. Science,2014,345(6202):1369-1372.

[36] TONG Y G,SHI W F,LIU D,et al. Erratum:genetic diversity and evolutionary dynamics of Ebola virus in Sierra Leone [J]. Nature,2015,524(7563):93.

[37] AUDET J,WONG G,WANG H,et al. Molecular characterization of the monoclonal antibodies composing ZMAb:a protective cocktail against Ebola virus[J]. Scientific Reports, 2014,4:6881.

[38] MA D L V,STEIN D,KOBINGER G P. Ebolavirus evolution:past and present [J]. Plos Pathogens,2015,11(11):e1005221.

[39] OLINGER G G,PETTITT J,KIM D,et al. Delayed treatment of Ebola virus infection with plant-derived monoclonal antibodies provides protection in rhesus macaques [J]. Proceedings of the National Academy of Sciences of the United States of America,2012,109 (44):18030-18035.

[40] QIU X,AUDET J,WONG G,et al. Successful treatment of Ebola virus-infected *Cynomolgus Macaques* with monoclonal antibodies [J]. Science Translational Medicine,2012,4 (138):138-181.

[41] MARUYAMA T,RODRIGUEZ L L,JAHRLING P B,et al. Ebola virus can be effectively neutralized by antibody produced in natural human infection J]. Journal of Virology,1999, 73(7):6024-6030.

[42] ZAKI A M,VAN B S,BESTEBROER T M,et al. Isolation of a novel coronavirus from a man with pneumonia in Saudi Arabia [J]. New England Journal of Medicine,2012,367 (19):1814.

［43］ CHAN J F W,LI K S M,TO K K W,et al. Is the discovery of the novel human betacorona-virus 2c EMC/2012（HCoV-EMC）the beginning of another SARS-like pandemic？［J］. Journal of Infection,2012,65（6）:477-489.

［44］ CHAN J F,LAU S K,TO K K,et al. Middle East respiratory syndrome coronavirus:another zoonotic betacoronavirus causing SARS-like disease［J］. Clinical Microbiology Reviews, 2015,28（2）:465-522.

［45］ BUCHHOLZ U,MüLLER M A,NITSCHE A,et al. Contact investigation of a case of hu-man novel coronavirus infection treated in a German hospital,October-November 2012 ［J］. Eurosurveillance:bulletin europeen sur les maladies transmissibles,2013,18（8）:6-12.

［46］ DU L,ZHAO G,YANG Y,et al. A conformation-dependent neutralizing monoclonal anti-body specifically targeting receptor-binding domain in Middle East respiratory syndrome coronavirus spike protein［J］. Journal of Virology,2014,88（12）:7045-7053.

［47］ TANG X C,AGNIHOTHRAM S S,JIAO Y,et al. Identification of human neutralizing anti-bodies against MERS-CoV and their role in virus adaptive evolution［J］. Proceedings of the National Academy of Sciences of the United States of America,2014,111（19）:E2018.

［48］ JIANG L,WANG N,ZUO T,et al. Potent neutralization of MERS-CoV by human neutrali-zing monoclonal antibodies to the viral spike glycoprotein［J］. Science Translational Medi-cine,2014,6（234）:234-259.

［49］ PASCAL K E,COLEMAN C M,MUJICA A O,et al. Pre-and postexposure efficacy of fully human antibodies against Spike protein in a novel humanized mouse model of MERS-CoV infection［J］. Proceedings of the National Academy of Sciences of the United States of A-merica,2015,112（28）:8738-8743.

［50］ LU G,HU Y,WANG Q,et al. Molecular basis of binding between novel human coronavirus MERS-CoV and its receptor CD26［J］. Nature,2013,500（7461）:227-231.

［51］ LI F,HARRISON S C. Structure of SARS coronavirus spike receptor-binding domain com-plexed with receptor［J］. Science,2005,309（5742）:1864-1868.

［52］ LI F. Evidence for a common evolutionary origin of coronavirus spike protein receptor-binding subunits［J］. Journal of Virology,2012,86（5）:2856-2858.

［53］ LI Y,WAN Y,LIU P,et al. A humanized neutralizing antibody against MERS-CoV targe-ting the receptor-binding domain of the spike protein［J］. Cell Research,2015,25（11）: 1237.

［54］ KRAMER L D,STYER L M,EBEL G D. A global perspective on the epidemiology of West Nile virus［J］. Annual Review of Entomology,2008,53（1）:61-81.

［55］ OLIPHANT T,ENGLE M,NYBAKKEN G E,et al. Development of a humanized mono-clonal antibody with therapeutic potential against West Nile virus［J］. Nature Medicine, 2005,11（5）:522.

[56] MORREY J D,SIDDHARTHAN V,OLSEN A L,et al. Humanized monoclonal antibody a-gainst West Nile virus envelope protein administered after neuronal infection protects a-gainst lethal encephalitis in hamsters[J]. Journal of Infectious Diseases,2006,194(9): 1300.

[57] THROSBY M,GEUIJEN C,GOUDSMIT J,et al. Isolation and characterization of human monoclonal antibodies from individuals infected with West Nile virus [J]. Journal of Virology,2006,80(14):6982-6992.

[58] VOGT M R,MOESKER B,GOUDSMIT J,et al. Human monoclonal antibodies against West Nile virus induced by natural infection neutralize at a postattachment step [J]. Journal of Virology,2009,83(13):6494-6507.

[59] COCKBURN J J,SANCHEZ M E N,GONCALVEZ A P,et al. Structural insights into the neutralization mechanism of a higher primate antibody against dengue virus [J]. Embo Journal,2012,31(3):767-779.

[60] DEJNIRATTISAI W,WONGWIWAT W,SUPASA S,et al. A new class of highly potent, broadly neutralizing antibodies isolated from viremic patients infected with dengue virus [J]. Nature Immunology,2015,16(5):170.

[61] SMITH S A,de ALWIS A R,KOSE N,et al. The potent and broadly neutralizing human dengue virus-specific monoclonal antibody 1C19 reveals a unique cross-reactive epitope on the bc loop of domain II of the envelope protein [J]. MBio,2013,4(6):e00873-13.

[62] ROUVINSKI A,GUARDADOCALVO P,BARBASPAETH G,et al. Recognition determi-nants of broadly neutralizing human antibodies against dengue viruses [J]. Nature,2015, 520(7545):109.

[63] DEJNIRATTISAI W,JUMNAINSONG A,ONSIRISAKUL N,et al. Cross-reacting antibod-ies enhance Dengue virus infection in humans [J]. Science,2010,328(5979):745.

[64] BELTRAMELLO M,WILLIAMS K L,SIMMONS C P,et al. The human immune response to Dengue virus is dominated by highly cross-reactive antibodies endowed with neutralizing and enhancing activity [J]. Cell Host & Microbe,2010,8(3):271-283.

[65] ALWIS R D,BELTRAMELLO M,MESSER W B,et al. In-depth analysis of the antibody response of individuals exposed to primary Dengue virus infection [J]. 2011,5(6):173-180. .

[66] SMITH S A,ZHOU Y,OLIVAREZ N P,et al. Persistence of circulating memory B cell clones with potential for Dengue virus disease enhancement for decades following infection [J]. Journal of Virology,2012,86(5):2665-2675.

[67] WILLIAMS K L,SUKUPOLVIPETTY S,BELTRAMELLO M,et al. Correction:therapeutic efficacy of antibodies lacking FcγR against lethal Dengue virus infection is due to neutrali-zing potency and blocking of enhancing antibodies[J]. PLoS Pathogens,2013,9(2): e1003157.

[68] COYNE C B,LAZEAR H M. Zika virus-reigniting the TORCH [J]. Nature Reviews Microbiology,2016,14(11):707.

[69] ZHAO H,FERNANDEZ E,DOWD K A,et al. Structural basis of Zika virus specific antibody protection[J]. Cell,2016,166(4):1016-1027.

[70] SAPPARAPU G,FERNANDEZ E,KOSE N,et al. Neutralizing human antibodies prevent Zika virus replication and fetal disease in mice [J]. Nature,2016,540(7633):443.

[71] KNOBEL D L,CLEAVELAND S,COLEMAN P G,et al. Re-evaluating the burden of rabies in Africa and Asia [J]. Bulletin of the World Health Organization,2005,83(5):360-368.

[72] REICHERT J M,DEWITZ M C. Anti-infective monoclonal antibodies:perils and promise of development [J]. Nature Reviews Drug Discovery,2006,5(3):191.

[73] SUBRAMANIAM J M,WHITESIDE G,MCKEAGE K,et al. Mogamulizumab [J]. Drugs,2012,72(9):1293-1298.

[74] MATSUMOTO T,YAMADA K,NOGUCHI K,et al. Isolation and characterization of novel human monoclonal antibodies possessing neutralizing ability against rabies virus [J]. Microbiology & Immunology,2010,54(11):673-683.

赵平森 北京协和医学院-清华大学医学部博士,美国马里兰大学医学院(University of Maryland School of Medicine)博士后。梅州市人民医院中心实验室副主任(主持全面工作),精准医学研究中心常务副主任。广东省临床免疫学检验专业委员会副主任委员;广东省医学会精准医学与分子诊断学分会常委;广东省地中海贫血协会地中海贫血防治委员会常委;广东省医学会医学科研实验室建设与管理分会委员;梅州市医学会临床检验专业委员会副主任委员。主要从事临床检验与科研工作,主要研究方向:心血管疾病生物标志物筛选与诊断体系研究、重大疾病基因工程抗体制备与诊断体系开发等。现主持国家重点研发计划项目课题 2 项(2016YFD0050405;2017YFD0501705);合作主持国家科技部"重大新药创制"科技重大专项 1 项(2015ZX09102025001);主持广东省自然科学基金项目 2 项(2014A030307042;2016A030307031)。主持广东省医学科学技术研究基金项目 1 项(A2016306);曾主持卫生部北京协和医学院"协和青年科研基金" 1 项。以第一参加人参与国家"973"子项目(2011CB504706)和国家自然科学基金面上项目(81171555)各 1 项。参与美国

国立变态反应与感染性疾病研究所（National Institute of Allergy and Infectious Diseases，NIAID）/NIH（R01 AI-087181）和 Bill and Melinda Gates Foundation（OPP1033109）科研基金各 1 项。以第一作者和通讯作者发表多篇 SCI 论文。依托梅州市人民医院中心实验室，在粤东地区率先建立多项分子诊断、细胞学、基因测序等实验室诊断体系。

精制马抗研究与外来病防治

赵永坤[1]　　杨松涛[1]　　郑学星[2]　　王化磊[1]

高玉伟[1]　　王铁成[1]　　夏咸柱[1]

1. 军事医学科学院军事兽医研究所;长春;2. 山东大学,济南

抗体作为治疗药物具有作用迅速、疗效确切等优点,临床应用已有 100 多年的历史,其中动物高免抗血清起到重要作用,尤其是马血清,马属动物,易于饲养、免疫效果好,且采血量大,便于大量生产,如用于抗蛇毒、抗破伤风、抗狂犬病等,在临床上使用广泛,显示了较好的应用前景。但相对于人血清,传统粗制的高免马血清易引起异源血清超敏反应,而高纯度的马免疫球蛋白 F(ab′)2 基本去除了异源血清过敏反应,从而进一步提高了马血清的应用前景,并且在新发突发外来病防治中具有潜力。

一、国外抗血清产品的开发和应用

抗血清疗法最早出现在 19 世纪末,1891 年 12 月,柏林大学贝林医生给一位白喉病患儿注射了一种含有白喉抗毒素的动物血清,孩子神奇康复,动物抗血清疗法诞生。随着动物抗血清疗法的推广,逐步发现马和驴因体格大、血量多、免疫血清效价高等,成为动物抗血清的主要来源。

马血清产品的开发始于抗蛇蝎毒血清。1894 年两位法国医生 Césaire Phisalix 和 Albert Calmette 共同创立了抗蛇毒血清疗法的“中和”(neutrilization)理论,并研制了世界上首个商品化的抗蛇毒血清药物。1900 年,第一家生产抗蛇毒血清公司——Mulford 公司在法国创办,产品行销世界各地。1901 年 2 月 23 日,巴西血清疗法研究所(后改名为“布坦坦研究所”)成立,是世界首个专门从事蛇毒、蜘蛛毒、蜈蚣毒和蝎毒等各种危险性有毒物质的研究、疫苗生产和抗毒血清研制机构。随后建立的 Lister 研究所曾是 20 世纪初欧洲最大的疫苗和抗毒血清生产基地,1905 年该所首次运用真空冷冻干燥新技术保存动物毒素,1956 年该所生产的抗蝎毒血清年均产量达到了惊人的 80 000 支。

但由于 1946 年美国 St. Monica 医院使用抗蝎毒血清发生了病童死亡事件,致使抗毒血清被禁用或慎用。1974 年,Merck 公司一头曾服役 20 年用来专门制

备抗黑寡妇蜘蛛毒血清种驴死亡,宣告该抗毒血清就此停产。1980 年,亚利桑那州颁布法令,禁止亚利桑那州立大学继续从事抗毒血清的相关研究。

同时,世界上受毒蛇、毒蝎咬伤致死的案例数量惊人,仅墨西哥全国范围内被毒蝎蛰伤害的事件达到了 20 万例,其中儿童群体被伤害的比例最高,为 7.07 人/10 万人,不得不再次允许开发抗蝎蛇毒血清,生产工艺上也大大改进。2004 年,Bioclon 公司在美国开展新型抗毒血清的临床试验,显示了很好的疗效和较低的过敏反应,由此,亚利桑那健康中心建立的抗毒血清产品研发和供销网络在 2005—2006 年覆盖全美。同时,FDA 也批准 Bioclon 公司以罕用药物为名向旗下医疗机构供应抗毒血清产品,合同有效期达 6 年。2009 年,Bioclon 公司利用大肠杆菌基因体外表达技术开创性地研发出重组表达型抗棕色蜘蛛毒血清 Reclusmyn,该产品是世界上首个"无需天然毒素免疫获取"的抗毒血清。与此同时,VIPER 研究所历时 12 年整合三方跨国界、跨基础研究与临床应用的研发力量开发出抗蝎毒血清药物 Anascorp,并在全亚利桑那州 26 家医院进行联合临床试验,1 500 位志愿参试患者(大多为幼儿患者),临床试验证实该产品完全有效,且几乎不会引起任何过敏反应;该产品 2011 年 8 月 3 日获得 FDA 批准,是首个 FDA 批准的马血清产品。每瓶 Anascorp 包含 45~80 mg 氯化钠、4.3~38.3 mg 蔗糖和 6.6~94.9 mg 的甘氨酸作为稳定剂;可能存在来自于制造过程的胃蛋白酶微量、甲酚(<0.41 mg/瓶)、硼酸盐(<1 mg/瓶)和硫酸盐(<1.7 mg/瓶)。每瓶包含不超过 120 mg 的蛋白质(5 mL 灭菌水溶解),能中和至少 150 MLD_{50} Centruroides 蝎毒素。制品中,$F(ab')_2$ 含量不低于 85%,单链 $F(ab)$ 的含量不超过 7%,完整的免疫球蛋白 IgG 小于 5%,药物的 AUC 为 706 ± 352 ug·h/mL,在体内的半衰期为 159 ± 57 h。临床患者最常见的不良反应(≥2%)为呕吐、发热、皮疹、恶心、瘙痒等。2012 年,巴斯德公司推出马抗狂犬免疫球蛋白 $F(ab')_2$ 制品 FAVIRAB,每瓶总蛋白量不超过 23 mg/mL,含 $F(ab')_2$ 200~400 IU/mL(5 mL 灭菌水溶解),使用剂量为 40 IU/kg。这些制品的纯度、效价将是其他马血清制品的标杆。表 1 为国外马免疫球蛋白 $F(ab')_2$ 制品。

表 1 国外马免疫球蛋白 $F(ab')_2$ 制品

制品名称	含量		说明
	总蛋白/(mg·mL⁻¹)	$F(ab')_2$/%	
Anascorp	≤24	85	总蛋白量≤24 mg/mL(国内≤170 mg/mL),总蛋白量越低,引起过敏反应的可能性越小;$F(ab')_2$ 为主要活性成份
FAVIRAB	≤23	85	完整 IgG 是引起阳性反应的主要成份,一般≤5%

二、国内马血清制品的概况

　　我国是抗血清生产大国,生产品种多,生产规模大,兰州、上海、武汉、长春、成都、北京六大生物制品研究所均有一定生产能力,其中以兰州生物制品研究所规模最大,不仅有符合要求的大型养马场和大量检疫后马匹,而且有成熟的免疫技术和大规模生产设备。

　　传统产品主要包括作为生物恐怖预防用的肉毒抗血清(A、B、E)、抗破伤风、抗蛇毒血清(蝮蛇、五步蛇、银环蛇、眼镜蛇)、抗狂犬病血清、抗白喉、抗炭疽、抗气性坏疽(魏氏、水肿、溶组织、脓毒)等。

　　目前,生产企业也在进一步改进纯化工艺,在胃酶消化处理后,并采用离子交换层析等纯化技术,获得的免疫球蛋白 F(ab')$_2$ 片段纯度可达 85%(图 1),如 2008 年国内上海赛伦生物技术公司、武汉生物制品所、长春生物制品所上市的马破伤风免疫球蛋白 F(ab')$_2$,基本接近国际水平。

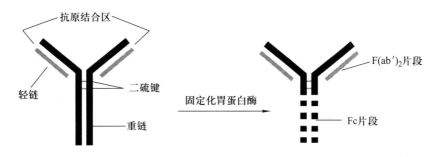

图 1　免疫球蛋白 IgG 经胃酶消化、纯化后获得免疫球蛋白 F(ab')$_2$ 片段

三、国内马血清制品的趋势

　　相对其他国家,我国马抗血清在质量方面与国外差距较大,主要是生产工艺落后,还处于 20 世纪 50 年代水平的粗制工艺阶段,使用后过敏反应相对较大。

　　过敏反应主要表现在两方面:① 过敏性休克,在注射过程或注射后数分钟到一小时内内患者突感胸闷、气急、脉搏加速、血压下降,发冷直到昏迷,重者抢救不及时,可迅速死亡;② 血清病(serum sickness),如注射破伤风抗毒素(TAT)后 1～2 周出现荨麻疹、发热、淋巴结肿大、脸部红肿、偶有蛋白尿、呕吐及关节疼痛等。因此在用马血清前先作过敏试验,试验结果为阴性可直接注射;若试验结果为阳性者,要进行脱敏注射,即小剂量分 4～5 次注射 TAT;在用过粗制马血清超过一周者,要再使用,还须重做皮肤试验。

　　由于临床使用的普遍过敏副作用,国内马血清制品逐步被人抗血清、人免疫球蛋白替代。但人的血液制品来源毕竟有限,尤其在应对突发新发传染病、康复者很少或者康复者血清抗体效价很低时,马高免血清可作为重要的应急储备。首个 FDA 批准的马血清产品 Anascorp 值得借鉴,如何改进目前生产工艺,降低马血清制品过敏性副反应、提高制品纯度和效价,成为马抗血清制品的核心问题。

2003 年药监局印发的《马抗 SARS 病毒免疫球蛋白研制技术要求》(国食药监注〔2003〕267 号)对免疫用病毒抗原、马匹、免疫程序、制品的生产工艺、制品质量管理、制品的安全性和有效性做了规范,包括制品效价体外定量检测方法、纯度、以及制品与猴、牛、人等血清的交叉反应性。且对马抗 SARS 病毒免疫球蛋白纯度做了要求(70%以上)。

四、精制马免疫球蛋白 F(ab')$_2$ 的开发

新一代精制马免疫球蛋白 F(ab')$_2$ 产品的开发主要涉及免疫原制备、免疫程序的制定,高效价血浆的大量采集,去毒去敏处理、盐析沉淀、亲和层析或离子交换层析、冻干、质量检测[免疫球蛋白 F(ab')$_2$ 的纯度、总蛋白含量、有效性、安全性评价等]几个关键的步骤。其中核心问题主要在于抗体精制(Fc 段切除后纯化工艺的改良),以及活性成分的稳定性、质量控制方面。

马血清制备工艺根据纯化程度分四个阶段。第一阶段是高免马血清经过简单的灭菌去毒处理直接使用。第二阶段是采用硫酸铵盐析或其他方法制备的具有较高比活性的浓制血清。第三阶段是 20 世纪 50 年代建立的胃蛋白酶切精制的方法,采用胃酶将无中和活性的 Fc 段切掉,然后采用盐析、加温、沉淀等方法精制有中和活性的 F(ab')$_2$ 段。我国 20 世纪 50 年代引入此法,并进行规模化生产,至今,虽有工艺改进,但基本仍采用此法。此工艺生产的产品称为精制抗血清。第四个阶段即免疫球蛋白生产阶段,此方法保留了胃酶消化 Fc 段工艺,而生产过程中采用现代柱层析技术,不用硫酸铵盐析,使制品安全性增加。生产的产品不仅纯度高,而且比活性也得到了提高,过敏反应显著下降,大大提高了制品的安全性和有效性,是真正的马免疫球蛋白产品。目前,国外发达国家产品大部分利用此工艺生产。

泰国的 Kittipongwarakarn 等用 G 蛋白亲和色谱法纯化马血浆抗体。其中,纯化的 IgG 抗体 F(ab')$_2$ 的完全消化是在胃蛋白酶/抗体达到(w/w)的结构和效力比 5∶45 最理想。印度的 Fernandes A 等对抗狂犬病毒马血清纯化 F(ab)$_2$,是由两个通过 Cellufine A-200 和 prosep VA 超介质连续色谱纯化,纯化获得的 F(ab)$_2$ 的纯度为 90%以上,而且均匀性良好。

军事医学科学院军事兽医研究所夏咸柱院士课题组以及中山大学公共卫生

学院陆家海研究组对马抗人高致病性禽流感(H5N1)免疫球蛋白进行初步研制,免疫球蛋白 F(ab′)$_2$ 纯度可达 90% 以上,达到甚至超过 VIPER 研究所研发的 Anascorp 纯度(85%),相信国内开发的马免疫球蛋白 F(ab′)$_2$ 临床试验的安全性也毋庸置疑。

军事医学科学院微生物流行病研究所免疫学实验室王希良研究组研制的三批马抗 SARS 病毒免疫球蛋白的 CPE 和 MTT 中和效价分别达到 1∶6 400、1∶6 400、1∶12 800。成都军区疾控中心范泉水实验室还对其他抗毒素血清进行纯化工艺改良研究,均能获得纯度 85% 以上的马免疫球蛋白 F(ab′)$_2$。这些工艺改良研究为新一代安全高效的马抗血清制品的生产、推广应用奠定了基础。

五、精制马免疫球蛋白 F(ab′)$_2$ 在外来病防治中的应用研究

外来病是指在境外国家或地区已经发生,国内尚未发现或新近传入的一类疫病。随着世界经济全球化,我国与世界各国的联系越来越紧密,往来频繁,增加了自然感染或输入性病例的概率。例如 2009 年传入我国的甲型 H1N1 流感和现在非洲流行随时可能传入我国的埃博拉出血热、中东呼吸综合征等重要疫病。其他如由蚊虫传播的裂谷热、西尼罗河热、黄热病、基孔肯雅热及寨卡病毒病等,啮齿类传播的拉沙热等。这类疫病发生突然,应对技术薄弱,一旦传入我国,严重影响我国人民的生命健康、社会和谐稳定和国家生物安全。我国已出现其中几种疫病的输入病例,随时有可能在我国引起这类疫病的发生和流行,亟待研制防控产品。

(一)埃博拉防治研究

军事医学科学院军事兽医研究所夏咸柱院士课题组近年来专注于烈性病毒抗原研究和精制马抗研究。2014 年,西非暴发埃博拉病毒病,该病是一种急性烈性传染病,致死率高达 80%,目前尚无批准的疫苗和药物。国内没有高效埃博拉病毒抗原,他们采用生物工程技术,人工合成埃博拉病毒囊膜糖蛋白和基质蛋白基因序列,将人工合成的序列重组至苜蓿银纹夜蛾杆状病毒,获得表达埃博拉病毒囊膜糖蛋白和基质蛋白的重组杆状病毒。将重组杆状病毒接种昆虫细胞,经发酵培养表达埃博拉病毒样颗粒,再经浓缩纯化获得埃博拉病毒抗原。与长春生物制品研究所和加拿大微生物国家重点实验室合作,按照规定免疫程序免疫马匹获得高免血清,中和效价 1∶60 000 以上,经酶切纯化获得马抗埃博拉精制免疫球蛋白 F(ab′)$_2$,中和效价 1∶20 000 以上。每天给药两次,每次 200 ug F(ab′)$_2$,连续 3 天,可以保护 60% 小鼠免于死亡;一次性给药 20 mg F(ab′)$_2$,可以保护 100% 大鼠免于死亡,该研究成果 2016 年发表在 *Scientific Reports* 上。

（二）中东呼吸综合征防治研究

中东呼吸综合征冠状病毒（Middle East respiratory syndrome coronavirus, MERS-CoV）于 2012 年首次被分离到，是一种可感染人类并致死的新型冠状病毒，病死率达 35% 以上。MERS-CoV 已在 27 个国家造成感染，感染病例多发生于中东地区，但在非洲、亚洲、南美均有感染病例，且均与中东地区有关联。目前，对于 MERS 尚无获批的预防性疫苗或特异性治疗方法。

2015 年在广州有一起由韩国输入的 MERS 病例，为我国的 MERS 疫情防控敲响警钟。中国人口密度大，为防止"非典"疫情重演，研制安全性高、免疫原性强的疫苗及快速救治药物，用于 MERS 防控储备，具有重要意义。研制用于 MERS 预防和治疗的疫苗及治疗性抗体对于该病的防控、保护患者与医疗工作者的生命安全具有重要意义。MERS-CoV 生物安全风险高，操作活病毒可能带来生物安全问题，需要在生物安全三级实验室进行，且需要专业人员操作，传统的灭活疫苗和弱毒疫苗研究及其规模化生产遇到障碍。

夏咸柱院士课题组构建了 MERS-CoV 病毒样颗粒作为抗原；将 MERS-CoV 纤突蛋白（spike protein, S）、膜蛋白（membrane protein, M）和包膜蛋白（envelope protein, E）基因重组至杆状病毒表达载体，拯救重组杆状病毒；将重组杆状病毒感染昆虫细胞，收获细胞上清液并通过浓缩纯化后，获得 MERS-CoV 病毒样颗粒。与爱荷华大学和广州呼吸研究所合作，按照规定免疫程序免疫马匹获得高免血清，马抗 MERS-CoV 高免血清中和效价为 1：20 900，制备的精制抗体 F(ab')$_2$ 纯度为 91.3%；在 MERS-CoV 小鼠感染模型上进行攻毒保护试验，分别在攻毒前、后肌肉注射马抗 MERS-CoV 精制免疫球蛋白 F(ab')$_2$ 和 IgG，两者可以显著降低攻毒小鼠肺内病毒滴度，证明其具有预防及暴露后的保护作用，该研究成果 2016 年发表在 *Antiviral Research* 上。

（三）西尼罗河热防治研究

目前西尼罗病毒（WNV）在非洲、欧洲、中东、西亚和北美洲流行，并且引起流行性脑炎。到目前为止，还没有开发出针对 WNV 感染有效的治疗方法。因此，迫切需要找到一种预防 WNV 疾病的有效方法。

夏咸柱院士团队利用杆状病毒-昆虫细胞表达系统制备了含有 WNV 结构蛋白 M 和 E 的病毒样颗粒。与爱荷华大学和广州呼吸研究所合作，免疫马匹后获得高免血清，中和效价大于 1：40 000，经酶切纯化获得马抗 WNV 精制抗体 F(ab')$_2$，纯度为 93.5%。体外实验结果表明，精制抗体 F(ab')$_2$ 和 IgG 都能有效地中和组织培养中的 WNV。体内研究结果表明，暴露前或暴露后使用精制抗体

F(ab′)₂ 和 IgG 都能显著加速小鼠脾和脑中 WNV 病毒的清除,且对 C57BL/6 小鼠保护率为 100%,该研究成果 2016 年发表在 *Viruses* 上。

六、展　　望

在过去的二百年中,马免疫球蛋白制品以快速、高效、廉价等优点在应对传统疾病方面发挥了巨大作用。虽然新兴生物制品如人源特异性单克隆抗体、暴露后疫苗等的不断出现,但新技术、新方法和新工艺的进步让马免疫球蛋白不断得到改进,在应对新发突发传染病和生物反恐等方面再次表现出巨大的应用潜力。

参 考 文 献

[1]　张庶民. 我国马免疫球蛋白制品现状及展望[J]. 中国药事,2004,18(6):376-378.

[2]　丁天然,张永信. 马破伤风免疫球蛋白 F(ab′)₂ 及其临床应用前景[J]. 上海医药,2012,33(19):13-15.

[3]　CHISHOLM H. Montagu, Lady Mary Wortley[M]// Encyclopædia Britannica. 11th ed. Cambridge:Cambridge University Press,1911.

[4]　CALMETTE A. The treatment of animals poisoned with snake venom by the injection of antivenomous serum[J]. British Medical Journal,1896,2(1859):399-400.

[5]　陈国蓉,郑春. 马血清破伤风抗毒素与人破伤风免疫球蛋白的过敏反应比较[J]. 海峡药学,2011,23(4):215-216.

[6]　LU J,GUO Z,PAN X,et al. Passive immunotherapy for influenza A H5N1 virus infection with equine hyperimmune globulin F(ab′)₂ in mice[J]. Respiratory Research,2006,7(1):43.

[7]　段丽娟,杨俊杰,张金,等. 层析纯化破伤风抗毒素条件的探索[J]. 中华医学研究杂志,2012,12(9).

[8]　国家药典委员会. 中华人民共和国药典:三部[M]. 北京:中国医药科技出版社,2010:180-181.

[9]　KITTIPONGWARAKARN S,HAWE A,TANTIPOLPHAN R,et al. New method to produce equine antirabies immunoglobulin F(ab′)₂ fragments from crude plasma in high quality and yield[J]. European Journal of Pharmaceutics & Biopharmaceutics,2011,78(2):189.

[10]　SEGURA T,HERRERA M,VILLALTA M,et al. Assessment of snake antivenom purity by comparing physicochemical and immunochemical methods[J]. Biologicals,2013,41(2):93-97.

赵永坤 1976 年 2 月出生于吉林省白山市。军事医学科学院军事兽医研究所助理研究员。1995 年考入吉林农业大学,1999 年毕业入伍;2009 年考入吉林农业大学,攻读预防兽医学硕士研究生学位,2012 年毕业获得硕士学位。2013 年考入军事医学科学院,攻读博士学位。主要参加了国家科技重大专项课题 3 项、总后勤部卫生部军队重点项目 1 项、军事医学科学院创新基金 2 项、中国工程院咨询项目 4 项、中国检验检疫科学研究院课题 1 项、国家自然基金委项目 1 项。在课题研究过程中,建立 B 型流感、H7N9 亚型流感小鼠模型,完善了 H1N1、H5N1 小鼠模型,对 H7N9 亚型流感精制免疫球蛋白、H7N9 病毒样颗粒免疫效果、超级抗原药效及"复方岑兰""扶正除疫颗粒"等中药进行评价。获吉林省科技进步奖一等奖 2 项、军队科技进步奖一等奖 1 项。参与申请专利 10 项,获授权专利 5 项。申报临床批件 1 项,发表文章 30 余篇。

西尼罗病毒病及其新型疫苗研究进展

王化磊[1]　　曹增国[1]　　李　岭[1,2]　　金宏丽[1,2]

赵永坤[1]　　杨松涛[1]　　夏咸柱[1]

1. 军事医学科学院科学院军事兽医研究所,长春;

2. 吉林大学动物医学学院,长春

西尼罗病毒病(West Nile virus disease,WNVD)是由西尼罗病毒(West Nile virus,WNV)通过蚊虫传播引起的一种急性传染病,可表现为西尼罗河热和西尼罗脑炎,临床表现主要有发热、皮疹、淋巴结肿大和脑炎症状等。WNV 首次于 1937 年从非洲乌干达西尼罗地区的发热患者体内分离获得,20 世纪 50 年代至 80 年代主要在以色列、埃及、印度、法国和南非等国家零星暴发并引起以轻微发热为症状的疾病。1957 年在以色列首次暴发了由 WNV 引起的神经系统疾病,随后的疫情中不断出现成年或小儿神经系统疾病病例。20 世纪 90 年代中叶,WNV 出现的频率、严重性和全球分布不断提高,且由 WNV 引起的脑膜炎和脑炎主要感染成年人。1999 年,WNV 跨过大西洋进入西半球,并在纽约引起了大量的脑炎患者。在随后的几年内 WNV 几乎传遍整个北美并扩散至一些拉丁美洲和南美国家。1999—2010 年,全球超过 2 500 000 人感染 WNV,其中 12 000 多人出现脑炎或脑膜炎症状,引起 1 300 余人死亡[1]。目前,WNV 在全球广泛传播,并被认为是导致病毒性脑炎全球频发的重要病原体。

一、西尼罗病毒

WNV 属于黄病毒科黄病毒属日本脑炎病毒家族,与日本乙型脑炎病毒(Japanese encephalitis virus)、圣路易斯脑炎病毒(St. Louis encephalitis virus)、墨累溪谷脑炎病毒(Murray Valley encephalitis virus)关系密切。WNV 基因组为单股正链 RNA,大约 11 kb,5′末端编码 10 个基因,3′末端为非编码区(noncoding regions,NCR)。病毒基因组编码一个多聚蛋白,翻译后被切割为 3 种结构蛋白:衣壳蛋白(C)、前膜/膜蛋白(prM/M)和包膜蛋白(E)和 7 个非结构蛋白(NS)(NS1、NS2A、NS2B、NS3、NS4A、NS4B 和 NS5)。

分离毒株的系统进化分析表明:WNV 存在 4~5 种不同的遗传谱系,不同谱系间基因组存在 20%～25% 的差异且与分离地域密切相关[2]。其中,谱系 1、2 和 5 与人的疾病相关。谱系 1 在全球广泛分布,并分为 2 个重要的分支,其中分支 1a 包括分离于非洲、欧洲、中东、亚洲和美国的毒株,分支 1b 以澳大利亚昆津病毒(Australian Kunjin virus,KUNV)为主要代表。

遗传进化分析表明:WNV 谱系 1a 的可能起源是非洲北部和撒哈拉以南地区,最早出现于 20 世纪初期并在 20 世纪 70—80 年代沿着连接北非、以色列和俄罗斯、中欧的东部候鸟迁徙路线向北传播,随后在 20 世纪 90 年代出现在摩洛哥和欧洲西部,并引起零星的疫情暴发。1999 年,1a 谱系的 WNV 传入美国并很快传遍北美,随后传至南美,进而使 WNV 成为一个全球的公共卫生问题[3]。

谱系 2 的 WNV 毒株主要在撒哈拉沙漠以南的非洲地区和马达加斯加岛流行,并在南非引起疫情的零星暴发。近年来,该病毒与欧洲南部、东部的鸟和人疫情的暴发密切相关。研究表明:谱系 2 的 WNV 起源于非洲,随后传入欧洲并形成地方流行。

谱系 3 的 WNV 以 1997 年和 1999 年在靠近奥地利的捷克共和国边境地区的蚊子体内分离的病毒为主要代表,试验表明此毒株仅感染蚊子和蚊子细胞。谱系 4 的 WNV 主要是自 1988 年以来在俄罗斯流行的毒株,包括在高加索西南部的蜱体内分离的毒株和伏尔加河三角洲地区的蚊子和爬行动物体内分离的毒株。谱系 5 此前被称为谱系 1 的 1c 分支,包括 1955 年至今在印度分离的毒株。此外,其他谱系的 WNV 包括分离于非洲的 Koutango 病毒、分离于西班牙的病毒株、分离于马来西亚沙捞越的昆津病毒变异株和塞内加尔分离株[1]。

二、西尼罗病毒病

大多数人(约 80%)感染 WNV 后无明显的临床症状,出现的症状从流感样不适症状到严重的神经系统疾病(无具体的治疗方法)不等。不足 1% 的人感染病例会发展成严重的疾病,其中最常报道的风险因素包括:高龄、免疫抑制和慢性疾病(包括但不限于高血压、糖尿病和慢性肾衰竭)。2002 年美国疾病预防控制中心收到的 4 000 多例报道中有 150 例患者年龄在 19 岁或以下,致死病例的中位年龄为 78 岁。在 2003 年的 WNV 疫情中,至少出现了 31 例 WNV 脑炎和 79 例 WNV 脑膜炎的儿童与青少年患者,然而并没有 WNV 引起的儿童和青少年死亡的报道。

血清流行病学调查研究发现:20%～25% 的 WNV 感染患者可以出现轻微的症状,0.67% 可以发展为神经系统疾病[1]。在出现神经系统症状的患者中,50%～71% 发展为西尼罗脑炎、15%～35% 发展为脑膜炎、3%～19% 发展为急性弛缓性麻痹。严重的脑炎患者的死亡率为 3%～19%。Loeb 等研究发现 WNV 所造成的身体和精神损伤可以在一年内恢复,但先前存在并发症的患者需要更长的恢复时间。然而其他研究表明:超过一半的出现神经症状的 WNV 患者在感染后一年内出现持续的身体症状和/或认知缺陷。WNV 临床症状持续 6 个月以上的情况多见于出现神经症状、患有高血压和糖尿病等的患者。在 WNV 患者的长期随访研究中发现 WNV 引起的神经系统疾病是引起慢性肾脏疾病的危险因素。

三、新型疫苗研究

(一)疫苗介导的免疫保护

蜱传脑炎病毒、乙型脑炎病毒、黄热病毒等多种黄病毒疫苗研究的不断深入,为 WNV 新型疫苗的研制奠定了基础。目前已有多种兽用 WNV 疫苗获批上市,但尚没有获批的人用 WNV 疫苗。由于 WNV 对马具有较高的致死率,故一种由福尔马林灭活的 WNV 全病毒疫苗开始投入兽用,并于 2003 年成功获批。此外,表达 WNV prM 和 E 蛋白的重组金丝雀痘病毒疫苗于 2004 年成功获批。上述疫苗免疫马匹后,WNV 感染在接下来的几年中显着减少,从而证明了疫苗的有效性。此外,这些疫苗也用于其他动物特别是鸟类的免疫。然而,所有的兽用 WNV 疫苗都需要每年加强免疫以维持其保护效力[4]。

大量数据研究表明,体液免疫反应在疫苗接种保护中起关键作用,WNV 免疫动物的抗体被动转移后可以保护 B 细胞缺陷小鼠免受 WNV 的攻击,且保护效果与中和抗体的水平相关。WNV 免疫记忆应答的研究表明:疫苗诱导的记忆 B 细胞或长寿命浆细胞产生的抗体均具有保护性。针对不同 WNV 毒株的保护性抗体主要由记忆 B 细胞产生,这与不同谱系 WNV 的交叉保护密切相关。小鼠感染 WNV 后产生的 IgG2 亚型抗体具有增强效应功能,可以减少中和病毒所需的抗体总量,进而增强抗体介导的保护性反应。与抗体相反,CD8+ T 细胞免疫应答在疫苗介导的保护性反应中发挥着支持作用,特别是在重复免疫接种中。

大多数被 WNV 感染的动物和人产生了强大的针对 E 蛋白的抗体应答反应。尽管部分研究表明分别针对 NS1 和 M 蛋白的抗体也具有中和活性和保护性,但 E 蛋白仍然是 WNV 保护性抗体的主要靶点。因此,目前几乎所有 WNV 亚单位疫苗都是基于 E 蛋白。E 蛋白上的受体结合结构域 DⅢ 具有中和病毒的重要表位,仅用重组的 DⅢ 免疫后足以保护动物免于 WNV 的攻击。然而,在融合环附近缺少非中和表位的突变型 E 蛋白可以刺激机体产生强大的保护性免疫反应。

(二)基于完整 WNV 颗粒的疫苗

几种甲醛灭活的全病毒疫苗已批准兽医使用,这些疫苗基于不同的 WNV 毒株,现已广泛用于马匹的免疫。由于甲醛处理会影响病毒的抗原结构,所以目前正研究新的灭活途径。Amanna 等将低致病性的昆津病毒与过氧化氢孵育,使病毒失活并制备疫苗,此方法主要破坏病毒的 RNA 基因组,但对抗原蛋白的损伤非常少。利用此技术生产的 WNV 灭活疫苗可以完全保护小鼠免受 WNV 感染,且与产业化的甲醛灭活疫苗相比,可以诱导更高水平的 WNV 抗体反应。此外,保护性抗体水平可保持 280 天以上[5]。

黄病毒的减毒疫苗以基于 17D 毒株的黄热病疫苗为代表,并且已成功用作商业化疫苗,但目前鲜有 WNV 减毒疫苗的报道。利用反向遗传学(即在基因组中的特点位置引入突变)来筛选弱毒疫苗株的方法被认为是安全且有希望的替代方案。鉴于目前 WNV 疫苗的现状,需要仔细检查经典减毒技术或单位点突变技术方案以确保疫苗的安全性。通过删除基因组中的衣壳蛋白序列并通过辅助细胞系提供该蛋白,Widman 等制备了在感染细胞中缺少复制能力且具有免疫原性的病毒颗粒,由该技术制备的疫苗 RepliVAX 可刺激包含非人灵长类在内的多种动物产生保护性免疫反应。Whiteman 等制备了 E 和 NS1 蛋白糖基化位点突变的病毒株作为潜在的候选疫苗。突变病毒感染小鼠后,可刺激机体产生高水平的中和抗体,但血液中未检测到病毒血症。此外,该候选疫苗还可保护小鼠免受野生型毒株(NY99)的致死性攻击[4]。

(三) 重组蛋白疫苗

人用 WNV 亚单位疫苗已完成临床前(啮齿动物和非人类灵长类动物)和 I 期临床试验评价。在大多数研究中,主要将不同形式的 E 蛋白胞外区作为疫苗抗原进行评价,如结构域 DⅢ等。E 蛋白的 C-端跨膜区通常不被用作疫苗抗原,因为该区域可引起蛋白质表达障碍。此外,由于亚单位疫苗缺乏固有的免疫刺激能力[如 Toll 样受体(TLR)配体或病原体相关分子模式等],因此候选亚单位疫苗通常与各种佐剂一起使用,以确保可刺激机体产生广泛、有效的体液免疫和细胞免疫应答。

Wang 等利用大肠杆菌表达了 WNV E 蛋白胞外区的重组蛋白,辅以弗氏佐剂制备疫苗,小鼠试验结果表明:该疫苗可有效保护小鼠免受强毒的攻击。然而,高剂量的免疫(每只小鼠 20 μg)限制了其在人类中的应用。WNV E 蛋白胞外区亦在昆虫细胞系统(果蝇 S2 细胞、草地夜蛾 SF+细胞)中得到表达,并评价了免疫效果。Ledizet 等将利用昆虫细胞表达的重组抗原(rWNV-ET)辅以铝胶或 FCA 制备疫苗,并在小鼠、仓鼠和马中进行评价。两种制剂均能保护小鼠和仓鼠免受致死性 WNV 的攻击。此外,研究者利用果蝇 S2 表达系统表达了 E 蛋白胞外区(E80)和 NS1 蛋白,动物试验表明:单独的 E80、NS1 或 E80 + NS1 组合蛋白免疫后可刺激小鼠产生高水平的中和抗体和特异性细胞免疫应答。此外，在具有 50% 死亡率的仓鼠 WNV 感染模型中，基于 ISCOMATRIX 佐剂的 E80 蛋白免疫后具有 100% 的保护，而 NS1 蛋白仅具有部分保护。将 5 μg 的 E80 蛋白辅以 GPI-0100 佐剂后接种恒河猴，所有动物均产生了抗 WNV 中和抗体，并免受强毒的攻击。2009 年，使用 Alhydrogel（InvivoGen，Toulouse，France）佐剂的 E80 亚单位疫苗在健康成年人中进行了 I 期临床试验[4]。

（四）病毒样颗粒疫苗

病毒样颗粒（virus-like particles，VLPs）是由病毒的一个或多个结构蛋白组成的空心颗粒，没有病毒核酸，不能进行自主复制，在形态结构上与天然病毒相似，具有很强的免疫原性和生物学特性。近年来，VLPs 以其独特的特点吸引研究者的关注：可对机体进行多次免疫；由于 VLPs 空间结构与天然病毒相似，因此诱导中和抗体的能力比可溶性抗原更强；VLPs 易被抗原提呈细胞捕获，从而刺激机体产生抗体和细胞免疫反应；可将免疫刺激因子融合到 VLPs 表面，进一步增强其免疫反应。夏咸柱等利用昆虫细胞-杆状病毒表达系统构建了表达西尼罗病毒主要结构蛋白的重组杆状病毒，将重组病毒感染昆虫细胞后成功组装了 WNV VLPs。动物免疫表明：WNV VLPs 可有效刺激机体产生特异性的细胞免疫和体液免疫。将纯化的 VLPs 辅以佐剂免疫健康马匹，多次免疫后获得了抗 WNV 高免血清，中和抗体效价达 1∶40 000。经酶切、纯化等工艺制备了抗 WNV 精制免疫球蛋白，实毒微量中和试验表明其 EC50 为 16.5 μg/mL。在病毒感染小鼠后不同时间分别给予制备的精制免疫球蛋白进行紧急预防或治疗，结果表明：抗 WNV 精制免疫球蛋白在体内具有良好的病毒中和能力，可对病毒感染小鼠起有效的保护作用[6]。

（五）DNA 疫苗

DNA 疫苗是当前疫苗研究的热点，但目前所有获批的 DNA 疫苗仅集中在兽医领域。Davis 等制备了编码 prM-E 蛋白的 DNA 疫苗，动物试验表明其可有效刺激小鼠和马产生高滴度的中和抗体，2005 年美国农业部批准该疫苗用于马的免疫。此外，一种类似的 WNV DNA 疫苗也在人体开展了 I 期临床试验，并可刺激人体产生抗 WNV 中和抗体[7]。质粒 DNA 进入细胞核的低效性导致 DNA 疫苗的免疫原性相对较低，因此比小鼠大的动物需要注射高剂量的疫苗才能保证机体产生足够的免疫应答。近年来，研究者将甘露糖化的聚乙烯亚胺与 WNV 质粒 DNA 结合使其成为纳米颗粒。通过肌肉注射或皮内注射方式免疫小鼠后，DNA 纳米颗粒可与抗原递呈细胞表面的甘露糖受体结合，进而激活补体依赖的抗原吞噬作用。Filette 等将 DNA 疫苗和重组蛋白疫苗根据不同疫苗加强免疫策略用于动物的免疫,结果发现 1 μg 的 DNA 疫苗即可有效激发机体再次产生抗 WNV 保护性免疫反应。此外,研究者也在不断探索新的递送途径,进而提高 WNV DNA 疫苗的免疫效果[4]。

(六)活载体疫苗

将 WNV 的 E 蛋白或 prM-E 蛋白基因插入不同的病毒载体进而研制了多种重组疫苗候选株,已经市场化的 ChimeriVax 疫苗(SanofiPasteur,Lyon,France)即是以黄热病毒疫苗株 17D 为载体。以痘病毒为载体制备的 WNV 重组活载体疫苗已经获批并成功用于动物的免疫。将黄热病毒的 prM/E 基因用 WNV 的相应序列进行替换,筛选获得的嵌合病毒对机体的致病性降低但仍保持了良好的免疫原性。重组活载体疫苗 ChimeriVax-JEV 已经获批在人体使用并完成了 Ⅱ 期临床试验[8]。以登革病毒弱毒株为载体构建的表达 WNV prM/E 蛋白的重组病毒,Ⅰ 期临床试验和动物试验结果均表明重组病毒免疫后可刺激机体产生强大的保护性免疫应答。此外,也有利用麻疹病毒、水泡型口炎病毒、A 型流感病毒、慢病毒、腺病毒等为载体构建 WNV 重组活载体疫苗的报道[4]。

四、结　　语

近年来西尼罗病毒病在人和动物中暴发频繁,给发病地区带来重大经济损失和健康威胁,已被 WHO 和世界动物卫生组织列为全球重大流行病之一。我国地理环境和气候复杂,蚊虫种类众多,且与 WNV 近亲的病毒——乙型脑炎病毒不断流行,因此我国具备 WNV 流行的媒介和生态条件。2011 年,梁国栋等从新疆维吾尔自治区采集的蚊虫标本中分离到西尼罗病毒。2012 年,Lan 等从我国上海市的鸟血清样本内检测到了 WNV 抗体。2013 年 1 月,梁国栋等首次从我国新疆地区 2004 年突发脑炎和发烧患者的脑脊液内检测到了西尼罗病毒抗体,大量血清学结果证明当地不仅存在西尼罗病毒感染所致疾病,还发生过西尼罗病毒感染引发的病毒性脑炎流行[9]。近年来西尼罗病毒病不断在俄罗斯、印度等邻国发生和流行,仅 2010 年俄罗斯感染西尼罗病毒的人数达到 511 人。此外,在韩国、日本等乙型脑炎病毒流行国家的鸟体内也检测到了 WNV 抗体。当前国际贸易、旅游人员和动物进出口活动日益频繁,且我国还处于候鸟迁徙路线上,WNV 传入我国的可能性很大。因此,我们必须加强 WNV 侦检与综合防控技术研究,将此病拒之国门以外。

参 考 文 献

[1]　CHANCEY C,GRINEV A,VOLKOVA E,et al. The global ecology and epidemiology of

West Nile virus [J]. BioMed Research International,2015:376230.

[2] MAY F J,DAVIS C T,TESH R B,et al. Phylogeography of West Nile virus:from the cradle of evolution in Africa to Eurasia, Australia, and the Americas [J]. Journal of Virology, 2011,85(6):2964-2974.

[3] ZEHENDER G,EBRANATI E,BERNINI F,et al. Phylogeography and epidemiological history of West Nile virus genotype 1a in Europe and the Mediterranean basin [J]. Infection, Genetics and Evolution,2011,11(3):646-653.

[4] ULBERT S,MAGNUSSON S E. Technologies for the development of West Nile virus vaccines [J]. Future Microbiology,2014,9(10):1221-1232.

[5] AMANNA I J,RAUE H P,SLIFKA M K. Development of a new hydrogen peroxide-based vaccine platform [J]. Nature Medicine,2012,18(6):974-979.

[6] CUI J,ZHAO Y,WANG H,et al. Equine immunoglobulin and equine neutralizing F(ab´)2 protect mice from West Nile virus infection [J]. Viruses,2016,8(12):332.

[7] LEDGERWOOD J E,PIERSON T C,HUBKA S A,et al. A West Nile virus DNA vaccine utilizing a modified promoter induces neutralizing antibody in younger and older healthy adults in a phase I clinical trial [J]. The Journal of Infectious Diseases,2011,203(10):1396-1404.

[8] ISHIKAWA T,YAMANAKA A,KONISHI E. A review of successful flavivirus vaccines and the problems with those flaviviruses for which vaccines are not yet available [J]. Vaccine, 2014,32(12):1326-1337.

[9] LU Z,FU S H,CAO L,et al. Human infection with West Nile Virus,Xinjiang,China,2011 [J]. Emerging Infectious Diseases,2014,20(8):1421-1423.

王化磊　博士,副研究员。主要从事重要人兽共患病综合防控技术研究,研制了西尼罗病毒病、埃博拉出血热等多种外来人兽共患病的快速诊断技术和新型疫苗,同时开展了狂犬病致病机制和特种动物重要疫病防控技术研究。主持"十三五"国家重点研发计划、国家自然科学基金面上项目、青年基金项目、公益性行业(农业)科研专项、科技部支撑计划、新药创制重大专项、吉林省科技发展计划项目等课题10项。获吉林省科技进步奖一等奖2项、大北农科技创新奖二等奖1项、吉林省自然科学学术成果奖二等奖2项。副主编或参编《野生动物疫病学》《兽医全攻略+犬病》等著作5部。发表论文110余篇(其中SCI收录48篇)。申请国家专利8项,获授权5项。获得兽用生物制品临床试验批件2项、新兽药注册证书1项。

假病毒构建及其在外来病防控中的应用

曹增国[1]　　王化磊[1,3]　　李　岭[1,2]　　迟　航[1]

金宏丽[1,2]　　赵永坤[1,3]　　杨松涛[1,3]　　夏咸柱[1,3]

1. 军事医学科学院军事兽医研究所,吉林省人兽共患病预防与控制重点实验室,长春;2.吉林大学动物医学学院,长春;

3. 江苏省动物重要疫病与人兽共患病防控协同创新中心,扬州

外来人兽共患病(以下简称外来病)是指已在国外发生或流行,但我国尚未出现的人兽共患的传染性疾病。各种外来病中,病毒性疾病占据相当比例,对人和动物的健康以及公共卫生安全造成极大的危害。如今在全球一体化的形势下,国际交流日益频繁,人类以及各种动物产品可借助多种交通工具在全球范围内广泛流动,从而为各种外来病传入我国创造了条件。

近年多种外来病已传入我国,如中东呼吸综合征(Middle East respiratory syndrome,MERS)、西尼罗河热(West Nile fever,WNF)、裂谷热(Rift Valley fever,RVF)等均已造成一定危害,且已有多种外来病在我国周边国家发生并流行,如埃博拉出血热(Ebola hemorrhagic fever,EHF)、马尔堡病毒病(Marburg virus disease,MVD)、委内瑞拉马脑炎(Venezuelan equine encephalitis,VEE)等传入我国的风险与日俱增[1-5]。在此形势下,由于国内较难获取实毒对各种外来病进行防控制剂的研究与评价,因此,取而代之的是假病毒系统的使用。

假病毒是指一种病毒拥有自己遗传物质的同时,整合另一种病毒的囊膜糖蛋白(GP),从而形成具有另一种病毒感染特性的假型病毒[6]。通常情况下,将携带一种病毒骨架基因(敲除其具有感染性的囊膜蛋白编码基因后的基因组)的载体与携带另一种病毒 GP 基因的载体共转染包装细胞,培养一定时间后即可拯救出假病毒。由于假病毒基因组中编码 GP 的基因被修饰缺失,故其只能进行"单周期复制",安全性高[6-7]。且由于假病毒粒子外膜被另一种病毒 GP 所包裹,故其可模拟天然实毒的侵染过程,进而实现对多种外来病病原的研究及评价。本文就假病毒的分类及其应用情况进行综述,以期为烈性病防控制剂评价等多方面工作提供参考。

一、以获得性免疫缺陷综合征病毒（HIV）为载体的假病毒

该类假病毒的生产通常是经过双质粒系统共转染真核表达细胞实现的。在双质粒系统中，一种质粒表达 1 型 HIV（HIV-1）外膜蛋白 Env 以外的所有基因，称为骨架质粒；另一种质粒携带某种病毒的 GP 基因，转染真核表达细胞后能瞬时表达外源 GP。为了便于后期的检测与研究，在不影响其功能的前提下，研究者常在骨架质粒上加入标记基因，如绿色荧光蛋白（GFP）基因、萤火虫荧光素酶（Luciferase）基因等。两种质粒共转染真核表达细胞后，自行组装形成外膜为外源 GP 的 HIV-1 假病毒粒子。

由于 HIV-1 型假病毒在多方面具有独有的优势，故越来越受到研究者的青睐。Qiu 等将携带 H7N9 禽流感病毒 HA、NA 基因的质粒与带有 Luciferase 基因的骨架质粒共转染 293T 细胞，成功将收获的假病毒用于血清中和抗体的检测中，从而使 H7N9 流感病毒的相关实验工作得以在生物安全 3 级（BSL-3）以下的条件下完成[8]。Zhao 等利用类似的 HIV-1 假病毒技术成功构建了 MERS 假病毒，从而实现了在不操作实毒的条件下对中东呼吸综合征冠状病毒（MERS-CoV）细胞受体的研究，并证明了二肽基肽酶-4（DPP4）是 MERS-CoV 的作用位点之一[9]。Cheresriz 等将外源蛋白整合入携带有增强型绿色荧光蛋白（eGFP）的慢病毒骨架中，组装出假慢病毒，并将其成功应用于抗 HIV 药物的筛选与评价中[10]。Baliga 等将包装的具有复制缺陷性的 HIV 假病毒免疫小鼠，检测结果显示该假病毒可以诱导产生中和抗体反应，从而说明假病毒作为疫苗使用颇具前景[11]。军事医学科学院军事兽医研究所夏咸柱院士团队现已成功包装出多种以 HIV 为载体的烈性病假病毒，如 EHF 假病毒、MERS 假病毒、VEE 假病毒以及 WNF 假病毒，均已成功用于相应烈性外来病病原的中和抗体检测工作及其精制抗体等治疗性制剂的评价中。

二、以水疱性口炎病毒（VSV）为载体的假病毒

VSVΔG 是基于 VSV 反向遗传操作系统的一种假病毒包装方式。与以 HIV 为载体的假病毒类似，该类假病毒 VSV 基因组中的 GP 基因被修饰缺失，而由于病毒粒子在出芽生殖过程中外膜包装上了另一种病毒的 GP，故其具有 GP 所属病毒的表面特性。为了便于后续研究过程的结果分析及数据整理，研究者亦通常在其基因组中嵌合表达有标记基因。

由于 VSV 型假病毒操作的安全性及简便性，亦有很多研究者使用该系统建立模型，对不易获得实毒的病毒进行研究。Takada 等将埃博拉病毒（EBOV）的 GP 包装至 VSVΔG 基因组外膜上，建立了用来分析 EBOV 糖蛋白的病毒模型，从

而为 EBOV 等高危型病原的研究提供了理论依据[12]。Cheresiz 等利用 VSVΔG 系统拯救了携带 H5N1 A 型流感病毒包膜蛋白的假病毒,以此为基础建立了中和试验并研究了流感病毒的血凝素(HA)及神经氨酸酶(NA)依赖性过程[13]。王永等利用 VSVΔG 系统拯救出携带西尼罗病毒(WNV)囊膜 E 基因的假病毒 VSVΔG * -WNVE,为从事 WNF 等高危病毒研究的人员提供了一种具有潜在应用价值的工具[14]。类似研究也将 VSVΔG 系统成功应用于麻疹病毒属成员相关假病毒的构建,并建立了基于假病毒技术平台的中和抗体检测方法[15-16]。军事医学科学院军事兽医研究所夏咸柱院士团队通过 VSVΔG 技术平台,成功研制了马尔堡病毒(MARV)假病毒,该假病毒基因组为缺失 G 基因的 VSV 基因组,且囊膜携带 MARV 的 GP,现已成功应用于 MARV 病毒样颗粒(VLPs)免疫效果及精制其精制抗体等治疗性制剂的评价工作中。

三、其他类型的假病毒

随着分子克隆及基因工程技术的迅猛发展以及病毒学基础理论与应用研究需求的不断增加,有多种类型的假病毒操作应运而生。例如鼠白血病病毒(MuLV)/猪瘟病毒(CSFV)系统、丙型肝炎病毒(HCV)型假病毒系统均在各自领域展现出新的活力,且正在病毒学研究进展中发挥积极作用。

四、结 语

我国幅员辽阔,边境线较长,且随着国际间交流的日趋频繁,新型高致病性病原的侵入随时可能发生,多种外来病正威胁着我国的公共卫生及人畜安全。在众多威胁我国公共安全的外来病中,病毒性疾病占据相当比例。因此,做好病毒性疾病尤其是病毒性外来病的预防及控制工作迫在眉睫。尽管假病毒作为一种安全有效的病毒学研究工具在病毒学基础及临床试验研究中发挥着重要作用,但其依然存在着某些问题,如部分拯救的假病毒毒力偏低,需要经过浓缩才能达到试验要求;检测某些标记分子成本过高等。随着研究的深入及新型技术的发展,假病毒技术平台将不断完善,并会在多个领域的研究中带来崭新的思路与研究方法。

参 考 文 献

[1] 宋铁,钟豪杰,梁立环,等.中国首起输入性中东呼吸综合征疫情应急处置实践[J].华南预防医学,2015(4):303-306.

[2] LU Z,FU S H,CAO L,et al. Human infection with West Nile virus,Xinjiang,China,2011[J]. Emerging Infectious Diseases,2014,20(8):1421-1423.

［3］　曹增国,王化磊,王丽娜,等.委内瑞拉马脑炎疫苗研究进展［J］.传染病信息,2015,28
　　　　(2):119-121.

［4］　赖圣杰,JENNIFER,MINIOTA,等.西非埃博拉病毒病传入中国的可能航线和风险估计
　　　　［J］.科学通报,2014,339(36):3572-3580.

［5］　景玲.严防马尔堡病毒病传入我国［J］.中国品牌与防伪,2005(5):53.

［6］　BRIGGS J A,WILK T,FULLER S D. Do lipid rafts mediate virus assembly and pseudotyp-
　　　　ing? ［J］. Journal of General Virology,2003,84(Pt 4):757-768.

［7］　董占柱,高雪军,余黎.假病毒的应用研究进展［J］.微生物学免疫学进展,2014,42
　　　　(2):59-64.

［8］　QIU C,HUANG Y,ZHANG A,et al. Safe pseudovirus-based assay for neutralization anti-
　　　　bodies against influenza A(H7N9)virus ［J］. Emerging Infectious Diseases,2013,19
　　　　(10):1685-1687.

［9］　ZHAO G,DU L,MA C,et al. A safe and convenient pseudovirus-based inhibition assay to
　　　　detect neutralizing antibodies and screen for viral entry inhibitors against the novel human
　　　　coronavirus MERS-CoV ［J］. Virology Journal,2013,10(1):1-8.

［10］　CHERESIZ S V,GRIGORYEV I V,SEMENOVA E A,et al. A pseudovirus system for the
　　　　testing of antiviral activity of compounds in different cell lines ［J］. Doklady Biochemistry
　　　　& Biophysics,2010,435(1):295.

［11］　BALIGA C S,VAN M M,CHASTAIN M,et al. Vaccination of mice with replication-defec-
　　　　tive human immunodeficiency virus induces cellular and humoral immunity and protects a-
　　　　gainst vaccinia virus-gag challenge ［J］. Molecular Therapy the Journal of the American
　　　　Society of Gene Therapy,2006,14(3):432-441.

［12］　TAKADA A,ROBISON C,GOTO H,et al. A system for functional analysis of Ebola virus
　　　　glycoprotein ［J］. Proceedings of the National Academy of Sciences of the United States of
　　　　America,1997,94(26):14764-9.

［13］　CHERESIZ S V,KONONOVA A A,RAZUMOVA Y V,et al. A vesicular stomatitis pseud-
　　　　ovirus expressing the surface glycoproteins of influenza A virus ［J］. Archives of Virology,
　　　　2014,159(10):2651.

［14］　王永,葛金英,李霞,等.利用VSV△G * 伪型病毒建立安全、快速的西尼罗病毒抗体
　　　　检测方法的尝试［J］.中华疾病控制杂志,2010,14(1):21-25.

［15］　LOGAN N,MCMONAGLE E,DREW A A,et al. Efficient generation of vesicular stomatitis
　　　　virus(VSV)-pseudotypes bearing morbilliviral glycoproteins and their use in quantifying
　　　　virus neutralising antibodies ［J］. Vaccine,2016,34(6):814-822.

［16］　LOGAN N,DUNDON W G,DIALLO A,et al. Enhanced immunosurveillance for animal
　　　　morbilliviruses using vesicular stomatitis virus(VSV)pseudotypes ［J］. Vaccine,2016,34
　　　　(47):5736-5743.

曹增国　博士研究生,主要从事分子病毒学研究。主要参与研制了西尼罗病毒、埃博拉病毒、中东呼吸综合征冠状病毒等多种外来人兽共患病病毒的假病毒、快速诊断方法及新型疫苗,同时参与了狂犬病致病机制相关研究。主要参与国家级及省部级课题多项,申请发明专利一项,以第一作者发表学术论文5篇。

动物模型与外来疫病防控

谢　英[1,2,3]　夏咸柱[1,2]

1. 北京协和医学院比较医学中心,中国医学科学院医学实验
动物研究所,北京;2. 军事医学科学院军事兽医研究所,长春;
3. 河北省实验动物重点实验室,河北医科大学实验动物学部,石家庄

外来动物疫病的社会危害严重、可能会造成巨大的经济损失并威胁公共卫
生乃至国家安全。动物模型作为重要支撑条件,在外来动物疫病防控研究中发
挥着重要的作用。本文对动物模型在外来动物疫病防控中的应用进行了综述。

一、外来动物疫病的防控形势与对策

外来动物疫病,指本地区目前不存在的、可能从外地传入的危害人和动物健
康的任何动物传染病,其中许多为高致死率的人兽共患疾病。禽流感、裂谷热、
埃博拉病毒感染、西尼罗河热、水疱性口炎、疯牛病、小反刍兽疫等外来动物源性
人兽共患病近年来在我国贸易伙伴及周边国家时有暴发[1]。疯牛病自 1987 年
首次在英国被发现以来,已蔓延至欧洲、美洲和亚洲的 40 余个国家[2];口蹄疫疫
情在我国的近邻俄罗斯、韩国、泰国、越南、蒙古、印度等国相继暴发[3];2003 年
以来,高致病性禽流感随着候鸟的迁徙已由相对高发的亚洲地区蔓延至欧洲、北
美和非洲,呈现全球蔓延之势[4];自 2013 年开始目前仍在非洲地区流行埃博拉
出血热疫情已造成逾万人感染,病死率高达 50%[5]。

随着国与国之间经济往来和人员流动日益频繁,外来动物疫病的跨国传播
风险加大。将外来动物疫病阻挡在国门之外是维持我国经济发展和社会和谐稳
定的重要保证。全面了解和掌握外来动物疫病的病原学、生态学和流行病学资
料,研制和建立相关病原敏感、特异和快速的诊断试剂以及监测与检测方法,开
发安全有效的基因工程疫苗,才能将外来动物疫病有效地阻挡于国门之外。

二、动物模型及其在外来动物疫病防控中的应用

动物模型,是指通过人为实施干扰建立起来的具有某种特定疾病表征的动
物实验对象和相关材料。动物模型广泛应用于人类疾病和生物学研究。一种理

想的疾病动物模型具有以下三个特点:疾病同源性、表象一致性、药物预见性[6]。目前被广泛应用于建立疾病模型构建的模式动物主要是啮齿类的大鼠和小鼠。豚鼠、家兔、小型猪、非人灵长类和雪貂等也有不同程度的应用。在肿瘤、神经与发育、代谢与心血管疾病,免疫与感染性疾病等领域,疾病动物模型为重大疾病发病机制解析、预防、诊断预后标志物发现、药物筛选和评价、疫苗开发做出了巨大贡献[7]。

埃博拉出血热(Ebola hemorrhagic fever,EHF)和中东呼吸综合征(Middle East respiratory syndrome,MERS)是近年来对人类和动物健康影响较大的两种人兽共患疾病,它们共同的特点是:较高的致死率,且都缺乏安全有效的疫苗和抗病毒药物。本文将着重介绍动物模型在埃博拉出血热和中东呼吸综合征相关研究中的应用。

(一) 埃博拉出血热动物模型

埃博拉病毒(Ebola virus,EBOV)共包括苏丹型、扎伊尔型、莱斯顿型、科特迪瓦型和本迪布焦型5个亚型。EBOV可以通过被感染者的血液及其他体液成份在人际间进行传播[5,8]。目前应用于埃博拉出血热相关研究的动物模型主要包括小鼠模型、豚鼠模型和非人灵长类模型[9]。

1. 小鼠模型

由于埃博拉病毒不能抑制野生型小鼠的IFN-I型免疫反应,所以埃博拉病毒并不能感染野生型小鼠。故此埃博拉出血热小鼠模型的构建只能通过免疫功能缺陷或部分缺失的小鼠或埃博拉病毒小鼠适应株来实现。目前被应用于埃博拉病毒感染模型构建的免疫功能缺陷或部分缺陷小鼠包括SCID(severe-combined immunodeficiency)小鼠、TNF-α敲除小鼠、IFN α/β受体敲除小鼠和STAT-1基因敲除小鼠。其中SCID小鼠在攻毒后可存活数周,最终在20天左右死亡;TNF-α敲除小鼠、IFN α/β受体敲除小鼠和STAT-1基因敲除小鼠则会在皮下攻毒后7天发生死亡[10-13]。埃博拉病毒经过在小鼠体内连续传代可以获得埃博拉病毒小鼠适应株。埃博拉病毒小鼠适应株通过腹腔注射的方式感染野生型小鼠后可以导致小鼠死亡,并出现类似非人灵长类的感染症状。除此之外,通过向新生的NSG(NOD/SCID/IL2Rᵧ⁻/⁻)乳鼠中注射人造血干细胞(Hu-PBL-SCID)或外周血白细胞(Hu-PBL-SCID)而构建部分人源化小鼠也被应用于埃博拉病毒感染的研究[14]。

在埃博拉病毒疫苗的研发过程中,有包括灭活疫苗、反向遗传改造的复制缺陷型疫苗、牛痘病毒载体疫苗、狂犬病毒载体疫苗、DNA疫苗、腺病毒载体疫苗在内的超过50%的疫苗是通过埃博拉病毒小鼠感染模型进行评价的[15]。

2. 豚鼠模型

埃博拉病毒虽然可以感染豚鼠,但只能引起豚鼠短时发热且并不致死。但埃博拉病毒豚鼠适应株攻毒豚鼠后,被感染动物在攻毒后 5 天开始出现厌食、发热、脱水和凝血障碍等症状并于 10 天左右发生死亡。有反向遗传改造的复制缺陷型疫苗、牛痘病毒载体疫苗和腺病毒载体疫苗在内的数个埃博拉病毒疫苗是通过豚鼠模型进行评价的[15-17]。

3. 非人灵长类模型

目前被应用埃博拉病毒感染模型构建的非人灵长类包括非洲绿猴、狒狒、恒河猴和食蟹猴。恒河猴和食蟹猴对埃博拉病毒高度敏感,使用最为广泛。二者都可在感染病毒后产生接近人类的临床症状,但二者也存在些许差异,恒河猴出现症状的时间要略晚于食蟹猴。非人灵长类感染埃博拉病毒后,均可在攻毒后 2 日左右检测到病毒血症,4 日左右会出现斑丘疹,10~12 日左右开始出现凝血障碍。有超过 70% 的埃博拉病毒疫苗和超过 80% 的治疗药物通过非人灵长类模型进行评价[16-17]。

(二) 中东呼吸综合征动物模型

中东呼吸综合征是 2012 年出现的一种由中东呼吸综合征冠状病毒(MERS-CoV)感染引起的新型呼吸道传染性疾病,病死率高达 35%,目前缺乏特效治疗药物和疫苗。野生型的小鼠和 STAT 基因敲出小鼠均不能感染 MERS-CoV。骆驼作为 MERS-CoV 的天然宿主是一种良好的病毒感染动物模型,但是骆驼体型大,个体间遗传背景差异较大,并不适合用于疫苗和治疗药物的研发。因此在进行药物和疫苗研发的工作中,科学工作者致力于找寻一种合适的动物模型。利用转基因技术和基因编辑技术,科研工作者们通过在小鼠体内不同程度地表达MERS-CoV 病毒受体——人 DPP4 分子(CD26)成功构建了中东呼吸综合征基因工程小鼠模型。按照表达方式的不同,中东呼吸综合征基因工程小鼠模型可以分为以下三种:① 通过重组腺病毒在小鼠呼吸道内预先表达人 DPP4 分子,这种模型有效的克服了种属屏障,建立了可以用于疫苗、治疗性抗体和抗血清的治疗免疫效果评价的 MERS-CoV 感染小鼠模型;② 利用转基因技术在小鼠体内广泛表达人 DPP4 分子,该模型可以成功被 MERS-CoV 感染,但这种模型最大的缺陷在于能够在小鼠脑内检测到病毒核酸,这与人类的临床表现不同;③ 使用基因编辑技术将小鼠的 DPP4 基因替换为人的 DPP4 基因,人的 DPP4 基因将在小鼠的 DPP4 的表达元件调控下工作,这种人源化的小鼠模型感染 MERS-CoV 后,病理改变仅限于肺部,且与人感染 MERS-CoV 后肺组织间质性肺炎表现基本相同[18-22]。腺病毒介导的人 DPP4 小鼠模型在 MERS-CoV S 蛋白改良安卡拉痘苗重组苗的评价工作中发挥了重要作用,目前该疫苗已进入 I 期临床试验阶段[23]。S 蛋白的第 377 至 588 氨基酸片段亚单位苗的评价工作也是在人 DPP4 转基因小鼠中完成的[24]。MERS-CoV 基因工程小鼠模型在相关疫苗和药物的开发工作中发挥了重要的作用。

三、结　　语

2012 年 6 月开始出现人感染 MERS 病例,2014 年 2 月出现 EBOV 疫情……当前人兽共患传染病的防控形势十分严峻。每年都有大量的个体因为感染各种人兽共患病毒病而死亡。虽然近年来,经过不懈的努力,研究者们在病毒的感染机制研究中已取得了多项重大突破,但仍有许多难题有待解决。如何有效预防、控制和消灭人兽共患传染病已成全人类面临的巨大挑战。

动物模型在人兽共患病防控研究中应用颇为广泛,在包括病原分离、感染与发病机制研究、药物筛选与评价、疫苗研制与评价、诊断用品制备等诸多方面发挥重要作用。近年来发展起来的锌指核酸酶(zinc finger nuclease,ZFN)技术、TALEN(transcription activator-like effector nucleases)核酸酶技术以及 CRISPR/Cas9(clustered regulatory inter-spaced short palindromic repeat/CRISPR ssociat-edsystems)系统为传染病动物模型的开发提供了新的契机。相信在不久的将来,我们能够拥有更多更好更合适的动物模型用于传染病防控研究。在对病原不断深入了解的基础上,动物模型的开发筛选和评价工作必将与传染病研究工作相辅相成,互相促进。人类的健康将得到极大保障。

参 考 文 献

[1] 马广鹏,周庆新. 外来动物疫病的主要危害及防控启示[J]. 中国农村科技,2012(8): 46-49.

[2] 张伯强. 外来动物疫病口岸防控的现状分析与对策[D]. 南京:南京农业大学,2009.

[3] 刘广红. 新世纪口蹄疫国际流行概况[J]. 中国动物检疫,2007,(12):39-40.

[4] THOMAS J K, NOPPENBERGER J. Avian influenza:a review[J]. Am J Health Syst Pharm,2007,64:149-165.

[5] 曾谷城. 埃博拉病毒研究进展[J]. 中山大学学报(医学科学版),2015(2):161-166.

[6] 徐林. 人类疾病的动物模型[J]. 动物学研究,2011(1):1-3.

[7] 薛丽香,张凤珠,孙瑞娟,等. 我国疾病动物模型的研究现状和展望[J]. 中国科学:生命科学,2014(9):851-861.

[8] 许黎黎,张连峰. 埃博拉出血热及埃博拉病毒的研究进展[J]. 中国比较医学杂志,2011(1):70-74.

[9] 许黎黎,秦川. 埃博拉出血热动物模型研究进展[J]. 中国比较医学杂志,2010(9):67-71.

［10］　BRADFUTE S B，WARFIELD K L，BRAY M. Mouse models for filovirus infections［J］. Viruses，2012，4（9）：1477-1508.

［11］　SHURTLEFF A C，BAVARI S. Animal models for ebolavirus countermeasures discovery：what defines a useful model？［J］. Expert Opin Drug Discov，2015，10（7）：685-702.

［12］　NAKAYAMA E，SAIJO M. Animal models for Ebola and Marburg virus infections［J］. Frontiers in Microbiology，2013，4：267.

［13］　BRAY M，HATFILL S，HENSLEY L，et al. Haematological，biochemical and coagulation changes in mice，guinea-pigs and monkeys infected with a mouse-adapted variant of Ebola Zaire virus［J］. J Comp Pathol，2001，125：243-253.

［14］　ZUMBRUN E E，ABDELTAWAB N F，BLOOMFIELD H A，et al. Development of a murine model for aerosolized Ebolavirus infection using a panel of recombinant inbred mice［J］. Viruses，2012，4（12）：3468-3493.

［15］　杨利敏，李晶，高福，等. 埃博拉病毒疫苗研究进展［J］. 生物工程学报，2015（1）：1-23.

［16］　朱祥，尧晨光，魏艳红，等. 埃博拉疫苗和药物研究进展［J］. 病毒学报，2015（3）：287-292.

［17］　丁玥，曹泽彧，柯志鹏，等. 埃博拉病毒及其药物研究进展［J］.中草药，2015（6）：912-922.

［18］　DU L，JIANG S. Middle East respiratory syndrome：current status and future prospects for vaccine development［J］. Expert Opinion on Biological Therapy，2015，15（11）：1647-1651.

［19］　PAPANERI A B，JOHNSON R F，WADA J，et al. Middle East respiratory syndrome：obstacles and prospects for vaccine development［J］. Expert Review of Vaccines，2015，14（7）：949-962.

［20］　SUTTON T C，SUBBARAO K. Development of animal models against emerging coronaviruses：from SARS to MERS coronavirus［J］. Virology，2015，479-480：247-258.

［21］　GRETEBECK L M，SUBBARAO K. Animal models for SARS and MERS coronaviruses［J］. Current Opinion in Virology，2015，13：123-129.

［22］　蓝佳明，邓瑶，谭文杰. MERS-CoV 动物模型研究进展［J］. 病毒学报 2016，（3）：369-375.

［23］　樊毅，姜子义，李萍，等. 中东呼吸综合征疫苗研究进展［J］. 病毒学报，2016（6）：825-829.

［24］　瞿涤，陆路，姜世勃. 中东呼吸综合征冠状病毒及其疫苗和特异性药物的研发［J］. 微生物与感染，2015（4）：200-207.

谢英 副教授。研究方向：人兽共患病小动物模型构建。主要研究工作包括流感病毒小鼠感染模型构建、复制缺陷型流感病毒及相关转基因小鼠模型构建、中东呼吸综合征小鼠感染模型构建、犬瘟热小鼠感染模型构建等。主持并参与多项国家级及省部级课题，以第一作者及共同作者身份发表多篇SCI收录论文及核心期刊论文。

MERS 等冠状病毒源人兽共患病防控研究

迟　航[1,2]　王化磊[1,3]　李　岭[1,2]　曹增国[1]
金宏丽[1,2]　赵永坤[1,3]　杨松涛[1,3]　夏咸柱[1,3]

1. 军事医学科学院军事兽医研究所,吉林省人兽共患病预防与控制
重点实验室,长春;2. 吉林大学动物医学学院,长春;
3. 江苏省动物重要疫病与人兽共患病防控协同创新中心,扬州

冠状病毒(coronavirus,CoV)是一类分布广泛的、对人及家畜危害严重的病原体。目前已知的感染人的冠状病毒共有 6 种,主要引起人呼吸系统感染。早在 20 世纪 60 年代,人冠状病毒 229E(HCoV-229E)和人冠状病毒 OC43(HCoV-OC43)就已被发现,但是它们只引起人类感冒等症状轻微的呼吸系统疾病,并未引起重视。直到 2002 年年底至 2003 年,重症急性呼吸综合征冠状病毒(Severe acute respiratory syndrome,SARS-CoV)全球性流行,给人类健康和全球经济造成了极大威胁和影响,人冠状病毒才开始引起人们的关注。随后,两种新型冠状病毒——人冠状病毒 NL63(HCoV-NL63)和人冠状病毒香港 I(HCoV-HKU1)又相继在 2004 年和 2005 年被分离发现,它们可以引起呼吸道感染并且在人群中广泛传播。2012 年 9 月,中东地区再次发现一种新型冠状病毒——中东呼吸综合征冠状病毒(Middle East respiratory syndrome coronavirus,MERS-CoV),中东呼吸综合征(MERS)患者的高死亡率(约 35%)以及多国输入性病例的发现引起了全球的广泛重视和担忧,人冠状病毒再次成为研究的热点[1-2]。

冠状病毒广泛的宿主性以及自身基因组结构特点使得这类病毒在进化过程中容易发生基因重组,新亚型以及新的冠状病毒在此过程中不断出现,并且在进化中继续不断拓展自己的宿主范围。在过去短短十几年的时间内,高致病性新型冠状病毒两次跨种传播在人群中出现。研究发现,许多从蝙蝠或其他哺乳动物体内分离得到的冠状病毒与已经发现的一些人冠状病毒具有很高的同源性。多项证据表明,蝙蝠很有可能是 MERS-CoV 及 SARS-CoV 的自然宿主,MERS-CoV 最可能的传染源为单峰骆驼和部分宿主,而果子狸和貉因为与人类的相对较紧密的接触而被认为是 SARS-CoV 的中间宿主,但也存在从蝙蝠直接传播到人的可能[3-5]。

人类高致病性冠状病毒目前主要包括 MERS-CoV 和 SARS-CoV,其广泛的流行、较强的致病性,给人类健康及全球经济带来了严重威胁。如何阻断病毒的传播、研制出有效的抗病毒药物及预防疫苗是抵御冠状病毒传染病的关键。本文以 MERS 和 SARS 为例,对 MERS 等冠状病毒源人兽共患病在疫苗和药物研发方面的现有研究成果进行综述,为进一步开展有效的预防控制工作提供参考。

一、冠状病毒的纤突蛋白及其功能

冠状病毒的纤突(Spike,S)蛋白突出于病毒粒子表面,为 I 型膜蛋白,在诱导中和抗体产生、决定宿主细胞亲嗜性及病毒的致病性等方面发挥重要作用[6]。S 蛋白由 S1 和 S2 两个亚单位组成,其中,S1 亚单位通过其 C 端的受体结合域(receptor binding domain,RBD)与受体识别结合,而由一条融合肽段和两个疏水螺旋重复区(HR1、HR2)组成的 S2 亚单位则通过形成六螺旋结构来介导病毒与宿主细胞之间的膜融合[7]。作为冠状病毒的主要抗原部位,S 蛋白已成为 MERS-CoV 及 SARS-CoV 疫苗研究及药物开发的重要靶点。

二、疫 苗 研 究

(一) 灭活和减毒活疫苗

临床前研究表明,灭活的 SARS-CoV 疫苗能够诱导血清中和抗体的产生,并且能够在非人灵长类、雪貂以及小鼠体内产生攻毒保护作用[8-10],但是攻毒后的动物也表现出超敏反应型肺部病理反应,在使用方面存在一定风险。与之相类似,研究人员使用灭活的 MERS-CoV 疫苗在小鼠模型中进行评价时,也发现了类似的情况,灭活疫苗能够激发血清中和抗体以及攻毒保护作用的产生,但同时也伴随着肺部超敏反应[11]。在减毒活疫苗方面,研究发现一种通过核酸外切酶处理过的 SARS-CoV 减毒活疫苗对老年及免疫功能低下的小鼠能够产生攻毒保护[12]。西班牙的研究人员基于已建立的 MERS-CoV 反向遗传系统,进一步构建并拯救出基因组中缺失 E 基因的 rMERS-CoV-△E 减毒重组病毒。由于 rMERS-CoV-△E 不能在缺失 E 蛋白的情况下传播,为单周期的可复制性病毒,研究团队评估其为一个很好地平衡了安全性和有效性、很适合激发黏膜免疫的疫苗[13]。但是该团队仅在细胞水平上完成了重组病毒的拯救,尚缺乏在动物模型中的免疫原性评价。此外,由于该疫苗候选株仍具有主要的病毒组分,其安全性仍需要被进一步评估。

(二) 重组病毒活载体疫苗

重组病毒活载体技术是 SARS 疫苗研发中的重要手段之一,改良的安卡拉痘苗病毒(modified vaccinia virus Ankara,MVA)、减毒副流感病毒、腺病毒等病毒载体均曾用于制备 SARS 疫苗[14-16]。MERS 疫苗研究也借鉴了上述研发策略,多种表达 MERS-CoV 主要结构蛋白的重组病毒载体疫苗候选株已被研发,目前已有报道使用的病毒载体有腺病毒(包括腺病毒 5 型、41 型以及改良腺病毒)、MVA 以及麻疹病毒(measles virus,MV)。通过肌肉注射或灌胃免疫编码 MERS-CoV S 基因或 S1 基因的重组 5 型或 41 型腺病毒疫苗,能够在小鼠模型中产生 S 蛋白特异性的体液免疫和/或 T 细胞免疫应答,并且产生的抗体具有在体外中和 MERS-CoV 的活性[17-18]。Song 等以 MVA 为载体,构建表达 MERS-CoV S 蛋白的重组疫苗 MVA-MERS-S,通过肌肉或皮下免疫该疫苗能够激发 MERS-CoV 特异性 CD8$^+$T 细胞免疫应答及高水平中和抗体的产生,并在瞬转 hDPP4 的小鼠模型中产生攻毒保护作用[19-20]。此外,Haagmans 等发现,通过滴鼻或肌肉注射 MVA-MERS-S 重组疫苗可以激发黏膜免疫,产生中和抗体,并能显著降低经 MERS-CoV 攻毒的单峰骆驼体内分泌的病毒量及病毒 RNA 的转录水平[21]。Malczyk 等的研究表明,表达 MERS-CoV 全长或截短 S 蛋白的重组 MV 载体疫苗,能够激发高水平中和抗体及 T 细胞免疫应答的产生,并在瞬转 hDPP4 的小鼠模型产生攻毒保护[22]。但是,尽管重组活载体疫苗能够激发强劲的免疫应答和/或攻毒保护,一些病毒载体在应用上仍受到抗载体免疫或引发有害的免疫应答和炎症反应等缺点[23-24],在应用时必须加以考虑。

(三) 亚单位疫苗

亚单位疫苗不含病毒的遗传物质,只含有激发保护性免疫应答的主要抗原,没有毒力返强及激发副反应等风险,被认为是当前安全性最高的一类疫苗[25]。研究表明,SARS-CoV RBD 亚单位疫苗能够激发强有力的中和抗体并提供攻毒保护[26-27]。SARS 亚单位疫苗的经验也为 MERS 亚单位疫苗的开发提供了指导,目前已研制出多种 MERS 亚单位疫苗,这些疫苗大多数都编码 MERS-CoV 的 RBD 区[28-32],也有一些编码 S 蛋白、S1 蛋白[33-34],或者由病毒主要的结构蛋白 S、E、M 共同包装成病毒样颗粒[35]。上述疫苗已在瞬转 hDPP4 的小鼠模型、hDPP4 转基因小鼠模型以及非人灵长类等多种动物模型中进行了评价[30-32,36-37]。亚单位疫苗在单独使用时免疫原性比其他种类疫苗差,但是辅以理想的佐剂及合适的免疫途径后,其免疫原性会显著提升[33,37-38]。已有多项研究表明,所鉴定出的 MERS-CoV RBD 主要中和区域能够保持良好的空间构象及免疫原性[28-30],此外,不同于 S 蛋白或 S1 蛋白亚单位疫苗,基于 RBD 的 MERS 亚单位疫苗仅包含主要的中和表位,因此激发能够产生副反应或感染增强的非中和抗体的风险最小[28,39-40]。但是,也有研究人员认为基于 RBD 或 S1 蛋白的疫苗候选株在他们的表位广度上存在一定的限制,尽管冠状病毒的基因组并不像其他的 RNA 病毒那样容易变异,但是 RBD 区为其最容易变异的部分,含有能够使产生的抗体逃逸不同 MERS 毒株的变异位点。因此,从某种程度上来说,能够激发更为广谱的中和抗体免疫应答及细胞免疫应答的疫苗候选株才能提供更为广阔和持久的免疫保护[41]。

(四) DNA 疫苗

DNA 疫苗使抗原在靶细胞内以天然方式合成、加工并递呈给免疫系统,且具有易于制备、稳定且成本低廉等优点,曾是 SARS 疫苗研究的主要方向之一。编码全长 S 蛋白的 SARS-CoV DNA 疫苗能够激发中和抗体及 T 细胞免疫应答,在攻毒小鼠体内产生免疫保护[42]。此外,编码 S1 蛋白 DNA 疫苗也能产生 IgG 抗体及 T 细胞免疫应答[43]。在 MERS 疫苗研发方面,DNA 疫苗是目前唯一进入人体临床研究阶段的 MERS 疫苗[44]。Muthumani 等用构建的编码 MERS-CoV S 蛋白基因全长的 DNA 疫苗通过肌肉注射/电转导免疫小鼠及恒河猴后发现,该疫苗可以激发强劲的中和抗体及细胞免疫应答,刺激 CD4[+] 和/或 CD8[+]T 细胞分泌 INF-γ、TNF-α、IL-2 等细胞因子。进一步动物评价实验表明,使用该 DNA 疫苗进行免疫能够激发骆驼体内中和抗体的产生,并能在非人灵长类动物中产生攻毒保护作用[45]。此外,DNA 与蛋白联合免疫疫苗也取得了新进展。Wang 等用构建的分别含有 MERS-CoV S 基因、S1 基因、去掉跨膜区(transmembrane,TM)的 S 基因(S-ΔTM)的三种 DNA 疫苗通过肌肉注射/电转导进行初次免疫,用 S-ΔTM、S1 两种蛋白配合 Ribi 或铝胶佐剂通过肌肉注射进行加强免疫,该疫苗免疫组合可以激发针对 S1 以及 RBD 外 S2 亚单位的抗体反应,接受疫苗免疫的小鼠及恒河猴体内均产生了中和抗体,并且能在非人灵长类模型中产生抵御气管内攻毒的保护作用[46]。

三、救治药物研究

(一) 小分子药物

当前临床并没有针对 MERS-CoV 及 SARS-CoV 的特效药物,但是世界各国和组织在通过各种途径寻找有效的抗病毒药物,比如从现有的已上市药物中快速筛选的"老药新用"——干扰素、利巴韦林、环孢多肽 A、霉酚酸、氯喹、氯丙嗪等许多种药剂已用于检测抗 MERS-CoV 及 SARS-CoV 的作用[47-54]。体外及动物试验表明,高浓度的利巴韦林和干扰素-α2b 联合治疗,具有一定抗病毒作用[48],但是有临床案例研究表明,利巴韦林联合干扰素的治疗方案可提高患者前中期的生存率,但对感染后期的生存率无显著提高作用[55-56]。此外,研究发现环孢多肽 A 对 MERS-CoV 和 SARS-CoV 在细胞内的复制均有抑制作用[50]。霉酚酸具有体外抗 MERS-CoV 活性的作用,且联合 IFN-β 使用效果更强[51-52]。另有研究通过细胞模型的方法,对 384 种已获 FDA 或政府批准的药物进行筛选后,发现氯喹、氯丙嗪、洛派丁胺和洛匹那韦 4 种药物均能在相对较低的浓度下对抗 MERS-CoV 和 SARS-CoV[53]。美国的研究人员对 290 种已经获批或者处于临床后期试用的药物进行试验后,也发现了氯丙嗪、氯喹、甲磺酸伊马替尼、达沙替尼等 27 种药物对 MERS-CoV 和 SARS-CoV 具有抑制作用[54]。上述筛选出的对病毒具有抑制作用的化合物虽然尚未进行体内验证,但它们凭借成药性、安全性及其他药理作用较为明确等优势,在抗病毒的研究进程上会推进较快。

(二)抗体药物

康复期患者血清[57-58]、对病毒具有中和能力的特异性抗体[59-60]等也为患者的治疗带来了希望。在 SARS 肆虐时,在感染患者体内发现了 SARS-CoV 的中和抗体,研究表明注射含有中和抗体的血清能够降低健康动物和人的感染风险。而后,研发出了很多能够有效治疗或者起到预防作用的单克隆抗体。MERS 药物的研发也借鉴了这种策略,已开发出的 MERS-4[59]、3B11[60]、Mersmab1[61] 以及 m336[62] 等多种抗体均显示出了很好的中和 MERS-CoV 的能力。

(三)多肽类融合抑制剂

冠状病毒的 S1 蛋白与受体结合后,S2 蛋白的构象发生改变,融合肽插入靶细胞膜中,同时诱导 HR1 和 HR2 区域形成三次中心对称的六螺旋结构,该六螺旋结构的形成是病毒成功融合进入靶细胞的重要环节,也是多肽类抑制剂的主要作用靶点。HR2(HR1)肽段类似物通过特异性地与病毒 S 蛋白的 HR1(HR2)区域相互作用,竞争性地抑制六螺旋结构,进而有效抑制病毒与靶细胞的膜融合以及进入靶细胞。但与 HR1 多肽类似物相比,HR2 多肽类似物的抗病毒活性更好。SARS-CoV 的 HR2 多肽类似物 CP-1、SARS-pep 以及 MERS-CoV 的 HR2 多肽类似物 HR2P-M2、HR2P 和 P1 都显示出较好的抗病毒活性,但 SARS-CoV 融合肽抑制剂和 MERS-CoV 融合肽抑制剂彼此之间没有交叉抑制作用[63-66]。此外,多肽类融合抑制剂与抗体药物、干扰素等联合用药,也具有很好的应用前景,可以避免单一药物作用下出现的免疫逃逸现象。

四、展 望

新发突发人兽共患传染病的疫苗与药物开发一直是科学研究的热点问题,

也是人类亟待解决的大问题之一。从 SARS-CoV 到 MERS-CoV,在过去的短短十多年时间里,高致病性新型冠状病毒已经两次跨种传播在人群中出现,对人类健康及全球经济造成了严重威胁。遗憾的是,当年随着 SARS-CoV 的消失,关于 SARS-CoV 的基础研究以及疫苗药物研发的热情也逐步消退,直至 MERS-CoV 的出现为人类再次敲响警钟。当前,尚无被批准用于临床的高致病性新型冠状病毒特效疫苗及治疗药物,在病毒的防控方面还有许多未知亟待探索,仍有许多问题需要解决。因此,探索病毒的致病机制,获得切实有效的疫苗与救治药物,加强对其流行特征和基因变化的检测,进而实现对未来新型冠状病毒的发生和流行及早防控将是未来的主要目标和研究方向。

参 考 文 献

[1]   AL-TAWFIQ J A. Middle East Respiratory Syndrome-coronavirus infection:an overview [J]. Journal of Infection & Public Health,2013,6(5):319-322.

[2]   PERLMAN S,JR M C P. Person-to-person spread of the MERS coronavirus—an evolving picture [J]. New England Journal of Medicine,2013,369(5):466-467.

[3]   COTTEN M,WATSON S J,KELLAM P,et al. Transmission and evolution of the Middle East respiratory syndrome coronavirus in Saudi Arabia:a descriptive genomic study[J]. Lancet,2013,382(9909):1993-2002.

[4]   FERGUSON N M,van KERKHOVE M D. Identification of MERS-CoV in dromedary camels [J]. Lancet Infectious Diseases,2014,14(2):93-94.

[5]   GUAN Y,ZHENG B J,HE Y Q,et al. Isolation and characterization of viruses related to the SARS coronavirus from animals in southern China [J]. Science,2003,302(5643):276-278.

[6]   QIAN Z,DOMINGUEZ S R,HOLMES K V. Role of the spike glycoprotein of human Middle East respiratory syndrome coronavirus (MERS-CoV) in virus entry and syncytia formation [J]. PLoS One,2013,8(10):1-5.

[7]   GAO J,LU G,QI J,et al. Structure of the fusion core and inhibition of fusion by a heptad repeat peptide derived from the S protein of Middle East respiratory syndrome coronavirus [J]. Journal of Virology,2013,87(24):13134-13140.

[8]   ZHOU J,WANG W,ZHONG Q,et al. Immunogenicity,safety,and protective efficacy of an inactivated SARS-associated coronavirus vaccine in rhesus monkeys [J]. Vaccine,2005,23(24):3202-3209.

[9]   KONG W P,XU L,STADLER K,et al. Modulation of the immune response to the severe acute respiratory syndrome spike glycoprotein by gene-based and inactivated virus immunization [J]. Journal of Virology,2005,79(22):13915-13923.

[10]   LAMIRANDE E W,DEDIEGO M L,ROBERTS A,et al. A live attenuated severe acute re-

spiratory syndrome coronavirus is immunogenic and efficacious in golden Syrian hamsters [J]. Journal of Virology,2008,82(15):7721-7724.

[11] AGRAWAL A S,TAO X,ALGAISSI A,et al. Immunization with inactivated Middle East Respiratory Syndrome coronavirus vaccine leads to lung immunopathology on challenge with live virus [J]. Human Vaccines,2016,12(9):2351-2356.

[12] GRAHAM R L,BECKER M M,ECKERLE L D,et al. A live,impaired-fidelity coronavirus vaccine protects in an aged,immunocompromised mouse model of lethal disease [J]. Nature Medicine,2012,18(12):1820-1826.

[13] ALMAZAN F,DEDIEGO M L,SOLA I,et al. Engineering a replication-competent,propagation defective Middle East respiratory syndrome coronavirus as a vaccine candidate [J]. MBio,2013,4(5):e00650-13.

[14] BISHT H,ROBERTS A,VOGEL L,et al. Severe acute respiratory syndrome coronavirus spike protein expressed by attenuated vaccinia virus protectively immunizes mice [J]. Proceedings of the National Academy of Sciences of the United States of America,2004,101 (17):6641-6646.

[15] BUKREYEV A,LAMIRANDE E W,BUCHHOLZ U J,et al. Mucosal immunisation of African green monkeys (Cercopithecus aethiops) with an attenuated parainfluenza virus expressing the SARS coronavirus spike protein for the prevention of SARS[J]. Lancet,2004, 363(9427):2122-2127.

[16] DU L,ZHAO G,LIN Y,et al. Intranasal vaccination of recombinant adeno-associated virus encoding receptor-binding domain of severe acute respiratory syndrome coronavirus (SARS-CoV) spike protein induces strong mucosal immune responses and provides long-term protection against SARS-CoV infection [J]. Journal of Immunology,2008,180(2):948-956.

[17] KIM E,OKADA K,KENNISTON T,et al. Immunogenicity of an adenoviral-based Middle East respiratory syndrome coronavirus vaccine in BALB/c mice [J]. Vaccine,2014,32 (45):5975-5982.

[18] GUO X,DENG Y,CHEN H,et al. Systemic and mucosal immunity in mice elicited by a single immunization with human adenovirus type 5 or 41 vector-based vaccines carrying the spike protein of Middle East respiratory syndrome coronavirus [J]. Immunology,2015,145 (4):476-484.

[19] SONG F,FUX R,PROVACIA L B,et al. Middle East respiratory syndrome coronavirus spike protein delivered by modified vaccinia virus ankara efficiently induces virus-neutralizing antibodies[J]. Journal of Virology,2013,87(21):11950-11954.

[20] VOLZ A,KUPKE A,SONG F,et al. Protective efficacy of recombinant modified vaccinia virus Ankara delivering Middle East respiratory syndrome coronavirus spike glycoprotein [J]. Journal of Virology,2015,89(16):8651-8656.

［21］   HAAGMANS B L,van DEN BRAND J M,Raj V S,et al. An orthopoxvirus-based vaccine reduces virus excretion after MERS－CoV infection in dromedary camels［J］. Science, 2016,351(6268):77-81.

［22］   MALCZYK A H,KUPKE A,PRUFER S,et al. A highly immunogenic and protective Middle East respiratory syndrome coronavirus vaccine based on a recombinant Measles virus vaccine platform［J］. Journal of Virology,2015,89(22):11654-11667.

［23］   PANDEY A,SINGH N,VEMULA S,et al. Impact of preexisting adenovirus vector immunity on immunogenicity and protection conferred with an adenovirus-based H5N1 influenza vaccine［J］. PLoS One,2012,7(3):e33428.

［24］   MCCOY K,TATSIS N,KORIOTH－SCHMITZ B,et al. Effect of preexisting immunity to adenovirus human serotype 5 antigens on the immune responses of nonhuman primates to vaccine regimens based on human-or chimpanzee-derived adenovirus vectors［J］. Journal of Virology,2007,81(12):6594-6604.

［25］   World Health Organization. Subunit vaccines［R］. 2016.

［26］   DU L,ZHAO G,HE Y,et al. Receptor-binding domain of SARS－CoV spike protein induces long-term protective immunity in an animal model ［J］. Vaccine,2007,25(15): 2832-2838.

［27］   HE Y,LU H,SIDDIQUI P,et al. Receptor-binding domain of severe acute respiratory syndrome coronavirus spike protein contains multiple conformation-dependent epitopes that induce highly potent neutralizing antibodies ［J］. Journal of Immunology,2005,174(8): 4908-4915.

［28］   MA C,WANG L,TAO X,et al. Searching for an ideal vaccine candidate among different MERS coronavirus receptor-binding fragments—the importance of immunofocusing in subunit vaccine design［J］. Vaccine,2014,32(46):6170-6176.

［29］   DU L,KOU Z,MA C,et al. A truncated receptor-binding domain of MERS－CoV spike protein potently inhibits MERS－CoV infection and induces strong neutralizing antibody responses:implication for developing therapeutics and vaccines ［J］. PLoS One,2013,8 (12):e81587.

［30］   LAN J,DENG Y,CHEN H,et al. Tailoring subunit vaccine immunity with adjuvant combinations and delivery routes using the Middle East respiratory coronavirus (MERS－CoV) receptor-binding domain as an antigen［J］. PLoS One,2014,9(11):e112602.

［31］   LAN J,YAO Y,DENG Y,et al. Recombinant receptor binding domain protein induces partial protective immunity in Rhesus Macaques against Middle East respiratory syndrome coronavirus challenge ［J］. Ebiomedicine,2015,10(2):1438-1446.

［32］   MOU H,RAJ V S,van KUPPEVELD F J,et al. The receptor binding domain of the new Middle East respiratory syndrome coronavirus maps to a 231-residue region in the spike protein that efficiently elicits neutralizing antibodies［J］. Journal of Virology,2013,87

（16）:9379-9383.

[33]　COLEMAN C M,LIU Y V,MU H,et al. Purified coronavirus spike protein nanoparticles induce coronavirus neutralizing antibodies in mice［J］. Vaccine,2014,32(26):3169-3174.

[34]　WANG L,SHI W,JOYCE M G,et al. Evaluation of candidate vaccine approaches for MERS-CoV ［J］. Nature Communications,2015,6:7712.

[35]　WANG C,ZHENG X,GAI W,et al. MERS-CoV virus-like particles produced in insect cells induce specific humoural and cellular imminity in rhesus macaques ［J］. Oncotarget, 2017,8(8):12686-12694.

[36]　TAO X,GARRON T,AGRAWAL A S,et al. Characterization and demonstration of value of a lethal mouse model of Middle East respiratory dyndrome coronavirus infection and disease ［J］. Journal of Virology,2015,90(1):57-67.

[37]　ZHANG N,RUDRAGOUDA C,MA C,et al. Identification of an ideal adjuvant for receptor-binding domain-based subunit vaccines against Middle East respiratory syndrome coronavirus ［J］. 中国免疫学杂志:英文版,2016,13(2):180-190.

[38]　MA C,LI Y,WANG L,et al. Intranasal vaccination with recombinant receptor-binding domain of MERS-CoV spike protein induces much stronger local mucosal immune responses than subcutaneous immunization:implication for designing novel mucosal MERS vaccines ［J］. Vaccine,2014,32(18):2100-2108.

[39]　ZHANG N,JIANG S,DU L. Current advancements and potential strategies in the development of MERS-CoV vaccines ［J］. Expert Review of Vaccines,2014,13(6):761-774.

[40]　DU L,JIANG S. Middle East respiratory syndrome:current status and future prospects for vaccine development ［J］. Expert Opinion on Biological Therapy,2015,15(11):1647-1651.

[41]　MODJARRAD K. MERS-CoV vaccine candidates in development:the current landscape ［J］. Vaccine,2016,34 (26):2982-2987.

[42]　YANG Z Y,KONG W P,HUANG Y,et al. A DNA vaccine induces SARS coronavirus neutralization and protective immunity in mice ［J］. Nature,2004,428(6982):561-564.

[43]　ZHAO B,JIN N Y,WANG R L,et al. Immunization of mice with a DNA vaccine based on severe acute respiratory syndrome coronavirus spike protein fragment 1 ［J］. Viral Immunology,2006,19(3):518-524.

[44]　Vaccine News Daily. FDA approves first in-human study of MERS vaccine ［R］. 2015.

[45]　MUTHUMANI K,FALZARANO D,REUSCHEL E L,et al. A synthetic consensus anti-spike protein DNA vaccine induces protective immunity against Middle East respiratory syndrome coronavirus in nonhuman primates ［J］. Science Translational Medicine,2015,7 (301):301ra132.

[46]　WANG L,SHI W,JOYCE M G,et al. Evaluation of candidate vaccine approaches for

MERS-CoV [J]. Nature Communications,2015,6:7712.

[47] JOSSET L,MENACHERY V D,GRALINSKI L E,et al. Cell host response to infection with novel human coronavirus EMC predicts potential antivirals and important differences with SARS coronavirus [J]. MBio,2013,4(3):e00165.

[48] FALZARANO D,de WIT E,MARTELLARO C,et al. Inhibition of novel β coronavirus replication by a combination of interferon-α2b and ribavirin [J]. Sci Rep,2013,3:1686.

[49] FALZARANO D,de WIT E,RASMUSSEN A L,et al. Interferon-α2b and ribavirin treatment improves outcome in MERS-CoV-infected rhesus macaques [J]. Nature Medicine, 2013,19(10):1313-1317.

[50] WILDE A H D,RAJ V S,OUDSHOORN D,et al. MERS-coronavirus replication induces severe in vitro cytopathology and is strongly inhibited by cyclosporin A or interferon-α treatment[J]. Journal of General Virology,2013,94(8):1749-1760.

[51] CHAN J F,CHAN K H,KAO R Y,et al. Broad-spectrum antivirals for the emerging Middle East respiratory syndrome coronavirus [J]. Journal of Infection,2013,67(6):606-616.

[52] HART B J,DYALL J,POSTNIKOVA E,et al. Interferon-β and mycophenolic acid are potent inhibitors of Middle East respiratory syndrome coronavirus in cell-based assays [J]. Journal of General Virology,2014,95(pt 3):571-577.

[53] de WILDE A H,JOCHMANS D,POSTHUMA C C,et al. Screening of an FDA-approved compound library identifies four small-molecule inhibitors of Middle East respiratory syndrome coronavirus replication in cell culture [J]. Antimicrobial Agents & Chemotherapy, 2014,58(8):4875-4884.

[54] DYALL J,COLEMAN C M,HART B J,et al. Repurposing of clinically developed drugs for treatment of Middle East respiratory syndrome coronavirus infection [J]. Antimicrob Agents Chemother,2014,58(8):4885-4893.

[55] AL-TAWFIQ J A,MOMATTIN H,DIB J,et al. Ribavirin and interferon therapy in patients infected with the Middle East respiratory syndrome coronavirus:an observational study [J]. International Journal of Infectious Diseases Ijid Official Publication of the International Society for Infectious Diseases,2014,20(2):42-46.

[56] OMRANI A S,SAAD M M,BAIG K,et al. Ribavirin and interferon alfa-2a for severe Middle East respiratory syndrome coronavirus infection:a retrospective cohort study [J]. Lancet Infectious Diseases,2014,14(11):1090-1095.

[57] CHAN K H,CHAN J F,TSE H,et al. Cross-reactive antibodies in convalescent SARS patients' sera against the emerging novel human coronavirus EMC (2012) by both immuno-fluorescent and neutralizing antibody tests [J]. Journal of Infection,2013,67(2):130-140.

[58] ALTAWFIQ J A,MEMISH Z A. What are our pharmacotherapeutic options for MERS-

CoV? ［J］. Expert Review of Clinical Pharmacology,2014,7(3):235-238.

［59］　JIANG L,WANG N,ZUO T,et al. Potent neutralization of MERS-CoV by human neutralizing monoclonal antibodies to the viral spike glycoprotein ［J］. Science Translational Medicine,2014,6(234):234ra59.

［60］　TANG X C,AGNIHOTHRAM S S,JIAO Y,et al. Identification of human neutralizing antibodies against MERS-CoV and their role in virus adaptive evolution ［J］. Proceedings of the National Academy of Sciences of the United States of America,2014,111(19):E2018-6.

［61］　DU L,ZHAO G,YANG Y,et al. A conformation-dependent neutralizing monoclonal antibody specifically targeting receptor-binding domain in Middle East respiratory syndrome coronavirus spike protein ［J］. Journal of Virology,2014,88(12):7045-7053.

［62］　YING T,DU L,JU T W,et al. Exceptionally potent neutralization of Middle East respiratory syndrome coronavirus by human monoclonal antibodies［J］. Journal of Virology,2014,88(14):7796-7805.

［63］　LIU S,XIAO G,CHEN Y,et al. Interaction between heptad repeat 1 and 2 regions in spike protein of SARS-associated coronavirus:implications for virus fusogenic mechanism and identification of fusion inhibitors ［J］. Lancet,2004,363:938-947.

［64］　LU L,LIU Q,ZHU Y,et al. Structure-based discovery of Middle East respiratory syndrome coronavirus fusion inhibitor ［J］. Nature Communications,2014,5(2):3067.

［65］　GAO J,LU G W,QI J X,et al. Structure of the fusion core and inhibition of fusion by a heptad repeat peptide derived from the S protein of middle east respiratory syndrome coronavirus ［J］. Journal of Virology,2013,87:13134-13140.

［66］　RUDRAGOUDA C,LU L,SHUAI X,et al. Protective effect of intranasal regimens containing peptidic Middle East respiratory syndrome coronavirus fusion inhibitor against MERS-CoV infection［J］. Journal of Infectious Diseases,2015,212(12):1894-1903.

迟航　1990 年 12 月生,辽宁凌源人。2013 年毕业于南京农业大学。现为军事医学科学院军事兽医研究所博士研究生。目前主要从事中东呼吸综合征新型疫苗、快速诊断技术等防控技术研究。近五年发表 SCI 文章 8 篇、中文核心期刊文章 5 篇,申请国家发明专利 2 项。

马尔堡出血热的传播和防控研究

盖微微[1,2,3]　　**杨松涛**[2,3]　　**夏咸柱**[2,3]

1. 吉林大学动物医学学院，长春；
2. 军事医学科学院军事兽医研究所，长春；
3. 吉林省人兽共患病预防与控制重点实验室，长春

马尔堡出血热(Marburg hemorrhagic fever,MHF)是由马尔堡病毒(Marburg virus,MARV)引起的一种以急性发热伴有严重出血为主的高致命性传染病。MARV 为单股不分节段负链 RNA 病毒，是 1967 年由德国科学家发现的第一种丝状病毒属病毒，与 1976 年发现的埃博拉病毒(Ebola virus,EBOV)同宗[1]。该病毒迄今已在非洲等地出现 14 次有记录的散在性暴发，感染总人数为 592 人，死亡 482 人，死亡率约81%。MARV 具有成为生物恐怖武器和生物战剂的潜能，WHO 将其列为 4 级危害病原体，与丝状病毒相关的试验操作必须在生物安全防护(BSL-4)实验室中进行[2]。目前对 MHF 尚无有效的治疗药物和疫苗。MHF 的自然流行至今仅局限于一些非洲国家，无明显的季节性[3]。但是随着人类社会进步和相互交往的日益频繁，该病传入世界各地的危险性越来越大。

一、病 毒 宿 主

尽管几年间检测了数百种动物、昆虫和植物，但仍然尚未查明 MARV 的自然宿主以及它如何从自然宿主传播到野生猿猴和人类，这也是丝状病毒最神秘之处[4]。最初，非人灵长类动物被怀疑是病毒的宿主，尽管猴类易受丝状病毒的感染，但是研究表明猴子与人类一样脆弱，感染后甚至比人类更易发病和死亡，从而进一步排除了其作为病毒永久宿主的可能性[5]。有证据显示丝状病毒可能潜伏在小型动物体内，它们是人类和其他灵长类动物的传染源。由于埃博拉疫情暴发的疫区常出现大量蝙蝠，因此蝙蝠一直都是被高度怀疑的对象，蝙蝠可能是丝状病毒的潜在自然宿主[6]。流行病学数据显示，2009 年美国科学家从乌干达洞穴中的果蝠身上分离出了 MARV。该病毒呈现出相当大的遗传差异，提示其已在蝙蝠种群中存活了很长时间。鸟和啮齿类动物也一度被认为是 MARV 的宿主。然而，更有一部分人认为，热带雨林可能藏匿着某种人类还不知道的天

然存储库,MARV 在它们身上自然生长,两者又相安无事,只是尚未被发现。

二、传　　播

从首次发现 MARV 至今,MHF 的自然流行至今仅局限于一些非洲国家,无明显的季节性。MARV 的起源尚不得而知,其在自然界的储存宿主、传播方式尚不明确。目前所知,MARV 可以通过多种途径传播,包括经消化道、呼吸道或通过破损的皮肤侵入而传播。接触传播是 MHF 最主要的传播途径,不仅人与人之间,动物和人直接接触也会传播。

(一) 灵长类动物传播

MARV 最早暴发于 1967 年德国的马尔堡市、法兰克福和南斯拉夫贝尔格莱德等地,由于接触到来源于乌干达的非洲绿猴,37 人感染了 MARV。1975 年,l 名游客在约翰内斯堡发病,并且传染了其他人员,调查分析显示该患者可能接触灵长类动物而感染。在 1996 年的加蓬,19 人因食用了一只死去的黑猩猩而感染,随后,又有多人接触感染大猩猩或黑猩猩而患病。

(二) 蝙蝠传播

蝙蝠被人们认为可能是 MARV 的自然宿主,接触蝙蝠的分泌物和排泄物是感染 MARV 的途径之一。到目前为止,几乎所有自然暴发的 MHF 都与人类进入蝙蝠居住的洞穴相关。

1980 年 1 月的一名法国游客和 1987 年 8 月的一名丹麦游客均因进入肯尼亚 Elgon 山国家公园的 Kitum 山洞而感染 MARV,继而出现头痛、腹泻和呕吐,最终死亡。1998—2000 年间,刚果民主共和国和乌干达的两名矿工因在废弃金矿工作时被蝙蝠感染。随后,一名荷兰游客因闯入乌干达一蝙蝠巢穴与蝙蝠发生接触而感染 MARV 致死。6 个月后,又有一名来自科罗拉多州的女游客因闯入同一个洞穴而受感染。2009 年,Towner 等在果蝠体内分离到 MARV,其研究结果也提示我们果蝠直接或者通过其他未知的媒介传播给人和非人灵长类动物。

(三) 人际传播

正常人破损的皮肤或黏膜因接触 MHF 患者的血液、呕吐物、尿液、粪便、精液,可导致病毒在人与人间的传播。这也是疫情暴发的最主要传播方式。

在首次暴发的马尔堡疫情中就出现了 6 例人感染人的继发病例,通常是接触了原发病例的血液,2 名医生就是因为在为患者抽血时皮肤被刺而感染。

1975年,一名澳大利亚的游客在感染MARV后,也将其他同行旅伴和一名女护士感染。暴发疫情时,大部分续发病例主要通过接触患者或尸体而感染。很多医护人员和家庭成员在照顾患者时由于没有采取合适的防护措施而发生感染。非洲特殊葬礼中的洗礼方式是导致疫情蔓延的重要原因,人直接与MHF患者的尸体接触而感染。

(四)其他途径传播

一份调查报道,在基奥加湖地区收集的70只啮齿动物中,有1只被发现MARV抗体,因此,啮齿动物可能是MARV的贮存宿主。英国有研究结果表明EBOV的外部蛋白与某种鸟类的逆转录病毒相似,这提示该病毒存在从鸟类传播给人类的可能。MARV与EBOV同属于丝状病毒,我们有理由相信MARV也可能从鸟类传播给人类。目前为止,没有证据表明蚊子和其他节肢动物是丝状病毒的携带者,否则,EBOV和MARV疫情规模更加难以控制。

三、预防与控制

(一)疫苗免疫措施

目前仍未研发出针对人类的马尔堡预防疫苗,但是MARV疫苗的研究迄今取得了显著进展,已有多种疫苗的动物试验研究正在进行中,对MARV感染有明显的免疫和防止作用,如灭活疫苗、DNA疫苗、病毒颗粒样疫苗、rAd载体疫苗和rVSV载体疫苗等[7-10]。病毒样颗粒(VLPs)是一种亚单位疫苗。研究表明,含MARV-Musoke GP、NP、VP40的VLPs联合QS-21佐剂免疫短尾猴,第三次免疫28 d后分别给予高剂量MARV-Musoke、MARV-Ci67和MARV-Ravn攻击,其中,MARV-Musoke和MARV-Ci67攻击组短尾猴能完全抵抗病毒攻击,遗传差异较大的MARV-Ravn攻击组短尾猴出现感染情况,但能存活[7]。rAd5载体重组MARV的GP免疫后能诱导产生特异的细胞免疫和体液免疫反应。单次免疫表达MARV-Angola GP的rAd5载体疫苗28 d后,给予NHP高剂量Angola株MARV攻击能完全保护[8]。迄今效果较好的丝状病毒疫苗是重组水疱性口炎病毒(rVSV)载体疫苗。实验表明,单次免疫短尾猴rVSV MARV-Musoke GP疫苗28 d,短尾猴体内诱导产生针对MARV的特异性抗体,同时抵抗高剂量同种病毒攻击[9]。免疫后100多天后仍能抵御病毒感染,提供交叉保护,甚至还能抵抗差异最大的Rvan株MARV感染[11]。虽然马尔堡疫苗用于临床还有一段路,但我们相信在不远的将来马尔堡疫苗能彻底控制MARV传播。

（二）预防性措施

目前针对 MHF 在人群中传播的特点，主要采取以下相应的措施进行 MHF 的预防。

（1）控制传染源：马尔堡疫情发生后，及时发现和控制输入性病例，对患者和感染者采取隔离措施。封锁疫区，控制疫区人员流动。加强对动物的检疫，尤其是黑猩猩、大猩猩、猴子等非人灵长类和蝙蝠等野生动物的检疫工作。对来自疫区的人员和灵长类野生动物更要严格实施检疫。一旦发现可疑病例，要及时通报卫生部门做好疫情调查和处理。

（2）切断传播途径：在接触受感染动物或患者时，对所有的感染动物和感染者的呕吐物、排泄物、尸体以及可疑污染场所和物品等要进行严格彻底的消毒，防止医源性感染和实验室感染。要求医护人员在医院接触患者时要提高警惕，采取严格的防护措施。疫区禁止举行传统葬礼等聚集性活动。

（3）保护易感人群：加强健康教育、引导人们正确认识 MHF。除家庭成员和医护人员外，实验人员也是高危人群，实验人群进行实验时必须严格操作规范，相关实验必须在生物安全 4 级实验室内完成。恢复期患者要禁止性交 3 个月，或直到体液内检查无病毒。

（三）疫情控制

一旦发现感染病例和可疑病例，立即采取严格的隔离措施，防止疫情的扩散及流行。对密切接触者进行医学观察，一旦出现发热等症状时，要立即进行隔离。医学观察期限为自最后一次与病例或污染物品等接触之日起至第 21 天结束。医护人员与患者接触时，加强个人防护，对患者的血液、体液、分泌物、排泄物及其污染的医疗器械等物品可用焚烧或高压蒸汽进行严格消毒处理，并按照规定做好医疗废物的收集、转运、暂时贮存，交由医疗废物集中处置单位处置。动物或患者死亡后，应当尽量减少尸体的搬运和转运。尸体应消毒后用密封防渗漏物品双层包裹，及时焚烧。

（四）治疗性措施

目前对 MHF 尚无批准上市的特效治疗药物，应用恢复期患者血清对早期患者有一定的治疗效果，并采取对症支持治疗。所有治疗主要旨在阻止或缓解疾病所造成的损伤，减轻病痛，促进康复。首先需要隔离患者，卧床休息，保证充分热量。吸氧、保持体液及电解质平衡、酸碱平衡。疾病早期注射抗凝剂阻止或减少弥散性血管内凝血、疾病后期注射促凝药物阻止出血，新鲜冰冻血浆补充凝血因子,预防和治疗低血压休克。根据细菌培养和药敏结果使用抗生素杜绝细菌或真菌继发感染。如果出现肾功能衰竭,需要及时进行血液透析。使用恢复期患者血清及动物免疫血清球蛋白治疗早期患者可能有效,但目前争议较多。

迄今为止,我国还没有发现 MHF 的病例。虽然 MHF 的自然流行仅发生在非洲,但由于人口的流动和动物的进口,不排除 MARV 进入我国的可能,MHF 的防控形势严峻。尽管在过去的五十年中,人类对 MHF 及 MARV 的研究已经取得了巨大的进步,但仍然有病毒起源、宿主、媒介、传播方式、疫苗、治疗药物等关键问题需要解决。因此,我们必须密切关注 MARV,呼吁各国加快对 MARV 的深入研究,争取早日研发出有效的治疗药物及疫苗。

参 考 文 献

[1] SIEGERT R,SHU H L,SLENCZKA H L,et al. The aetiology of an unknown human infection transmitted by monkeys (preliminary communication) [J]. German Medical Monthly,1968,13(1):1-2.

[2] SLENCZKA W,KLENK H D. Forty years of Marburg virus [J]. Journal of Infectious Diseases,2007,196 (s2):131-135.

[3] PETERSON A T,LASH R R,CARROLL D S,et al. Geographic potential for outbreaks of Marburg hemorrhagic fever [J]. American Journal of Tropical Medicine & Hygiene,2006,75(1):9-15.

[4] BRAUBURGER K,HUME A J,MÜHLBERGER E,et al. Forty-five years of Marburg virus research [J]. Viruses,2012,4(10):1878-1927.

[5] NAKAZIBWE C. Marburg fever outbreak leads scientists to suspected disease reservoir[J]. Bulletin of the World Health Organization,2007,85(9):654-656.

[6] TOWNSEND P A,CARROLL D S,MILLS J N,et al. Potential mammalian filovirus reservoirs [J]. Emerging Infectious Diseases,2004,10(12):2073-2081.

[7] SWENSON D L,WARFIELD K L,LARSEN T,et al. Monovalent virus-like particle vaccine protects guinea pigs and nonhuman primates against infection with multiple Marburg viruses [J]. Expert Review of Vaccines,2008,7(4):417-429.

[8] KOELLHOFFER J F,MALASHKEVICH V N,HARRISON J S,et al. Crystal structure of the Marburg virus GP2 core domain in its postfusion conformation[J]. Biochemistry,2012,51 (39):7665-7675.

[9] JONES S M,FELDMANN H,STRÖHER U,et al. Live attenuated recombinant vaccine protects nonhuman primates against Ebola and Marburg viruses [J]. Nature Medicine,2005,11 (7):786-790.

[10] KIBUUKA H,BERKOWITZ N M,MILLARD M,et al. Safety and immunogenicity of Ebola virus and Marburg virus glycoprotein DNA vaccines assessed separately and concomitantly

in healthy Ugandan adults:a phase 1b,randomised,double-blind,placebo-controlled clinical trial.[J]. Lancet,2015,385(9977):1545-1554.

[11]　DADDARIODICAPRIO K M,GEISBERT T W,GEISBERT J B,et al. Cross-protection against Marburg virus strains by using a live,attenuated recombinant vaccine [J]. Journal of Virology,2006,80(19):9659-9666.

盖微微　1987 年 3 月生,吉林舒兰人。2011 毕业于吉林农业大学,获学士学位。2014 年毕业于吉林农业大学,获硕士学位。现为吉林大学动物医学学院在读博士生。主要从事分子病毒学方面研究。发表论文 6 篇,其中 SCI 收录 3 篇。

对军队防治外来人兽共患病的思考

樊双喜

《当代军犬》杂志社，北京

在我军编制中，除了 200 多万名军官、士兵和文职人员外，还有数万条（匹、峰）军犬、军马和军驼等动物兵员。军营内还居住着大量退休、转业官兵以及家属子女，豢养着几十万条宠物犬、猫等。对于军队来说，防范外来人兽共患病就是要防范部队营区以外、可能传染给部队内部的人兽共患病。这个问题关系到官兵和家属子女的身心健康，关系到无言战友的体质和生命，关系到部队军事斗争准备质量，关系到未来信息化作战的胜负。因此，研究外来人兽共患病对部队建设的影响，切实增强部队防范和应对外来人兽共患病的能力，具有重要的现实意义和深远的历史意义。

一、当前我军外来人兽共患病防治面临的主要形势

近年来，随着我军野战化、机动化、实战化训练活动的增加和对外军事交流范围不断扩大，官兵及军犬、军马（驼）越来越多地深入到陌生地域、恶劣环境，人兽共患病的发生概率随之增大，军队卫生防疫工作面临着严峻考验。

（一）军队长期平安无疫事，官兵对外来人兽共患病现实威胁认识不够到位

据初步统计，从新中国成立至今，骡马化和半机械化时代，部队发生过一些局部的人兽共患病；机械化和信息化复合发展阶段，部队只发生过零星、个别人兽共患病。从面上看，对我军人兽共患病没有形成长时间、大范围的气候。最近，我们到一些编有军犬的部队采访调研，发现狂犬病这种人兽共患病宣传比较到位，几乎 100% 的官兵都对这种病的危害、特征、对策比较清楚。但是 99% 的官兵对于另外世界上现有的 438 种人兽共患病的概念、发病机理、防治手段说不清；有不少单位的领导和机关对人兽共患病重视程度不够，无事时不闻不问，有事时惊慌失措。例如 2012 年，驻保定某部一军营突发不明疫情，几百名官兵出现发热症状，被紧急送往医院进行救治。由于发热原因暂时不明，驻地群众和部队内部开始流传"非典暴发"的谣传。后经权威专家认真查验患病官兵，排除"非典"、甲流、人感染高致病性禽流感等疫情，确诊为腺病毒 55 型引起的呼吸道

感染。这种病通常在部队新兵中流行,多因突然紧张、劳累、聚集所致[1]。这起突发疫情,不但造成了当地社会恐慌,也使部队有关工作很被动。另外,部队对专业力量建设的投入不够,军队没有专门的兽医学校,兽医干部只能从地方特招;基层部队没有专门的防治经费,绝大多数边防连队没有储备足够的医药器材和设备;军犬军马(驼)卫生员培训时间只有 6 个月,很难进行实习和再次深造。

(二) 我军出国交流批次多、范围广,沾染境外人兽共患病的概率增大

从 1990 年至今,我军先后参加了 24 项联合国维和行动,累计派出维和军事人员 3.1 万余人次。现有近 3 000 名官兵在联合国 9 个任务区执行维和任务,包括工兵、医疗、运输、警卫、步兵等 15 个维和分队及 100 余名参谋军官与军事观察员。此外,2002 年至今,我军还与 30 多个国家举行了数十场双边或多边联合训练与军事演习,通过中俄"海上联合"演习、"和平使命"上海合作组织联合反恐军事演习、"国际军事竞赛 2016"以及参与"环太平洋"多国海上联合军演、亚丁湾及索马里海域护航等活动[2],与境外军事人员和服务保障人员合作的深度及广度都在扩大,不可避免地增加了感染人兽共患病的概率。例如,我驻非洲部分地区的维和部队,就要面对埃博拉病毒肆虐的威胁。埃博拉病毒是一种人兽共患病毒,自然宿主目前认为是一种蝙蝠,特别是非洲果蝠,感染的宿主主要是人类和非人类的灵长类动物。2014 年,疫情在西非国家暴发后,夺去大量当地人的生命。根据世界卫生组织数据,西非地区累计出现埃博拉病毒确诊、疑似和可能感染病例 2 473 例,死亡 1 350 人。

(三) 我军军犬赴境外参赛、救援,对人兽共患病的防治提出更高的标准

近年来,我军积极参与印度洋海啸、巴基斯坦地震、印尼地震、海地地震和尼泊尔地震等 50 余场国际救灾行动。其中,由陆军第 38 集团军工兵团为主组建的中国国际救援队发挥了重要作用,他们配备的 10 多条专业搜救犬冲锋在抗震救灾的最前沿。由于救灾地区人员伤亡惨重,埋在废墟中的动物尸体发生腐烂,形成传染源,加之卫生条件恶劣,防疫水平不达标,深入废墟搜救的军犬极易感染疫情,给带犬执行任务的官兵带来现实威胁。北京军犬繁育训练基地代表中国陆军参加俄罗斯"忠诚朋友"军犬兵比武竞赛,选派的 5 条军犬与其他几个国家的十几条军犬同台竞技,也易造成不同国家军犬之间、军犬与人之间传染人兽共患病的可能。

（四）我军全域机动实战化训练强度增加，对营区外来人兽共患病防治提出挑战

全军和武警部队按照习主席"能打仗、打胜仗"的重要指示，持续掀起实战化训练热潮，部队在营区外演习驻训越来越频繁，接触外来人兽共患病机会越来越多。我们看到，《中国人民解放军军事训练与考核大纲》规定担负全训任务的分队野外驻训时间由每年 2 个月变为不少于 4 个月。根据解放军报和中央电视台发布的消息，2013 年全军和武警部队演习数量为近 40 场；2014 年，增加到 200余场师旅规模演习，场次和密度都创历史记录；2015 年，组织 29 个旅（团）赴 6个基地和场区开展跨区基地化训练；2016 年至今，部队进行大范围、远距离机动深入陌生地域已成为常态。据了解，有的部队只注重收集演习地域的气象水文和社情民情资料，对当地的疫情特别是人兽共患病摸不透、说不清，只准备头疼脑热、跌打损伤等普通药品，对可能感染人兽共患病储备医药器材不充分、不托底。我们设想，演习地域如果发生一例人兽共患病，就可能迅速发生大面积疫情，官兵就会受到沾染，直接影响部队演训任务顺利完成。

二、做好军队防治外来人兽共患病的措施

据国际互联网公布的消息，目前全世界人兽共患病大约 438 种，其中传染病276 种、寄生虫病 162 种。我国境内已发现的人兽共患病有 196 种，其中传染病105 种、寄生虫病 91 种。受技术手段和人类的认识水平限制，不少传染病和寄生虫病的动物宿主尚未查清，因此，这个数字处于动态变化中。为此，军队防治外来人兽共患病任重而道远。

（一）把外来人兽共患病常识教育纳入部队安全教育之中，提高官兵防病意识

可以考虑由军委卫生职能部门会同军委安全管理部门共同设立外来人兽共患病"防治日"，像抓汽车驾驶员每月"安全日"那样，组织电视台、报纸、期刊、网络、手机运营商等新媒体大力进行宣传，做到家喻户晓，人人皆知。要汇聚军内外知名专家学者编写外来人兽共患病防治教材教案，拍摄制作防疫教学片，发到基层建制单位；在全军政工网开设外来人兽共患病防治专题及专家在线交流，方便官兵随时浏览学习和解疑释惑。要每年组织 1~2 次外来人兽共患病领域的权威专家和医生到部队巡回演讲，现场帮助官兵懂得疫情发病特征、致病因素和有效预防措施。

（二）加强专门机构力量建设，预先储备必要的医疗设施设备

可以考虑适当增加军事医学科学院防范人兽共患病人员编制，拓展各后方医院及部队门诊部、卫生队等医疗机构防范人兽共患病职能。师以上医院要培养 2~3 名专职人兽共患病医生，旅团卫生队及军以上机关门诊部要培养 1~2 名兼职的人兽共患病医生，营连卫生所要培养 1 名兼职的人兽共患病的医生或卫生员；每年组织 1~2 次人兽共患病基本常识考核，使他们熟悉本地区疫情发展历史，熟悉外来疫情的特征，熟悉疫情主要病理结构、传播途径、预防措施和防治预案，考核不合格的要组织补考。要把人兽共患病作为考核医生、卫生员是否称职的重要指标，与晋职晋衔晋级挂钩。各医疗机构要储备常见的人兽共患病防治药品和检测设备，纳入标准目录，实施统一采购，过期的药品及时进行更换。

（三）注重制度建设，做好疫情防护

军队应尽快出台防治外来人兽共患病的规章制度，确保防疫工作进入法制化、制度化轨道。一是建立预警机制，实行感染外来人兽共患病零报告制度，由专人负责登记官兵感染情况。二是建立会商机制，加强军地之间、部队内部之间、不同驻地之间、不同军兵种部队之间的信息交流和通报，使驻疫源地和非疫源地部队都能及时掌握疫情信息。三是建立检测机制，组织专门机构对官兵进行定期或不定期检测，及早发现传染源和病原携带者，确保全员覆盖，不留隐患。四是建立隔离机制，在传染病流行季节，尽量减少官兵外出，外出归队后要进行严格隔离，防止将病原体带入营区。五是建立消毒机制，定期进行消毒，尤其是饲养犬、马、驼、猫等动物的单位，要切断疾病传播途径，并集中时间和力量进行物理消毒工作，做到不留死角。六是建立治疗机制，对于发现的感染官兵或军犬（马、驼），要及时送往定点医院进行救治，医院要组织专家会诊，设立隔离病房，提高治愈能力。

三、对军民联防联控外来人兽共患病的建设愿景

军队应对外来人兽共患病，不可能单打独斗，必须依托国家和社会有关力量，构建军地联合指挥体系，研发自主可控最新型、最先进、最可靠的检测设备和药品器材，形成军地联防联控的强大合力。

（一）加速构建军民融合防范外来人兽共患病联合指挥体系

应站在国防和军队建设全局高度，通盘考虑军队防控人兽共患病的需求，发挥地方疫情防控优势，充分融合军地技术资源，构建军民融合防范外来人兽共患

病联合指挥体系,做到"军民融合、平战结合"。

1. 建立国家和军队顶层防范外来人兽共患病联合指挥机构

建议加速组建横跨军、政、民各领域,贯通上、中、下各层级的国家和军队联防联控外来人兽共患病指挥机构,适当组扩建相关的卫生防病防治职能部门,负责防范外来人兽共患病体系的设计和论证,统筹指导、指挥协同和建设管理,统筹规划国家和军队防范外来人兽共患病的力量建设。

2. 构建机构和职能适度分离的运行机制

在国家和军队机构正在论证改革、编制正在调整的形势下,可以考虑按照老部门新职能的思路,在保持现有机构不变的情况下,赋予原机构军民联防联控外来人兽共患病的统筹、指挥、建设、协调职能,遂行防治外来人兽共患病新职能任务,实现由机构主导向职能主导的转变。

3. 建设高效运行的常态化运行机制

推进军民联防联控外来人兽共患病协调机制高效运行,应在国家和军队层面建立高层协调机制,统一建立多元力量行动机制;在侦测外来人兽共患病情报方面,建立国家和军队情报数据共享机制;在专业人才方面,建立军地人才交流合作机制;在防控训练方面,建立境内外联演联训机制,最大限度地提高整体合力。

(二)塑造我国外来人兽共患病"军队主导进攻、国家统筹防御"的攻防兼备力量体系

从世界主要国家军队防疫发展情况看,军队防疫作战事关国家安危,为此都配备了最精锐的防疫力量,在人才储备、科学试验、检测装备、药品性能等方面都走在了国家其他行业前列。我们也应积极借鉴这种做法,发挥军队防疫的主导优势,在国家层面合理布局各部门、各行业的防疫力量。

1. 把外来人兽共患病信息感知能力作为防治力量体系建设的核心

疫情态势瞬息万变的特点决定了防治作战的成败。打赢防治外来人兽共患病这场战役,首先需要指挥员掌握理解境外疫情、我情态势,根据实时态势做出正确决策。因此,境外疫情态势感知能力就成为防范外来人兽共患病体系作战的首要能力。

2. 将攻势作战作为夺取外来人兽共患病主动权的主要方式

外来人兽共患病的防治作战,攻防主体具有一定的分离性,攻防效果具有不对称性。夺取外来人兽共患病作战主动权关键在于,以攻势行动遏制疫情的攻击,也就是说,要下好先手棋,积极进行防御作战,保证我方稳定,始终坚持以攻制敌,以攻遏敌。

3. 建立军民深度融合的外来人兽共患病防治力量体系

现代情况下,无论是军队内部还是外部,无论是国内还是国外,无论是前方还是后方,都可能面临外来人兽共患病多种方式的攻击,是防不胜防又不得不防,因此,需要构建由国家和军队专业力量、支援力量及预备役等力量构成的新型外来人兽共患病安全防御力量体系。

(三) 瞄准外来人兽共患病前沿技术,研发自主可控医疗设备和药材药品

医药技术创新是战胜传染病的最有效手段,从医学经济学角度分析,效费比也最合理。军地医疗力量应找准影响制约人兽共患病医药技术创新的重难点问题,集智攻关,攻坚克难,在前沿技术创新上取得突破。

1. 树立先进性就是自主可控的发展理念

目前已知的感染人类的病原体有 1 407 种,其中 58% 是人兽共患性的,在这些病原体中,177 种是新出现或再出现的[3]。从技术角度看,外来人兽共患病防治是病理源代码的博弈,攻防双方都在寻找程序代码中的错误。如果核心的系统出现代码错误,任何外围安全措施都会形同虚设。如果防治人兽共患病检测设备、药品不能自主研发,我国外来人兽共患病防治最大隐患永远得不到解决。因此,我们必须下大力气,在外来人兽共患病防治核心技术上取得突破,打破国外相关行业的垄断。

2. 立足高精尖展开外来人兽共患病防治杀手锏医药设备的研究

我们应突出和强化优势领域,拓展战略选项,加大科研投向领域的口径,大力发展颠覆性技术,争取在外来人兽共患病防治的宽广蓝海中找到若干突破口,形成我军独有的外来人兽共患病杀手锏医药设备,如新型疫情感知系统、方便快捷的检测设备、安全可靠的防疫疫苗等。

3. 坚持基础为先体系推进

在对新型变种人兽共患病免疫药品开发上,要充分发挥互联网+的优势,集大数据、云计算、物联网于一体,由无序开放、分散开发转化为体系开发、协作开发,坚持基础为先,体系推进的思路,构建我国军民融合的外来人兽共患病防治医疗设施设备的研发体系,同时注重推进军地融合、军民融合,形成外来人兽共患病防治与国家和军队防疫研究、防疫教育和防疫生产的生态圈。

参 考 文 献

[1]　佚名. 近年来在社会上产生严重后果的十起网络谣言案例[N]. 人民日报,2012-04-16(4).

[2]　马可为. 加强国际军事安全合作:"新长征"怎么走?[N].中国军网,2016-10-25.

[3] 杨先碧. 人类疾病半数来自动物[J]. 人生与伴侣,2007(6):48.

樊双喜 国防大学联合战役学研究生,大校军衔。历任军区(战区)级高级领率机关参谋、主任(处长)、二级部(局)长及副部(局)长等职。中国工作犬管理协会理事,中国畜牧兽医学会养犬学分会常务理事,《当代军犬》杂志社法人代表、社长,北京军犬繁育训练基地高级讲师,《人民陆军》报特约撰稿人。曾赴欧洲考察世界工作犬锦标赛、军警犬训练中心和搜救犬训练基地,代表我军军犬训练机构与巴基斯坦军队高级将领进行对话,多次观摩国内公安、武警、军队工作犬竞赛,多次受邀赴全军和武警部队以及地方院校讲学,对军队管理业务和军(警)犬技术有30余年的理论研究和实践探索。在《解放军报》等报刊发表文章300余篇,主笔或与他人合作编写了《军队管理教育工作实践》《学管理用管理》和《犬与国防》《军(警)犬搜爆与缉毒》《军(警)犬搜人与搜物》《外军军犬资料集》等20余部专著。多次被军区级高级领率机关表彰为新闻报道先进个人、优秀共产党员,荣立二等功1次、三等功2次。

进境灵长类动物 B 病毒病风险管理措施

盘宝进[1]　**麦　博**[2]

1. 广西出入境检验检疫局检验检疫技术中心，南宁；
2. 广西南宁出入境检验检疫局，南宁

Sabin 等（1934 年）首次从被外观正常的恒河猴咬伤手指而致死的医生的脑和脾脏内分离出一种病毒，称之为 B 病毒或疱疹 B 病毒，又叫猴疱疹病毒（Herpesvirus simiae，HS）；B 病毒同人的单纯性疱疹病毒相近，它可使恒河猴引起呈良性经过的疱疹样口炎，于 7~14 天内自愈，可使人类产生致死性的脑炎或上行性脑脊髓炎[1-3]。B 病毒病是我国卫生部制定的《人间传染的病原微生物名录》（2006 版）中规定的一类传染病[4]，在农业部和国家质量监督检验检疫总局制定的《中华人民共和国进境动物检疫疫病名录》（联合公告第 2013 号）中被列为进境动物检疫性疫病[5]，世界动物卫生组织（OIE）在《国际陆生动物卫生法典》（2016 年）非人灵长类动物传播的人兽共患病章节（第 6.11 节）中强调了防范 B 病毒病传播的重要公共卫生意义[6]。

根据中国动物卫生法律、法规及相关规定，参照 OIE（2016）有关进境风险分析的规定（第 2.1 节），结合 B 病毒病的流行特点，对中国进口动物、动物胚胎/卵和精液、动物产品等商品与 B 病毒相关的风险进行评估，并依据风险管理原则，提出从 B 病毒病国家进口有关商品的风险管理措施。

一、病　原　学

B 病毒属于疱疹病毒科，甲型疱疹病毒亚科，单纯疱疹病毒属；病毒粒子为大的双链 DNA 病毒，约 162 kb，有多个开放阅读框（ORF）；由一个二十面体的衣壳镶嵌在无特定形态的蛋白质壳内，外周有液态包囊膜包裹，是典型的疱疹病毒粒子结构；包囊膜大小约为 160~180 nm，与人类单纯疱疹病毒（HSV）相似，体被由纤维质构成，包膜有时来自细胞核，有时来自细胞膜，细胞膜内含有脂成份，所以单纯疱疹病毒对乙醚及脂溶剂特别敏感，在高温和低 pH 值（4.5~5）条件下都不稳定；在低温下可生存数月；在湿热 50 ℃及干燥 90 ℃条件下 30 min 灭活；在 pH＝7.2、4 ℃的条件下可存活 8 周，在 40 ℃的条件下则不到 2 周即丧失活性。

B 病毒疫苗株（E2490 株）全基因组已测序完成。B 病毒基因组富含 G+C（74.5%），是疱疹病毒中 G+C 含量最高的。对疱疹病毒宿主种类进化史及 DNA 序列分析表明，B 病毒氨基酸序列与 HSV 相似性范围从 26.5% 至 87.5% 不等，平均为 62.5%；B 病毒与狒狒疱疹病毒（HVP2）的相似性范围从 56% 至 98% 不等，平均为 87%；B 病毒与长尾黑颚猴疱疹病毒（SA8）的相似性范围从 50% 至 97% 不等，平均为 83%，说明 B 病毒与 HVP2、SA8 的相似性要高于与 HSV 的相似性。

B 病毒基因组由一个长独特区（UL）和一个短独特区（US）组成，每区的两端被倒置重复序列所覆盖。在 UL 上，完全测序的基因有糖蛋白基因 C、B（gC、gB）和胸苷激酶基因（thymidine kinase，tk）。根据已获得的序列与 HSV-1 的 UL23 编码序列相比，大部分仍很保守。对 US 测序并与其他疱疹病毒进行比较后发现，在 HSV 短独特区存在的 13 个开放读码区（即 US1 至 US12 和 US8.5）在 B 病毒都存在，且排列顺序与 HSV 和 SA8 相同。13 个 ORF 编码的蛋白分别为：US1 编码立即早期蛋白 ICP22，US2 功能不清楚，US3 编码丝氨酸/苏氨酸蛋白激酶，US4 至 US8 分别编码糖蛋白 G、J、D、I、E（gG、gJ、gD、gI、gE），US8.5 功能不清楚，US9 编码外膜磷酸蛋白，US10 编码壳皮蛋白，US11 编码 RNA 结合蛋白，US12 编码立即早期蛋白 ICP47。该区域的序列比较结果显示，与 HSV-1、HSV-2 和 SA8 高度相似，除 US8.5 的 ORF 外，所有的基因及所编码的蛋白的大小都相似，表明这些蛋白的结构和功能与 HSV 相似。从不同猴类中分离出的毒株 US4 基因的序列不同，所编码的蛋白序列也存在不同，因此，B 病毒存在不同的基因型。

尽管非人灵长类的疱疹病毒与 HSV 的基因组相似度较高，但两者基因组间仍存在一些固有的差异。第一处差异发生在基因组的短重复区域（RS），位于立即早期管理基因 ICP4（RS1）的 3′端到 RS 区域末端之间的碱基数量在非人灵长类的疱疹病毒（1.8 kb）与 HSV（1.0 kb）上差异明显，而分析表明 RS 是 B 病毒、HVP2 和 SA8 编码保守 mRNA 的区域。第二处差异发生在基因组的长重复区域（RL），在 HSV1、HSV2 和黑猩猩疱疹病毒（ChHV）中，位于该区域的 RL1 基因编码 γ34.5 蛋白，虽然在 HSV 感染小鼠中 γ34.5 蛋白对决定神经毒力起到关键性作用，但 RL1 基因与非人灵长类的疱疹病毒基因组没有任何的相似性，而非人灵长类的疱疹病毒与 HSV 的 RL 序列长度却几乎相同，这是因为 HSV 中的 RL1 ORF 与相应的 ORF 发生了基因重迭。将敲除了 RL1 基因的 HVP2 感染小鼠后发现，病毒神经毒力受到的影响非常小，证明在非人灵长类的疱疹病毒感染中 RL1 基因并不像 HSV 感染那样起到关键性作用。因此，目前对 B 病毒（包括 HVP2、SA8 等）基因组中的重要功能性区域尚不清楚。

二、流 行 病 学

（一）历史及地理分布

B 病毒病首次在 1932 年被正式报道,报道描述了一位 29 岁的实验室工作者("W.B.")被一只外表正常的恒河猴咬伤手之后,伤口部位出现红斑,后发展为局部淋巴管炎、淋巴腺炎,最后发展为致死性的脑炎及横贯性脊髓炎,15 天后死于呼吸衰竭,研究者将其命名为 W 病毒(取患者第一字缩写)。而两年后学者对此病毒详加研究并做了许多兔子、恒河猴、狗、鼠及天竺鼠的相关实验,实验结果显示出此病毒表现虽近似 HSV,但的确是不同的病毒,并定名为 B 病毒(取患者第二字缩写)。

至今已有 40 多例人感染 B 病毒的报道,2/3 集中在美国,其他分布在英国及加拿大。在抗病毒治疗方法出现前,B 病毒感染的死亡率大于 70%,幸存者也存在神经后遗症。

（二）易感动物

B 病毒以猕猴属的旧世界猴为自然宿主,这些猴主要分布在亚洲,包括恒河猴、食蟹猴、日本猕猴、红尾猴、短尾猴和西藏猴等。其他非人灵长类动物和人均易感。

B 病毒在猴群感染存在年龄段的差异:仔猴、幼年猴中抗体阳性率很低;随着年龄的增长,B 病毒的血清抗体阳性率增加。在大于 2.5 岁的成年驯养猴中,血清抗体阳性率几乎 100%;而在小于 2.5 岁的猴群中阳性率约为 20%,大部分野外捕获猕猴饲养群的成年猴感染的阳性率为 80%~100%。

（三）传播方式和传播源

猴群彼此间可经由口腔、眼睛、伤口的皮肤或性行为水平传播,母猴喂乳时也会传染给小猴。有报道表明,在野捕猴 B 病毒阳性率为 49.8%的情况下,混养后 B 病毒阳性率高达 83.42%。

一旦宿主感染了 B 病毒,可由感染处经外周神经传到中枢神经系统,病毒可终身存在于宿主神经元内,形成隐性感染,因此存在隐性感染动物传播病毒的可能。这样的概率在正常饲养条件下相当低,大约为 2%~3%。激活隐性感染动物的因素包括免疫压力、长途运输、饲养环境改变等,与动物机体的荷尔蒙变化有关。

人类感染途径主要是被猴子咬伤或抓伤造成,少数是被接触过猴子的针扎伤或被带有病毒的培养瓶玻璃割伤,有搬运猴笼时被带有猴体液的笼子刮伤而发病的病例,也有清洗猴子头盖骨时被传染的病例,还有一例是与猴分泌物接触通过眼结膜感染而致死的。人间传播的报告仅有一例,是因为皮肤炎的手接触病患带水泡的皮肤而被感染,进一步的研究表明,这种人与人之间 B 病毒的二次传播的可能性很小。

三、临床症状和潜伏期

自然宿主感染 B 病毒后,几乎不造成死亡。发病初期在舌背面和口腔黏膜与皮肤交界的口唇部以及口腔内其他部位出现充满液体的小疱疹,3~4 天时这些疱疹破裂形成溃疡,有时也可见到程度不等的皮肤、结膜病变及生殖器感染,很少出现全身症状,一般 7~14 天自愈,不留瘢痕。如果不专门检查动物的口腔,B 病毒引起临床症状通常不被注意到。检查 14 400 只成群饲养的恒河猴的结果表明,只有 332 只出现了舌和口唇部病变,占 2.3%。

人一旦感染 B 病毒后,很少是自限性的,几乎都是致病性及致死性,未进行抗病毒治疗的情况下死亡率高达 70%。一般来说,潜伏期约为 2~30 天(通常 2~10 天,也有超过十年的),一旦发病,症状常在 10 天内快速进展。典型的临床症状是在暴露后约 2 天在伤口部位出现痒、痛、水泡,而后形成溃疡,局部淋巴结肿胀。此后约 10~20 天出现高烧、头痛、恶寒以及肌肉痛、昏眩、暴露处感觉异常、腹痛等。末期接着出现头痛、意识改变、结膜炎、视网膜炎、脑膜炎症状、脑干症状(如复视、构音困难、吞咽困难)、小脑症状(如步态不稳、脑神经麻痹)及脑炎症状(如痉挛、半身不遂、自下半身往上发生进行性麻痹、截瘫),而后死亡。侥幸存活者常会留下严重的神经系统性疾病后遗症。

四、发病机理及病理变化

猴群中 B 病毒感染的发病机理与 HSV 的发病机理相似,病毒在上皮组织中进行第一次增殖,然后由感觉和运动神经末梢摄入,通过轴突运输至神经元细胞核中。在感染最初 1~2 周内也许能在复制点的表皮中分离到病毒,尽管那时候病变可能不明显。对于单纯疱疹病毒,宿主对病毒入侵的反应是通过非特异性细胞免疫介导的免疫机制,主要涉及天然杀伤细胞和单核吞噬细胞来破坏感染细胞,这种免疫发病机理对病变形成起了部分作用。

在食蟹猴中感染 B 病毒后约 3%出现局部临床症状,在猴群中 B 病毒的全身性感染的报道很少。发病初期在舌背面和口腔黏膜与皮肤交界的口唇部以及口腔内其他部位出现充满液体的小疱疹,这些疱疹最终破裂形成溃疡,表面覆盖着纤维素性坏死性痂皮,常在 7~14 天自愈,不留瘢痕。有时可见病变区出现继发的细菌和霉菌感染,偶尔可见到严重程度不等的 B 病毒相关性结膜炎。覆盖在身体不同部位的痂皮可产生传染性病毒,痂皮直径大小在 0.5~2.0 cm,有时可出现核内包涵体。

在组织学上,口腔病变与体外感染培养细胞所致病变相似,有气球样细胞变性和合胞体形成。口腔病变常伴发肝脏实变,肾间质的灶性炎症和坏死,然而如果没有包涵体的存在,这些病变的出现并不具有 B 病毒感染的特异性。

中枢神经系统病变局限于面神经、三叉神经根通路上及其相关的脑桥和延髓区出现单核细胞血管套、胶质结节形成,但没有神经元的变性。

在猴群中 B 病毒的全身性感染的报道只有 4 篇,根据第一例报道,一只正接受保泰松治疗的恒河猴发生了播散性疱疹病毒感染,在口腔、食管和胃有溃疡性病变,肝、脾、肾上腺有弥散性坏死,在这种情况下不需太多的努力就能证实传染因子的实质。Daniel 报道了第二例播散性 B 病毒感染的病例。在为期 19 天的病程中已证实该动物发生了血清转化,最后从死亡恒河猴的口腔、直肠和肺中分离到了 B 病毒。Espana 报道了在饲养的戴帽猴群中出现了明显的呼吸系统 B 病毒感染的大暴发,79 只中有 40 只出现了间质性、出血性肺炎和灶性肝炎,其中 16 只死亡。最后 Simon 报道了一例发生在一只食蟹猴身上的播散性 B 病毒感染。该猴由于难产实施了剖腹术,术后发生了严重的腹膜炎,在尸检时发现肺、肝、脾、骨髓、子宫、肾上腺、小肠浆膜表面、胰腺、生殖道有疱疹病毒感染的特征性病变。免疫组化在病变区检测到了 B 病毒样抗原,并从血清中分离到了 B 病毒。

五、诊　　断

(一) 标本采集

采集可疑动物全血静置低速离心后提取血清供检验。

(二) 分离培养和鉴定

B 病毒属于生物安全 4 级(BSL-4)病原,与埃博拉病毒和马尔堡病毒属同一组。涉及活病毒的实验必须在 BSL-4 级实验室内进行,最低也要求 BSL-3 级设施。B 病毒能够在组织培养物及实验动物上良好地增殖,但因使用实验动物较为困难,所以大多数研究工作集中在 Vero 细胞和体外已建立的其他上皮细胞系。4 ℃下病毒在细胞中很稳定,-80 ℃可长期保存,但不能保存在-20 ℃。Vero 细胞非常适合病毒繁殖,B 病毒在细胞中的繁殖与 HSV-1 和 HSV-2 相似。虽然病毒分离能直接说明病毒的存在,但却不主张在采取预防措施前,在伤口部位或暴露部位取样培养,因为这样可能延误伤口的清洁处理,取样时的挤压可促使病毒进入深层伤口或污染临近物品。而清洁过的伤口(即使后来证明为 B 病毒感染),取样培养的结果往往为阴性。因此,有权威人士认为,除非是在特殊的情况下,病毒的分离培养是不必要的。但也有人认为,病毒的分离培养在动物管理及兽医学中仍为非常有价值的工具。

可用于检测 B 病毒核酸的技术包括:原位杂交(ISH)、聚合酶链反应(PCR)和原位聚合酶链反应。原位 PCR 可以检测到低至 10 个拷贝的病毒 DNA,且其特异性高。最近,Hirano 等开发了一种用 PCR 方法扩增 B 病毒糖蛋白 G(gG)基因片段,可区分 B 病毒和 HSV。B 病毒和 HSV 的 gG 基因存在不同,因 B 病毒 gG 基因中 G+C 含量很高,PCR 很难扩增该段基因,加入 1.5 mol/L 的三甲铵乙内酯可克服这一缺点。在同样条件下,以人 HSV-1 或 HSV-2 做模板,不能扩增出人 HSV 的 DNA 产物。PCR 检测 B 病毒临床样品,快速而敏感,减少了病毒培养的危险性。但 PCR 只能检测病毒核酸,并不能确定样品中是否存在感染性病毒。

(三)诊断标准

我国《实验动物猕猴疱疹病毒 I 型(B 病毒)检测方法》(GB/T 14926.60—2001)中推荐的方法为 ELISA[7],《猴 B 病毒相关抗体检测方法》(SN/T 1177—2003)推荐的方法为玻片 EIA[8]。1999 年,国内学者从我国猕猴口腔溃疡灶中分离鉴定了一株 B 病毒(BV147),以 BV147 建立了 EIA 检测法,检测 B 病毒抗体。也有学者用 HSV-1 和 B 病毒分别做抗原,建立了猴 B 病毒抗体的 ELISA 法,提高了检测方法的准确性。

人类感染 B 病毒后,糖蛋白诱发的抗体出现最早,感染 7~10 天开始出现 IgM 抗体,14~21 天出现 IgG 抗体。少数病例,尽管分离出了病毒,抗体仍为阴性。如果感染 B 病毒之前感染过 HSV-1 或 HSV-2,抗体反应形式可能有所变化,因为有些抗原在这三种病毒中是相同的,可引起免疫记忆反应。虽然在自然宿主和外源宿主中均可引起抗体反应,但在外源宿主中的抗体水平远低于自然宿主。B 病毒的抗血清可以中和 HSV-1 或 HSV-2,而 HSV 的抗血清却不能中和 B 病毒。

在血清学诊断上,B 病毒感染的方法有放射免疫法、斑点杂交法、ELISA 和免疫印迹法(Western-blot),后三种方法采用单克隆抗体,一天内可出结果。在美国可通过生物公司或 NIH 的国家试验室得到这些试剂盒。

抗体水平的变化对疾病的诊断非常重要,第一次采血应在暴露后立即进行,第二次采血时间为 3~6 周后或临床症状出现时。血清应储存在-20 ℃或以下,送到专门的实验室检测,中间不要融化。比较前后两次的检测结果,如果抗体转阳或抗体升高 4 倍以上,说明有新感染存在,对诊断非常有意义。由于 B 病毒和单纯疱疹病毒有交叉反应,阳性标本应进行免疫印迹或竞争性 ELISA 法确证。目前,世界上有三个实验室可进行人类 B 病毒感染的评估,其中两个在美国,另一个在英国。美国疾病控制中心(CDC)可提供这方面的帮助。

六、危　　害

尽管自然宿主感染 B 病毒后几乎不造成死亡,且在正常的饲养条件下散播 B 病毒的概率仅为 2%~3%,但对于通常作为实验动物模型或是观赏用的猕猴属动物而言,感染上 B 病毒后其经济价值会大打折扣;OIE 认为目前在检测 B 病毒上并没有成熟可靠的方法,且 B 病毒感染猴被认为是终身携带病毒,并可以在体内荷尔蒙变化下隐性传播病毒,成为饲养场暴发疫病疫情的"不定时炸弹"。

目前全球有 40 多例人通过皮肤或黏膜感染 B 病毒的病例,且在未进行抗病毒治疗的情况下死亡率高达 70%,可见 B 病毒对人类的高危害性,突显出了防范 B 病毒病传播的必要性和重要的公共卫生意义。

七、防　　治

分析 B 病毒的感染方式、传播途径及发病过程得出,主要控制策略为:① 在使用猴类进行试验时,要严格遵守有关预防 B 病毒感染的实验室安全操作规程;② 发生暴露于 B 病毒后,要立即采取前面描述的预防急救措施;③ 建立无 B 病毒感染的实验用猴群。早在 30 年代人们就试图研究有效的 B 病毒疫苗,但至今没有用于人和猴的 B 病毒疫苗。1960 年福尔马林灭活 B 病毒疫苗在少数志愿者中进行了试用,只有短期的抗体反应。Bennett 等报道用痘苗病毒载体将 B 病毒的 gD 基因进行表达,可诱发体液免疫。该疫苗免疫 11 只兔,有 10 只在 B 病毒攻击后未被感染,也未形成潜伏感染。说明疫苗接种可在动物模型中引起保护性免疫反应。最近,Loomis-Huff 等构建了含 B 病毒糖蛋白 B(gB)基因的 DNA 疫苗,肌肉和皮内接种免疫小鼠可诱发针对 gB 的 IgG 抗体产生,抗体反应快,滴度高并持续一年以上。免疫 5 只恒河猴,也可诱发体液免疫反应,抗体水平没有在小鼠中稳定,加强免疫后抗体增加。该实验未观察细胞免疫情况,也未对免疫后的猴进行病毒攻击试验,B 病毒抗体是否具有保护作用还是未知的。但对 HSV 疫苗研究的经验及结果表明,细胞免疫在预防病毒感染和降低发病率中起了关键作用。B 病毒的痘苗病毒疫苗和 DNA 疫苗的保护效果很可能是细胞免疫反应起了作用。研制 B 病毒疫苗的目的是通过应用疫苗减少 B 病毒在猴群中的感染率、潜伏率和激活率,达到最终建立无 B 病毒感染的猴群。

由于 B 病毒感染人的严重性,实验用猴的 B 病毒检疫日益得到重视。美国

CDC制定了详细的有关实验用猴的防护措施。为防患于未然,我国也应及早制定和颁布相应的法规及措施。密切接触易造成病毒在猴间的传播,因此,饲养猴时密度不要太大。有研究表明,刚刚出生的猴,抗体阳性率仅为4.2%,60天后升至22%。应考虑在新生猴及幼仔猴中挑选未感染B病毒的动物,人工饲养繁殖,建立无B病毒感染猴群。不同地区已开展无特殊病原(SPF)猴群的建立,美国NIH的研究资源中心从1990年开始建立人工饲养的无B病毒感染的猴群,严格的追踪观察结果显示,获得和维持无B病毒感染猴群是可行的。

发生或怀疑B病毒暴露后,应立即采取相应的措施,首先是立刻用力清洗暴露的伤口至少15 min,因为病毒在5 min之内即可能进入人体,如果是眼睛可用无菌水或自来水冲洗,其他伤口则可用消毒剂(如优碘或Chlorhexidine),紧接着使用抗病毒药物。抗病毒药物的推荐用法如下:对成人和未怀孕的妇女,暴露B病毒后的预防性治疗首选药为Valacyclovir,口服,1 g,3次/天,14天;需要更换用药时,Acyclovir,口服,800 mg,5次/天,14天;对怀孕妇女也主张用Acyclovir。如用药2周后仍未出现临床症状,停止用药。患者一旦出现B病毒感染症状或实验室检测确证指标,改为针对B病毒感染的治疗方案,静脉给药。同时进行全面的检查,特别注意皮肤病变和神经系统症状;进行病变处、眼结膜及咽部的B病毒培养,血清抗体检测及血、尿常规检测;神经系统检测包括脑核磁共振、脑电图及脑脊液(CSF)检查。脑脊液用于病毒培养和PCR检测。美国CDC对B病毒感染的治疗推荐用法为:在未出现中枢神经系统症时,Acyclovir静脉给药,12.5~15 mg每千克体重,8小时1次;需要更换用药时,Ganciclovir,静脉给药,5 mg每千克体重,12小时1次;出现中枢神经系统症时,Ganciclovir,静脉给药,5 mg每千克体重,12小时1次。停止静脉给药的指征为:症状消失和两次病毒培养阴性。但大多数专家不主张停药,而是改用同等剂量的预防性治疗口服用药,半年到一年后减少用量。至于药量需减至多少和何时停药合适仍不清楚,有些专家主张终生服药。对治疗效果的评估,大多数专家建议,在停药后的前几周内,至少每周在眼结膜或口腔黏膜处取样进行病毒培养,如果连续两周或两周以上培养结果为阴性,改为一年1~2次取样培养。如再次出现临床症状,应立即进行病毒培养。

八、风 险 管 理

(一)中国法律法规的有关规定

中国目前涉及动物卫生管理的法律法规主要包括:《中华人民共和国进出境动植物检疫法》及其实施条例和《中华人民共和国动物防疫法》。

《中华人民共和国进出境动植物检疫法》第一章第五条规定:国家禁止动植物疫情流行的国家和地区的有关动植物、动植物产品和其他检疫物进境。《中华人民共和国进出境动植物检疫法实施条例》第一章第四条规定:国(境)外发生重大动植物疫情并可能传入中国时,国务院农业行政主管部门可以公布禁止从动植物疫情流行的国家和地区进境的动植物、动植物产品和其他检疫物的名录。

(二) OIE 关于 B 病毒病的规定

OIE《国际陆生动物卫生法典》(2016 年)在非人灵长类动物传播的人兽共患病章节(第 6.11 节)中规定,对野外捕获或未经出口国官方兽医全程监管的进境非人灵长类动物,进口国官方兽医应对动物进行不少于 12 周的隔离检疫;对经出口国官方兽医全程监管的进境非人灵长类动物,进口国官方兽医应对动物进行不少于 30 天的隔离检疫。期间应对动物进行乙肝病毒(仅对长臂猿等大型猿类开展)、结核杆菌、微生物病原(沙门氏菌、志贺氏菌、耶尔森菌等)、体内外寄生虫检验检疫。此外,尽管本法典未特别针对像麻疹、甲肝、猴痘、马尔堡或埃博拉等病推荐检测或应对方案,进口国官方兽医应该认识到这些疾病的重要公共卫生意义。官方兽医应该认识到,如果动物感染了这些疾病,在 12 周的检疫期内可以通过观察临床症状对动物进行剔除。对于某些人兽共患的病毒病,例如 B 病毒,目前诊断检测 B 病毒尚没有成熟可靠的方法,包括其他疱疹病毒或反转录病毒等可以隐性传播并终身携带的病毒,所以在进口时不可能完全诊断和剔除感染此类病毒的动物。因此,为了保证人类的安全和健康,在与非人灵长类动物接触时,必须严格执行本法典 6.11.7 小节中提出的预防措施。

6.11.7 小节中规定,官方部门应鼓励相关生产管理机构,对员工暴露于非人灵长类动物及其体液、排泄物或组织(包括尸检)时按照以下推荐操作:

a. 向员工提供正确的接触非人灵长类动物及其体液、排泄物或组织的培训,注意人兽共患病防护和个人安全。

b. 向员工说明某种动物可以终身携带某些人兽共患病病原,比如猕猴属动物携带 B 病毒。

c. 保证员工遵守个人卫生规范,包括穿上防护服,禁止在可能感染病毒的区域吃东西、喝水和抽烟。

d. 对员工进行个人健康体检,检查项目包括结核杆菌、肠道致病菌和体内寄生虫,以及其他认为有必要的项目。

e. 制定适当的员工接种免疫计划,包括破伤风、麻疹、小儿麻痹、狂犬病、甲肝和乙肝及其他来自非人灵长类动物原产地的流行病。

f. 建立预防和治疗通过抓咬传播的人兽共患病,比如狂犬病和疱疹病毒的制度。

g. 制作员工从事接触非人灵长类动物及其体液、排泄物或组织的工作卡,生病时可向医院出具该卡以说明情况。

h. 对动物的尸体、体液、排泄物和组织应进行正确的处理,不能危害到公共健康安全。

(三) 风险管理措施

为防止 B 病毒病传入,应参照 OIE 的规定,考虑来自 B 病毒病国家或地区的猕猴属动物传播 B 病毒病的风险。随着对 B 病毒病的深入研究,已有许多有效的检验检疫技术和防制措施,许多国家根据国际贸易的发展需要对从有该病的国家进口动物采取较为灵活的政策,在保证安全的情况下并采取严格的检验检疫措施,允许某些有较高经济价值的良种动物进口。建议采取以下风险管理措施:

1. 目前 B 病毒检测方法有一定的局限性,建议采用多种方法和试剂进行多次比对,认真筛选和剔除 B 病毒阳性动物。

2. 对于具有较高经济效益的种用猕猴属动物,进口时应满足下列条件:

(1) 国家条件:

a. 输出国家或地区的兽医服务机构经过评估;

b. 动物装运前两年内该国家或地区未发生 B 病毒病疫情;

c. 有关生产饲养企业在中国注册登记。

(2) 与输出国家签订双边检疫和卫生条件议定书,B 病毒病的检疫和卫生要求如下:

a. B 病毒病的检疫按照双边签署的《中华人民共和国进口非人灵长类动物的检疫和卫生要求》和 OIE《国际动物卫生法典》的规定进行;

b. 进境后 B 病毒病检疫结果为阳性的,对感染动物进行扑杀销毁处理。

参 考 文 献

[1] DAVID E,RICHARD E. Monkey B virus (Cercopithecine herpesvirus 1)[J]. Comparative Medicine,2008,58:11-22.

[2] 饶军华,刘晓明,王海英,等. B 病毒感染的预防和治疗方法[J]. 中国比较医学杂志,2005,15(4):240-243.

[3] 郭秀婵. B 病毒感染及防治[J]. 病毒学报,2005,21(6):481-484.

[4] 中华人民共和国卫生部. 人间传染的病原微生物名录[Z]. 2006.

[5] 农业部,国家质量监督检验检疫总局. 中华人民共和国进境动物检疫疫病名录[Z]. 2013.

［6］　OIE. Terrestrial Animal Health Code［Z］. 2016.

［7］　中华人民共和国国家质量监督检验检疫总局. 实验动物猕猴疱疹病毒Ⅰ型（B 病毒）检测方法：GB/T 14926.60—2001［S］. 北京：中国标准出版社,2005.

［8］　中华人民共和国国家质量监督检验检疫总局. 猴 B 病毒相关抗体检测方法：SN/T 1177—2003［S］. 北京：中国标准出版社,2003.

盘宝进　广西出入境检验检疫局检验检疫技术中心研究员。主要从事动物、实验动物检验检疫与研究工作。国家质量监督检验检疫总局国家灵长类实验动物检测重点实验室主任、进出境野生动物检验检疫专家组成员，中国实验动物学会灵长类实验动物专业委员会委员，国家认证认可监督管理委员会动物检疫领域技术评审专家。《实验动物与比较医学》期刊编委。完成国家科技重大专项子课题 1 项，先后主持和参与了 20 余项省部级科研和标准制修订项目研究。获省部级二等奖 5 项、三等奖 7 项，广西农业科技成果重奖 1 项，第六届广西青年科技奖。制修订国家和行业标准 6 项,发表论文 50 余篇,合著著作 2 部。

蝙蝠生态学与病原学

张树义

沈阳农业大学畜牧兽医学院，沈阳

一、蝙蝠的重要性及其生态、行为和生理的特殊性

蝙蝠是非常重要的哺乳动物类群，其重要性在于它们大量捕食甲虫、蛾、蚊子等农林业和卫生害虫。一般来说，一只食虫蝙蝠每个活动的夜晚吃掉相当于自身体重的 1/4 到 1/2 的昆虫；一只 20 g 的食虫蝙蝠一个夜晚便能够吃掉 5～10 g 昆虫，一年便可吃掉几公斤害虫。而有的食虫蝙蝠群体数量可达几万只、几十万只甚至更多，每年吃掉的害虫可想而知。除了食虫蝙蝠，蝙蝠家族还有一类是以水果和花蜜为食的果蝠，它们在自然界为森林里的植物传授花粉和传播种子，对森林的正常演替起到重要作用[1]。这些果蝠有时也会食用人类栽培的水果，比如龙眼和荔枝等，造成一定的经济损失。

蝙蝠在生态、行为和生理方面，也有一些相对的特殊性。比如回声定位蝙蝠，具有强大的使用超声波回声定位的能力；分布在温带或者寒带地区的蝙蝠，具有很强的冬眠能力；有些种类的蝙蝠有精子储存和延迟发育现象[2]；个别种类的果蝠甚至有月经[3]。这为科学研究提供了很好的动物模型。

二、蝙蝠的分类与进化

在 20 世纪以及更早的时间里，研究蝙蝠的学者一直根据蝙蝠的体型、食性、视觉与回声定位等特征，把蝙蝠分为大蝙蝠亚目和小蝙蝠亚目。然而，这种传统的分类认知在 2005 年被更改。2005 年，Teeling 等[4]根据分子证据和化石证据将翼手目划分为阴亚目（Yinpterochiroptera）和阳亚目（Yangochiroptera）以及 17 个科，这种分类方法越来越得到本领域学者的普遍认可。

在蝙蝠的进化方面，有两个问题是经典的：蝙蝠的祖先是先飞行还是先回声定位？蝙蝠的回声定位是单起源还是多起源？2008 年，Simmons 等[5]通过化石证据发现原始的蝙蝠有充分发育的翅膀，显然能够进行动力飞行；但耳朵区域的形态表明，它不能进行回声定位。最近，我们的研究揭示蝙蝠回声定位是单起源

的[6]。

关于蝙蝠功能基因进化方面的研究,最近十年取得了长足的进展且主要是由我国学者完成的,覆盖了蝙蝠的发声、听觉、视觉、嗅觉、甜觉感受、维生素 C 合成、食性与食物消化等多方面[7-16]。

三、蝙蝠携带很多"致命"的病毒

21 世纪以来,蝙蝠引起人们的高度关注,这与 SARS 的暴发密切相关。2003年春季,我国暴发了"非典",这场突如其来的新发传染病起初被认为来自果子狸,随后一系列的研究证实中华菊头蝠为 SARS 病毒的自然宿主,果子狸为中间宿主。尽管人类可能永远都无法精确地复原 SARS 暴发的详细过程,但该病毒从中华菊头蝠传播给广东地区野生动物市场的果子狸,病毒在果子狸体内大量复制然后再通过呼吸或者食用传给人类,这个路径应该是清晰和准确的[17-19]。

2006 年,澳大利亚和马来西亚的学者在马六甲发现了一种与 SARS 病毒亲缘关系很近的病毒,并将其命名为"马六甲病毒"。发现的经过是马六甲州一名男子与蝙蝠接触后出现高烧和呼吸系统疾病,学者们随后发现了由蝙蝠携带的该病毒[20]。

除了 SARS 病毒和马六甲病毒,2012 年暴发的中东呼吸综合征(MERS)病毒似乎也与蝙蝠关系密切。MERS 病毒也是冠状病毒,该病毒一直被认为是通过骆驼传给人类。研究人员在沙特采集了 200 多头单峰驼血液样本,结果发现74% 的样本中都存在这种病毒。由于中东地区人们与骆驼接触频繁,骆驼被认为是把该病毒传给人类的直接凶手。然而,种种迹象表明,骆驼可能是把 MERS病毒传给人类的直接媒介,而蝙蝠才可能是该病毒的自然宿主[21]。而且,在我国的蝙蝠身上也发现了与 MERS 病毒亲缘关系很近的病毒[22]。

不仅如此,蝙蝠还是很多其他病毒的自然宿主,其中"经典的"例子就是以吸血蝙蝠为代表的蝙蝠所携带的狂犬病病毒,经常在拉丁美洲造成当地人的死亡。当然,携带狂犬病病毒的不仅仅是吸血蝙蝠,很多食虫蝙蝠都可能携带该病毒,而且蝙蝠携带的病毒造成人狂犬病死亡的病例在我国也有过报道[23]。

携带 SARS 病毒、马六甲病毒、MERS 病毒、狂犬病毒的都是食虫蝙蝠,而以水果为食的果蝠同样携带对人类致命的病毒,体型硕大的狐蝠便是 Nipah 病毒和 Hendra 病毒的自然宿主。Nipah 病毒是 1999 年被发现的人兽共患病病毒,其名称来源于第一次在马来西亚被发现时的地名。Nipah 病毒与 1994 年被发现的 Hendra 病毒亲缘关系很近,Hendra 病毒也是根据其第一次出现的澳大利亚一小镇而命名的。两种病毒同属副黏液病毒科,传播过程是 Nipah 病毒由狐蝠携带传播给猪,随后感染人,引起严重的呼吸道疾病,并会导致死亡;Hendra 病毒则是由狐蝠携带传播给马。

除了 Nipah 病毒和 Hendra 病毒，另外一个更"著名"或者说更"臭名昭著"的病毒——埃博拉病毒的自然宿主也是非洲的果蝠。早在 2005 年，Leroy 等[24]便揭示非洲的三种果蝠是埃博拉病毒的宿主。而 2014 年在西非暴发、导致 1 万多人死亡的埃博拉疫情，被普遍认为是一个儿童吃果蝠引发的，随后出现人传人。

除了以上大家熟知的病毒，还有很多病毒与蝙蝠密切相关。最近，我们的研究揭示，蝙蝠是至少 19 个科的病毒的自然宿主[25]。

四、蝙蝠的行为生态及其与所携带病毒的协同进化

那么，蝙蝠为什么会是如此多病毒的自然宿主呢？原因可能有以下很多方面。

（1）蝙蝠的进化历史超过 5 000 万年，在如此漫长的进化过程中，有机会与很多病毒发生协同进化关系。

（2）蝙蝠的种类非常多，超过 1 100 种，占兽类种类的 1/4 以上。不同种类的蝙蝠可能携带不同种类的病毒，因此蝙蝠家族所携带病毒的种类显得很庞大。

（3）蝙蝠在地球的分布范围非常广，因此不同地区的病毒会与当地的蝙蝠接触，并协同进化。

（4）很多种类的蝙蝠都居群生活，病毒容易在不同个体之间相互传播。

（5）有些种类的蝙蝠可以迁徙，其迁徙所经过的不同地区的病毒都可能与之发生接触并协同进化。

（6）不同种类的蝙蝠所栖息的微环境有很大差别，包括洞穴、古建筑等，因此不同微环境的病毒可以与不同种类的蝙蝠接触并协同进化。

（7）蝙蝠个体寿命很长，很多可以达到 20~30 年；在如此长的生命时间里，与病毒接触的概率大。

（8）很多栖息在温带和寒带地区的蝙蝠可以冬眠，因此是病毒"理想的"宿主。

（9）蝙蝠的食性多样，有捕食昆虫的，有吃水果的，也有捕食青蛙、鸟、鱼的，因此病毒可能进行跨物种传播，随后与蝙蝠协同进化。

（10）有些种类的蝙蝠，也许对某些病毒具有特殊的免疫能力。

五、保护蝙蝠与人类健康

尽管很多蝙蝠携带形形色色的病毒，有些病毒还对人类致命。但这是自然界正常的现象，是病毒与蝙蝠宿主长期协同进化的结果。在正常的自然状态下，人类在地面活动，蝙蝠在天空飞行；人类有自己的居所，与蝙蝠不发生接触，即便

偶尔有蝙蝠飞入室内,也可以轻松地驱逐出去。在拉丁美洲,吸血蝙蝠袭击人的事件是相对特殊的个例,是当地居民夜晚在暴露的空间睡觉才会发生的。所以,多数情况下,蝙蝠引发的传染病是由于人类直接或间接食用蝙蝠造成的(例如SARS、埃博拉病毒的暴发);少数情况下,是人类砍伐森林导致果蝠扩散到人类居住的环境造成的(例如 Nipah 病毒的暴发)。所以,人与蝙蝠和平共处的钥匙,主要还是掌握在人类手中。

反过来讲,如果地球没有了蝙蝠,那便很快会出现大麻烦:很多地区将会立刻出现害虫大暴发;随之而来的是化学杀虫剂的大量使用,以及长期依赖越来越大剂量、高浓度的杀虫剂来控制害虫的种群数量。如此,会导致鸟类等其他害虫的天敌逐渐消亡,生态系统崩溃,人类健康受到巨大威胁。另外,如果没有果蝠传授花粉和传播种子,热带雨林里的一些植物物种也将会逐渐地消亡。

参 考 文 献

[1] TANG Z,SHENG L,PARSONS S,et al. Fruit-feeding behaviour and use of olfactory cues by the fruit bat *Rousettus leschenaulti*:an experimental study [J]. Acta Theriologica,2007,52(3):285-290.

[2] WANG Z,SHI Q X,WANG Y L,et al. A reproductive cycle and sperm storage of the male rickett's big-footed bat (*Myotis ricketti*) [J]. Acta Chiropterologica,2008,10:161-167.

[3] ZHANG X P,ZHU C,LIN H Y,et al. Wild fulvous fruit bats (*Rousettus leschenaulti*) exhibit human-like menstrual cycle [J].Biology of Reproduction,2007,77(2):358-364.

[4] TEELING E C,SPRINGER M S,MADSEN O,et al. A molecular phylogeny for bats illuminates biogeography and the fossil record [J]. Science,2005,307(5709):580-584.

[5] SIMMONS N B,SEYMOUR K L,HABERSETZER J,et al. Primitive Early Eocene bat from Wyoming and the evolution of flight and echolocation [J]. Nature,2008,451(7180):818-821.

[6] ZHE W,ZHU T,XUE H,et al. Prenatal development supports a single origin of laryngeal echolocation in bats [J]. Nature Ecology & Evolution,2017,1(2):21-23.

[7] LI G,WANG J,ROSSITER S J,et al. The hearing gene Prestin reunites echolocating bats [J]. Proceedings of the National Academy of Sciences of the United States of America,2008,105(37):13959-13964.

[8] ZHAO H,ROSSITER S J,TEELING E C,et al. The evolution of color vision in nocturnal mammals [J]. Proceedings of the National Academy of Sciences of the United States of America,2009,106(22):8980-8985.

[9] ZHAO H,ZHOU Y,PINTO C M,et al. Evolution of the sweet taste receptor gene *Tas1r2* in bats [J]. Molecular Biology & Evolution,2010,27(11):2642-2650.

[10] LIU Y,COTTON J A,SHEN B,et al. Convergent sequence evolution between echolocating

bats and dolphins [J]. Current Biology Cb,2010,20(2):R53-54.

[11] CUI J,PAN Y H,ZHANG Y,et al. Progressive pseudogenization:vitamin C synthesis and its loss in bats [J]. Molecular Biology & Evolution,2011,28(2):1025-1031.

[12] ZHAO H B,XU D,ZHANG S Y,et al. Widespread losses of vomeronasal signal transduction in bats [J]. Molecular Biology & Evolution,2011,28(1):7-12.

[13] ZHAO HB,XU D,ZHANG S Y,et al. Genomic and genetic evidence for the loss of umami taste in bats [J]. Genome Biology and Evolution,2012,4(1):73-79.

[14] LIU Y,HAN N J,FRANCHINI L F,et al. The voltage-gated potassium channel subfamily KQT member 4 (KCNQ4) displays parallel evolution in echolocating bats [J]. Molecular Biology & Evolution,2012,29(5):1441-1450.

[15] LIU Y,XU H H,YUAN X P,et al. Multiple adaptive losses of alanine-glyoxylate aminotransferase mitochondrial targeting in fruit-eating bats [J]. Molecular Biology & Evolution,2012,29(6):1507-1511.

[16] LIU Y,HE G,XU H,et al. Adaptive functional diversification of lysozyme in insectivorous bats [J]. Molecular Biology & Evolution,2014,31(11):2829-2835.

[17] LI W D,SHI Z L,YU M,et al. Bats are natural reservoirs of SARS-like coronaviruses.[J]. Science,2005,310(5748):676-679.

[18] TANG X C,LI G,VASILAKIS N,et al. Differential stepwise evolution of SARS coronavirus functional proteins in different host species [J]. BMC Evolutionary Biology,2009,9(1):52.

[19] GE X Y,LI J L,YANG X L,et al. Isolation and characterization of a bat SARS-like coronavirus that uses the ACE2 receptor [J]. Nature,2013,503(7477):535-538

[20] CHUA K B,CRAMERI G,HYATT A,et al. A previously unknown reovirus of bat origin is associated with an acute respiratory disease in humans [J]. Proceedings of the National Academy of Sciences of the United States of America,2007,104(27):11424-11429.

[21] YANG Y,DU L Y,LIU C,et al. Receptor usage and cell entry of bat coronavirus HKU4 provide insight into bat-to-human transmission of MERS coronavirus [J]. Proceedings of the National Academy of Sciences of the United States of America,2014,111(34):12516-12521.

[22] YANG L,WU Z,REN X,et al. MERS-related betacoronavirus in *Vespertilio superans* bats, China [J]. Emerging Infectious Diseases,2014,20(7):1260-1262.

[23] TANG X C,LUO M,ZHANG S,et al. Pivotal role of dogs in rabies transmission,China [J]. Emerging Infectious Diseases,2005,11(12):1970-1972.

[24] LEROY E M,KUMULUNGUI B,POURRUT X,et al. Fruit bats as reservoirs of Ebola virus [J]. Nature,2005,438(7068):575-576.

[25] WU Z,LI Y,REN X,et al. Deciphering the bat virome catalog to better understand the ecological diversity of bat viruses and the bat origin of emerging infectious diseases [J]. The ISME Journal,2016,10(3):609.

张树义 沈阳农业大学畜牧兽医学院教授。先后入选中国科学院"百人计划"和国家百千万人才工程第一、二层次培养计划,得到国家自然科学基金委"杰出青年基金"和教育部"长江学者团队"项目资助。获国家科技进步奖二等奖、上海市自然科学奖一等奖。在 *Science*、*Nature*、*Nature Ecology and Evolution*、*PNAS* 等期刊发表论文 100 余篇,文章被 SCI 期刊他引 3 000 余次。

塞内卡病毒病研究进展

张永宁　吴绍强　林祥梅　李新实

中国检验检疫科学研究院动物检疫研究所,北京

2002 年,美国遗传治疗公司(Genetic Therapy Inc.)的科研人员在利用人胚胎视网膜细胞(PER.C6)培养腺病毒的过程中发现存在未知病原体污染[1],经过病原分离与鉴定发现,该病原体具有微 RNA 病毒科(Picornaviridae)家族成员的形态特征与分子结构[1];系统进化分析表明,该病原与心病毒属(Cardiovirus)相关病毒的亲缘关系较近,但两者又存在许多不同之处(如 IRES 类型、2A 蛋白长度等),据此而将该病原归为微 RNA 病毒科的一个新属,并以其为原型毒株命名为"塞内卡谷病毒"(Seneca Valley virus,SVV)[1]。随后研究发现,SVV 具有溶瘤属性而被应用于人类癌症的治疗[2-4]。2015 年,国际病毒分类委员会(ICTV)将SVV 更名为"A 型塞内卡病毒"(Senecavirus A,SVA),其所在的属命名为"塞内卡病毒属"(Senecavirus)[5]。尽管早期的 SVA 分离株对人类和动物无明显的致病性[2-3],但近年来越来越多的研究表明,SVA 与猪原发性水泡病(PIVD)和新生仔猪死亡率升高密切相关[6],尤其 2014 年以来,巴西和美国等国家众多猪群暴发水泡疫情[7-8],SVA 因对养猪业的危害才逐渐引起人们的广泛关注。

一、病　原　学

(一) 分类

SVA 归属微 RNA 病毒科(Picornaviridae)塞内卡病毒属(Senecavirus),与心病毒属(Cardiovirus)中的成员亲缘关系相对较近[1,9],如脑心肌炎病毒(encepha-lomyocarditis virus)和泰勒病毒(Theilovirus)。

(二) 形态与结构

SVA 病毒粒子呈二十面体结构,无囊膜,直径为 25 ~ 30 nm[9]。其基因组为单股正链 RNA,全长 7.8 kb 左右,分别由 5′端非编码区(5′UTR)、一个编码多聚蛋白的开放阅读框(ORF)和 3′端非编码区(3′UTR)组成;其中,5′UTR 包含基因

组连接蛋白(VPg)序列和IV型内部核糖体进入位点(IRES),3′UTR下游含有一个poly(A)尾巴(图1)。SVA基因组只有一个ORF,具有微RNA病毒科病毒基因组的共同特点,即呈L-4-3-4分布(图1)[1,9]。虽然SVA的5′UTR没有"帽"结构,但其内部却存在poly(C)结构和IRES。IRES是存在于5′UTR与起始密码子AUG之间的一个调控内部翻译起始的顺式作用元件,它可以有效地引导核糖体进入病毒途径起始mRNA的翻译而非细胞途径[10]。在IRES的引导下,核糖体将SVA唯一的ORF翻译成"多聚蛋白",然后在病毒编码的特定蛋白酶的作用下,多聚蛋白首先被裂解成先导蛋白(L)和P1、P2、P3三个蛋白中间体,P1又进一步裂解成1A、1B、1C和1D(分别对应于VP4、VP2、VP3和VP1)四种结构蛋白,而P2裂解成2A、2B和2C三种非结构蛋白,P3则裂解成3A、3B、3C和3D四种非结构蛋白。其中,2A蛋白的C端存在微RNA病毒科病毒的保守基序NPG↓P,3B蛋白(即VPg蛋白)充当病毒RNA合成的引物,3D蛋白组成RNA依赖性RNA聚合酶(RdRp),参与病毒复制[1,9,11]。

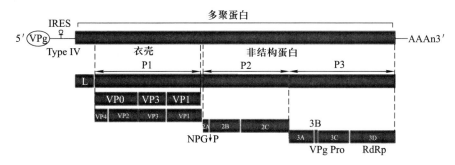

图1　A型塞内卡病毒基因组结构示意图[9]

(三)抗原性

SVA衣壳蛋白由VP1、VP2、VP3和VP4四种结构蛋白组成,其中VP1和VP3是主要的抗原表位区域,而VP1蛋白的抗原性强、相对保守[6],并且可以刺激机体产生中和抗体,为塞内卡病毒病的诊断提供了重要保障[6,12-14]。有研究表明,VP1和VP2蛋白与SVA的细胞嗜性有关,VP2和VP4蛋白的某些区域参与病毒核酸的包装[11]。SVA的非结构蛋白与基因组复制紧密相关,参与形成病毒的复制复合物[1]。

(四)培养特性

SVA在人胚胎视网膜细胞(PER.C6)、人肺癌细胞(NCI-H1299)等癌细胞系,以及猪睾丸细胞(ST)、猪肾细胞(PK-15、SK)和幼龄仓鼠肾细胞(BHK-21)

等细胞系上生长良好[1,15-18],能够产生明显的细胞病变(皱缩、聚集),随着培养时间的延长,细胞可以发生崩解现象。因此,可以利用上述细胞对 SVA 进行分离与培养。

(五) 理化特性

鉴于 SVA 与口蹄疫病毒(FMDV)均属于微 RNA 病毒科成员,推测两者应具有相似的理化特性,因此可以采用相同的消毒剂(如次氯酸钠、氢氧化钠、碳酸钠、0.2%柠檬酸等)和消毒方法对 SVA 污染的猪舍、环境、运输工具等进行消毒。最近有研究表明,过氧化氢可以有效杀灭 SVA、FMDV 和猪水泡病病毒(SVDV)[19];次氯酸盐类消毒剂(5.25%次氯酸钠)可以有效杀灭铝、不锈钢、橡胶、水泥和塑料表面污染的 SVA,其杀毒效果明显优于季铵盐类消毒剂(26%烷基二甲基苄基氯化铵和 7%戊二醛)和酚类消毒剂(12%邻苯基苯酚、10%邻苯基对氯苯酚和 4%对叔戊基苯酚)[20]。

二、流行病学

(一) 传染源

处于病毒血症期的猪是主要传染源,包括患病猪和隐性感染猪。其中,病猪的口鼻部、舌部和蹄部的水泡病灶中含有大量的病毒[8]。近来,有研究从美国明尼苏达州和巴西圣卡塔琳娜州的某些患病猪的水泡病灶与组织、环境样本、老鼠粪便及小肠中检测并分离到了 SVA;值得关注的是,在感染猪场和一个没有水泡病史的猪场采集到的苍蝇中也检测到了 SVA 核酸[21]。从老鼠和苍蝇样本中检测到 SVA 核酸,并且从老鼠粪便和小肠样本中成功分离到了 SVA 活毒,表明这些生物可能在 SVA 的流行病学中起到一定的作用。

(二) 传播途径

与 SVA 同病毒科的多数病毒既可以直接接触传播,也可以间接接触传播(如污染的饲料、饮水和器具等)。其中,FMDV 还可以通过气溶胶传播。虽然目前尚不清楚 SVA 是否也可以通过上述方式传播,但是人工感染试验证实,鼻内接种 SVA 可以使猪发病[16,22]。

(三) 易感动物

SVA 主要感染猪,不同性别、年龄阶段的猪(断奶前仔猪、保育猪、育肥猪)均可被感染[8,23-24]。国外有研究发现,猪、牛和鼠的血清中存在 SVA 的中和抗体,表明这些物种可能为 SVA 的自然宿主[25]。值得关注的是,通过对 60 份健康人血清的检测发现了 1 份 SVA 中和抗体阳性的血清(中和效价 1∶8),表明人类也可能是 SVA 的自然宿主[25]。

(四)流行特征

本病发生无明显的季节性,但春、秋两季发病率偏高[23]。

(五)发生与分布

自 20 世纪 80 年代起,澳大利亚、新西兰、意大利、加拿大、美国等国家的猪群经常发生病因不明的 PIVD,且在多数情况下排除了 FMDV、SVDV 和水疱性口炎病毒(VSV)感染的可能,但具体病因当时并未确诊[9,26-27]。2002 年,L. M. Hales 等成功分离和鉴定了 SVA 的原型毒株 SVV-001,并将其归类于微 RNA 病毒科塞内卡病毒属[1]。2006 年,N. J. Knowles 等分析了 12 株从美国不同的州出现水疱症状的猪体内分离到的微 RNA 病毒样(Picorna-like)的病毒,通过病毒中和试验和 RT-PCR 检测发现,这些毒株与 SVV-001 具有相同的抗原性,提示 SVA 感染可以导致猪发病[25];但是,由于当时仅对病毒的 VP1、2C 和 3′UTR 基因进行了测序与分析,却并未进行全基因组测序,因此这 12 株病毒是否均为 SVA,抑或是心病毒属的新成员尚有待于进一步证实。2007 年 6 月,美国明尼苏达州某屠宰场发现口鼻、蹄冠部出现水疱和溃疡的病猪,多数病猪伴有跛行现象;RT-PCR 检测证实,猪发生了 SVA 感染;追溯性调查发现,病猪来源于加拿大马尼托巴省的 7 个养猪场[26]。自 2007 年以来,加拿大和美国零星发生的 PIVD 逐渐被证实与 SVA 感染有关[26-27]。2014 年 11 月以来,巴西暴发与 SVA 有关的 PIVD,并造成 30%~70% 的新生仔猪急性死亡[8,24]。几乎同一时期,美国十几个州的猪群确诊暴发 SVA 感染,出现严重但短暂的新生仔猪发病和死亡,并伴随猪群出现水疱病变,给养猪业造成了较大的经济损失[14,23,28]。2015 年夏季,我国广东省某些猪场首次被证实暴发 SVA 疫情,病猪出现水疱症状、新生仔猪大量死亡[29-30]。2016 年 3 月,湖北省某养猪场也被确诊发生 SVA 感染[18]。

三、临床症状与病理变化

早期的 SVA 分离株对猪无明显的致病性,感染猪不出现临床症状[17,25]。近年来,越来越多的 SVA 分离株被证实可以使猪发病,成年猪感染初期出现厌食、嗜睡和发热等症状,随后病猪的鼻镜部、口腔上皮、舌和蹄冠等部位的皮肤与黏膜产生水疱,继而出现继发性溃疡和破溃现象,严重时蹄冠部的溃疡可以蔓延至蹄底部,造成蹄壳松动甚至脱落(图 2),病猪出现跛行现象;新生仔猪(7 日龄以内)死亡率显著增加(高达 30%～70%),有时伴有腹泻症状[8,16,22-24]。

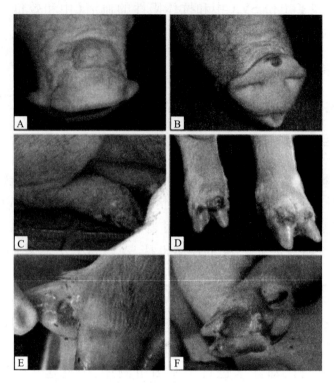

图2　A型塞内卡病毒感染猪的临床症状

A 猪鼻背侧出现水泡[9];B 猪鼻前端的水泡破裂后形成皮肤溃疡[9];C 猪后蹄冠状带周围形成水泡[26];

D 猪后蹄冠状带周围水泡破裂后形成溃疡和结痂[9];E 猪蹄趾间水泡破裂后形成溃疡和糜烂[22];F 足底垫上的水泡破裂后形成溃疡[30]

截至目前,SVA 感染猪的特异性病理变化尚不清楚。Q. Wu 等[30]通过剖检具有水泡症状的母猪发现,下颌和腹股沟淋巴结水肿、出血,肺气肿和小叶性肺炎,心脏充血、出血,肝脏和肾脏表面有白斑;组织病理学检查进一步发现,大脑中病变的神经细胞周围出现"卫星现象"和"噬神经现象",肺气肿,心肌充血出血,局灶性肝细胞坏死,肾脏局灶性淋巴细胞浸润和单核细胞浸润,小肠黏膜严重坏死和脱落,小肠黏膜、单核细胞和浆细胞中出现淋巴细胞浸润,肝小叶和肾间质中也存在局灶性的淋巴细胞和单核细胞浸润。剖检发病的仔猪发现,全身性淋巴结肿大、出血,局灶性间质性肺炎,心脏瓣膜、小脑和肾脏表面出血;组织病理学检查发现,局灶性间质性肺炎,肠黏膜脱落,猪蹄真皮和表皮中存在化脓性炎症、上皮细胞坏死和损伤,小脑存在非化脓性脑膜炎。此外,K. Singh 等[27]研究发现,SVA 感染除了导致猪出现水泡症状之外,还会诱发浆液性纤维素性腹膜炎和心包炎,局部广泛性出血性空肠炎和局灶性胃溃疡;显微观察可见病猪四肢末端皮肤损伤的部位发生表皮角化和角化不全的角化过度症、表皮增生,以及由中性粒细胞混合纤维蛋白等形成的局部溃疡。

四、检疫与诊断

(一)检疫

目前,世界动物卫生组织(OIE)尚未将塞内卡病毒病列入法定报告疾病名录,国内外针对该病尚无任何检疫标准可供参考。

(二)诊断

1. 临床诊断

根据临床症状和病理变化可对本病做出初步诊断,但确诊还需要实验室诊断。

2. 鉴别诊断

应该注意与口蹄疫、猪水泡病、水疱性口炎和猪水疱性疹等具有相似临床症状的疫病进行鉴别诊断。

3. 实验室诊断

(1)病原学诊断:

① 病毒分离与鉴定:可以利用 PER.C6、NCI-H1299、ST、PK-15、SK 和BHK-21 等细胞系从患病动物血清、水泡液及拭子等样品中分离 SVA[1,14-15,18,21]。借助电子显微镜、中和试验、免疫组化和荧光定量 RT-PCR 等实验技术对病毒进行鉴定[1]。

② 荧光定量 RT-PCR:美国农业部动植物检疫局(APHIS)的外来动物疫病诊断实验室针对 VP1 基因设计引物,建立了 SVA 的 SYBR Green 荧光定量 RT-PCR 检测方法[14];美国堪萨斯州立大学和爱荷华州立大学的科研人员分别针对 3D 基因和 5′UTR 设计引物和探针,建立了 SVA 的 TaqMan 探针荧光定量 RT-PCR 检测方法[6,31]。

③ 免疫组化:利用 SVA 特异性的单克隆抗体对患病动物的组织切片进行染色,藉此观察 SVA 的组织嗜性及其在组织中的分布情况[17,32-33]。

(2)血清学诊断:

① ELISA:M. Yang 等利用二乙烯亚胺(BEI)灭活的 SVA 包被 ELISA 板,分别建立了可以检测 SVA 抗体的间接 ELISA 和竞争 ELISA,临床检测结果表明,竞争 ELISA 的特异性略优于间接 ELISA[17];L. G. Gimenez-Lirola 等利用原核表

达的 SVA VP1 蛋白包被 ELISA 板,建立了 SVA 血清抗体的间接 ELISA 检测方法[6];C. M. Dvorak 等利用原核表达的 SVA VP1、VP2 和 VP3 蛋白分别包被 ELISA 板,或者将 3 种蛋白的混合物包被 ELISA 板,分别建立了 SVA 血清抗体的间接 ELISA 检测方法,通过对大量临床猪血清样品的检测发现,单独包被 VP2 蛋白的 ELISA 和包被 3 种蛋白混合物的 ELISA 的检测效果(敏感性和特异性)相近,但均优于单独包被 VP1 和 VP3 蛋白的 ELISA[13]。

② 间接免疫荧光试验:利用 SVA 感染的细胞(如 NCI-H1299)对患病动物的血清抗体进行间接免疫荧光检测[12-13,21]。

③ 病毒中和试验:利用已知数量的 SVA(通常为 $100TCID_{50}$)测定待检血清中是否存在中和抗体,并测定其效价[12,17]。

五、防 控 措 施

目前,针对该病尚无疫苗可用以及有效的治疗手段,可以采取如下措施加以应对。

1. 加强检疫工作

鉴于目前 OIE 尚未将塞内卡病毒病列入通报性疫病名录,也未被纳入《中华人民共和国进境动物检疫疫病名录》,该病随生猪及其产品国际贸易传播的风险较高。因此,应加强对来自疫区的货物、携带物、邮寄物、运输工具的查验和防疫消毒工作。同时,应考虑对从疫区国家进口的生猪及其遗传物质进行检验检疫,必要时可以采取暂停进口的措施。

2. 做好疫情处置工作

鉴于该病与口蹄疫、猪水泡病、水疱性口炎和猪水疱性疹具有非常相似的临床症状而难以区分,美国农业部规定,一旦发现猪出现水泡样临床症状,官方认证兽医应立即向州或联邦动物卫生官员通报疫情,并采取预防措施防止疫情蔓延,在得到国家外来动物疫病诊断实验室(FADDL)确诊之前暂停生猪转运[34]。由于目前我国尚未将该病列入官方动物疫病监控计划,缺乏相应的应急预案,发生 SVA 疫情时,建议参考口蹄疫的防控预案,实施严格的封锁捕杀策略,追溯疫情来源,严防疫情进一步扩散。

3. 开展疫情监测和检测技术储备工作

虽然我国已经出现了 SVA 感染病例[18,29-30],但目前该病主要集中在广东和湖北两省,未见其他省份出现临床感染的报道。因此,有必要在全国范围内开展 SVA 的流行病学调查,做到“早发现、早报告、早隔离、早诊断、早扑灭”,及时控制和扑灭疫情。此外,应尽快开展该病的检测技术研究,开发快速、灵敏、特异的病原学和血清学检测方法,增强我国口岸对该病的检疫把关能力,从容应对塞内卡病毒病疫情,切实保护我国养猪业。

<h1 style="text-align:center">六、结　语</h1>

尽管SVA在国外的猪群中已存在多年,但是近来的分离株才逐渐对猪呈现出明显的致病性,引起口蹄疫样的临床症状,给养猪业造成了相当大的经济损失。虽然SVA的危害不及FMDV严重,但是由于我国是口蹄疫疫区,SVA的存在必然干扰我国对口蹄疫的控制计划。鉴于此,有必要在全国范围内尽快开展SVA的流行病学调查,并做好检测技术储备工作,在提升口岸检疫把关能力的同时,又做到及时发现和扑灭SVA新疫情。

<h1 style="text-align:center">参 考 文 献</h1>

[1]　HALES L M,KNOWLES N J,REDDY P S,et al. Complete genome sequence analysis of Seneca Valley virus-001,a novel oncolytic picornavirus[J]. Journal of General Virology, 2008,89(Pt 5):1265-1275.

[2]　REDDY P S,BURROUGHS K D,HALES L M,et al. Seneca Valley virus,a systemically deliverable oncolytic picornavirus,and the treatment of neuroendocrine cancers[J]. Journal of the National Cancer Institute,2007,99(21):1623-1633.

[3]　BURKE M J. Oncolytic Seneca Valley virus:past perspectives and future directions[J]. Oncolytic Virotherapy,2016,5:81-89.

[4]　WADHWA L,HURWITZ M Y,CHéVEZBARRIOS P,et al. Treatment of invasive retinoblastoma in a murine model using an oncolytic picornavirus[J]. Cancer Research,2007,67 (22):10653-10656.

[5]　ADAMS M J,LEFKOWITZ E J,KING A M,et al. Ratification vote on taxonomic proposals to the International Committee on Taxonomy of Viruses (2015)[J]. Archives of Virology, 2015,160(7):1837-1850.

[6]　GIMENEZ-LIROLA LG,RADEMACHER C,LINHARES D,et al. Serological and molecular detection of Senecavirus A associated with an outbreak of swine idiopathic vesicular disease and neonatal mortality[J]. Journal of Clinical Microbiology,2016,54(8):2082-2089.

[7]　BAKER K L,MOWRER C,CANON A,et al. Systematic epidemiological investigations of cases of Senecavirus A in US swine breeding herds[J]. Transboundary & Emerging Diseases,2017,64(1):11-18.

[8]　VANNUCCI F A,LINHARES D C,BARCELLOS D E,et al. Identification and complete genome of Seneca Valley virus in vesicular fluid and sera of pigs affected with idiopathic vesicular disease,Brazil[J]. Transboundary & Emerging Diseases,2015,62(6):589-593.

[9]　SEGALÉS J,BARCELLOS D,ALFIERI A,et al. Senecavirus A:an emerging pathogen causing vesicular disease and mortality in pigs?[J]. Veterinary Pathology,2017,54(1):11-21.

[10] HELLEN C U,de BREYNE S. A distinct group of hepacivirus/pestivirus-like internal ribo-
      somal entry sites in members of diverse picornavirus genera:evidence for modular exchange
      of functional noncoding RNA elements by recombination [J]. Journal of Virology,2007,81
      (11):5850-5863.

[11] VENKATARAMAN S,REDDY S P,LOO J,et al. Structure of Seneca Valley virus-001:an
      oncolytic picornavirus representing a new genus [J]. Structure,2008,16(10):1555-
      1561.

[12] GOOLIA M,VANNUCCI F,YANG M,et al. Validation of a competitive ELISA and a virus
      neutralization test for the detection and confirmation of antibodies to Senecavirus A in
      swine sera [J]. Journal of Veterinary Diagnostic Investigation,2017,29(2):250-253.

[13] DVORAK C M,AKKUTAY-YOLDAR Z,STONE S R,et al. An indirect enzyme-linked
      immunosorbent assay for the identification of antibodies to Senecavirus A in swine [J].
      BMC Veterinary Research,2017,13(1):50.

[14] BRACHT AJ,O'HEARN ES,FABIAN AW,et al. Real-time reverse transcription PCR as-
      say for detection of Senecavirus A in swine vesicular diagnostic specimens [J]. PLoS
      One,2016,11(1):e0146211.

[15] HAUSE B M,MYERS O,DUFF J,et al. Senecavirus A in pigs,United States,2015 [J].
      Emerging Infectious Diseases,2016,22(7):1323-1325.

[16] CHEN Z,YUAN F,LI Y,et al. Construction and characterization of a full-length cDNA in-
      fectious clone of emerging porcine Senecavirus A [J]. Virology,2016,497:111-124.

[17] YANG M,van BRUGGEN R,XU W. Generation and diagnostic application of monoclonal
      antibodies against Seneca Valley virus [J]. Journal of Veterinary Diagnostic Investigation,
      2012,24(1):42-50.

[18] QIAN S,FAN W,QIAN P,et al. Isolation and full-genome sequencing of Seneca Valley vi-
      rus in piglets from China,2016 [J]. Virology Journal,2016,13(1):173.

[19] HOLE K,AHMADPOUR F,KRISHNAN J,et al. Efficacy of accelerated hydrogen perox-
      ide® disinfectant on foot-and-mouth disease virus,swine vesicular disease virus and Sene-
      cavirus A [J].Journal of Applied Microbiology,2017,122(3):634-639.

[20] SINGH A,MOR S K,ABOUBAKR H,et al. Efficacy of three disinfectants against Sene-
      cavirus A on five surfaces and at two temperatures [J]. Journal of Swine Health & Produc-
      tion,2017,25(2):64-68.

[21] JOSHI L R,MOHR K A,CLEMENT T,et al. Detection of the emerging Picornavirus Sene-
      cavirus A in pigs,mice,and houseflies [J]. Journal of Clinical Microbiology,2016,54
      (6):1536-1545.

[22] MONTIEL N,BUCKLEY A,GUO B,et al. Vesicular disease in 9-week-old pigs experi-
      mentally infected with Senecavirus A [J]. Emerging Infectious Diseases,2016,22(7):
      1246-1248.

［23］ CANNING P,CANON A,BATES J L,et al. Neonatal mortality,vesicular lesions and lameness associated with Senecavirus A in a U.S. sow farm ［J］. Transboundary & Emerging Diseases,2016,63(4):373-378.

［24］ LEME R A,OLIVEIRA T E,ALCÂNTARA B K,et al. Clinical manifestations of Senecavirus A infection in neonatal pigs,Brazil,2015 ［J］. Emerging Infectious Diseases,2016, 22(7):1238-1241.

［25］ KNOWLES N J,HALES L M,JONES B H,et al. Epidemiology of Seneca Valley virus: identification and characterization of isolates from pigs in the United States ［C］. Northern Lights EUROPIC. XIV Meeting of the European Study Group on the Molecular Biology of Picornaviruses. Saariselkä,Inari,Finland:2006:Abstract G2.

［26］ PASMA T,DAVIDSON S,SHAW S L. Idiopathic vesicular disease in swine in Manitoba ［J］. Canadian Veterinary Journal-revue Veterinaire Canadienne,2008,49(1):84-85.

［27］ SINGH K,CORNER S,CLARK S G,et al. Seneca Valley virus and vesicular lesions in a pig with idiopathic vesicular disease ［J］. Journal of Veterinary Science & Technology, 2012,3(6):123.

［28］ ZHANG J,PIÑEYRO P,CHEN Q,et al. Full-length genome sequences of Senecavirus A from recent idiopathic vesicular disease outbreaks in U.S. swine ［J］. Genome Announcements,2015,3(6):e01270-15.

［29］ WU Q,ZHAO X,CHEN Y,et al. Complete genome sequence of Seneca Valley virus CH-01-2015 identified in China ［J］. Genome Announcements,2016,4(1):e01509-15.

［30］ Wu Q,Zhao X,Bai Y,et al. The first identification and complete genome of Senecavirus A affecting pig with idiopathic vesicular disease in China ［J］. Transboundary & Emerging Diseases,2017,64(5):1633.

［31］ FOWLER V L,RANSBURGH R H,POULSEN E G,et al. Development of a novel real-time RT-PCR assay to detect Seneca Valley virus-1 associated with emerging cases of vesicular disease in pigs ［J］. Journal of Virological Methods,2017,239:34-37.

［32］ LEME R A,OLIVEIRA T E,ALFIERI A F,et al. Pathological,immunohistochemical and molecular findings associated with Senecavirus A-induced lesions in neonatal piglets ［J］. Journal of Comparative Pathology,2016,155(2-3):145-155.

［33］ YU L,BAXTER P A,ZHAO X,et al. A single intravenous injection of oncolytic picornavirus SVV-001 eliminates medulloblastomas in primary tumor-based orthotopic xenograft mouse models ［J］. Neuro-Oncology,2011,13(1):14-27.

［34］ Veterinary Services. Recommendations for swine with potential vesicular disease ［R］. 2016.

张永宁 1980 年生,山东日照人,副研究员。2011年 6 月,毕业于中国农业大学预防兽医学专业,获博士学位。2011 年 7 月进入中国检验检疫科学研究院参加工作,2013 年 12 月被聘为副研究员,主要从事外来动物疫病科研和技术支撑工作。近年来,主持国家重点研发计划课题、国家自然科学基金项目、质检总局科技计划项目等科研项目 5 项,参与国家科技支撑计划课题、质检公益专项等科研项目 3 项;开展了施马伦贝格病、小反刍兽疫等外来与新发动物疫病的检测技术研究,制定了施马伦贝格病等外来及新发动物疫病口岸检测技术标准并实现了相关科研成果的产业化,数次参与相关双边、多边技术交流与谈判,参与施马伦贝格病风险分析报告的起草。获"科技兴检奖"二等奖 1 项。2014 年入选中国检验检疫科学研究院"青年英才"计划,赴美国堪萨斯州立大学执行为期一年的外来与新发动物检测技术学习与交流。获授权国家发明专利 7项。发表论文 26 篇(其中 SCI 收录 6 篇);主持或参与制定行业标准 4 项(主持 1项);参编著作 3 部。

附录

参会人员名单

姓名	单位	职务/职称
樊代明	中国工程院	副院长/院士
贾敬敦	科技部中国农村技术开发中心	主任
徐卸古	军事医学科学院	副院长
赵增连	质检总局动植司	副司长
徐天昊	军事医学科学院科技部	部长
贾建生	国家林业局	副司长
许树强	国家卫计委应急办	主任
刘 艳	农业部科技教育司	副司长/教授
冯忠武	农业部兽医局	局长
姜 域	国家安全部六局	副局长
沈倍奋	军事医学科学院基础医学研究所	院士
郑静晨	中国人民武装警察部队总医院	院士
陈焕春	华中农业大学	院士
马建章	东北林业大学	院士
夏咸柱	军事医学科学院军事兽医研究所	院士
庞国芳	国家检验检疫总局	院士
李德发	中国农业大学	院士
印遇龙	中国科学院亚热带农业生态研究所	院士
沈建忠	中国农业大学	院士
金宁一	军事医学科学院军事兽医研究所	院士
南志标	兰州大学草地农业科技学院	院士
唐启升	中国水产科学研究院黄海水产研究所	院士
何跃忠	军事医学科学院	副部长
左家和	中国工程院二局	副局长
高锦平	国家安全部六局	调研员
吴 敬	国家卫计委	处长

续表

姓名	单位	职务/职称
罗　颖	国家林业局	处长
李新实	中国检验检疫科学研究院	院长
才学鹏	中国兽药监察所	所长
韩贵清	黑龙江省农科院	院长
焦新安	扬州大学	校长
王新华	新疆农垦科学院	院长/研究员
潘志明	扬州大学	院长
陈　薇	军事医学科学院生物工程研究所	所长/研究员
谭树义	海南省农业科学院畜牧兽医研究所	所长
钱　军	军事医学科学院军事兽医研究所	所长/研究员
林祥梅	中国检验检疫科学研究院	所长/研究员
胡孔新	中国检验检疫科学研究院	副院长
马洪超	中国动物卫生与流行病学中心	主任
廖　明	华南农业大学	副校长/教授
陈伟生	中国动物疫病预防控制中心	主任/教授
武桂珍	中国 CDC 病毒所	书记
卢金星	中国 CDC 传染病所	书记
蒋荣永	军事医学科学院军事兽医研究所	政委
韦海涛	北京动物疾病预防控制中心	主任
范　明	吉林省 CDC	主任
邓立权	吉林省 CDC	副主任
王振宝	伊犁出入境检验检疫局	兽医师
简中友	辽宁出入境检验检疫局	副处长
徐自忠	云南出入境检验检疫局	副局长/研究员
邱香果	加拿大公共卫生署国家微生物研究室	教授
范泉水	成都军区 CDC	研究员
李冬梅	中国工程院医药学部办公室	处长

姓名	单位	职务/职称
黄海涛	中国工程院农业学部办公室	处长
曹宗喜	海南省农业科学院畜牧兽医研究所	副书记/副研究员
赵心力	内蒙古动物疫病预防控制中心	主任
钟发刚	新疆农垦科学院畜牧兽医研究所	副所长/研究员
刘佩红	上海市动物疫病预防控制中心	主任
刘 棋	广西壮族自治区水产畜牧兽医局	主任
林志雄	广州出入境检验检疫局	主任/研究员
孙彦伟	广东省动物卫生监督所	副所长
陆家海	中山大学公共卫生学院	副院长/教授
张文兵	中国海洋大学	教授/副院长
宋艳艳	山东大学公共卫生学院	系主任/教授
马继红	中国动物疫病预防控制中心	兽医师
孙 雨	中国动物疫病预防控制中心	兽医师
王升启	军事医学科学院放射与辐射医学研究所	研究员
陈苏红	军事医学科学院放射与辐射医学研究所	研究员
周育森	中国军事医学科学院微生物流行病研究所	研究员
谭文杰	中国疾控中心病毒所应急技术中心	研究员
张永振	中国疾病预防控制中心传染病所	研究员
季新城	新疆出入境检验检疫局	研究员
郭学军	军事医学科学院军事兽医研究所	研究员
夏志平	军事医学科学院军事兽医研究所	研究员
刘文森	军事医学科学院军事兽医研究所	研究员
杨松涛	军事医学科学院军事兽医研究所	研究员
金梅林	华中农业大学	教授
吴聪明	中国农业大学	教授
张树义	沈阳农业大学畜牧兽医学院	教授
盘宝进	广西检验检疫局科技中心	实验室主任/研究员

续表

姓名	单位	职务/职称
韩 谦	海南大学热带农林学院	教授
曹兴元	中国农业大学	教授
杜向党	河南农业大学	教授
林 洪	中国海洋大学	教授
孙康泰	科技部中国农村技术开发中心	副研究员
李鹏燕	军事医学科学院继续教育处	处长
姜锡娟	军事医学科学院	
王晓军	军事医学科学院军事兽医研究所	主任
王 军	军事医学科学院军事兽医研究所	处长
黄宝英	中国疾控中心病毒病所	副研究员
张富强	成都军区 CDC	兽医科主任
赵平森	广东省梅州人民医院	副研究员
郑学星	山东大学公共卫生学院	副教授
周桂兰	北京动物疫病预防控制中心	高级兽医师
张志平	广东出入境检验检疫局	科长
邱利伟	中国农业出版社	副社长
丁玉路	中国科技产业杂志社	主任
张国芳	《科技日报》	主任
刘国玉	《中国网》	副主任
许巨良	《人民日报》	代表
木 舟	吉林省《城市晚报》	主任
樊双喜	中国工作犬业杂志社	社长
李 啸	中国工作犬业杂志社	记者
孙达文	中国工作犬业杂志社	记者
刘 源	中国工程院农业学部办公室	科员
王 庆	中国工程院农业学部办公室	科员
赵 谦	郑州亿必达生物科技有限公司	

续表

姓名	单位	职务/职称
田茂金	山东旭昶生物科技有限公司	总经理/技术总监
杜曼珺	郑州都市农业科学院	
刘琪琦	军事医学科学院放射与辐射医学研究所	助理研究员
林　显	华中农业大学	博士后
李智丽	佛山科技学院生命科学院	讲师
陈良君	中国疾病预防控制中心传染病所	博士研究生
申　捷	内蒙古动物疫病预防控制中心	科员
田宇飞	军事医学科学院军事兽医研究所	参谋
沈基飞	军事医学科学院宣传处	干事
赵　熙	军事医学科学院科技部继续教育处	参谋
李　昌	军事医学科学院军事兽医研究所	副研究员
王化磊	军事医学科学院军事兽医研究所	副教授
赵永坤	军事医学科学院军事兽医研究所	助理研究员
陈　威	军事医学科学院军事兽医研究所	科研助理
马国玺	军事医学科学院军事兽医研究所	干事
苏　哲	军事医学科学院军事兽医研究所	助理
白　冰	军事医学科学院军事兽医研究所	科研助理
张　微	军事医学科学院军事兽医研究所	科研助理
吕冠霖	军事医学科学院军事兽医研究所	科研助理
杜　鹏	军事医学科学院军事兽医研究所	非现役文职
闫飞虎	军事医学科学院军事兽医研究所	博士研究生
迟　航	军事医学科学院军事兽医研究所	博士研究生
吴芳芳	军事医学科学院军事兽医研究所	硕士研究生
李国华	军事医学科学院军事兽医研究所	博士研究生
李　岭	军事医学科学院军事兽医研究所	博士研究生
李恩涛	军事医学科学院军事兽医研究所	博士研究生
何　健	军事医学科学院军事兽医研究所	博士研究生

续表

姓名	单位	职务/职称
焦翠翠	军事医学科学院军事兽医研究所	硕士研究生
黄　培	军事医学科学院军事兽医研究所	硕士研究生
刘川玉	军事医学科学院军事兽医研究所	硕士研究生
王翠玲	军事医学科学院军事兽医研究所	硕士研究生
徐胜男	军事医学科学院军事兽医研究所	科研助理
张醒海	军事医学科学院军事兽医研究所	硕士研究生

后　记

科学技术是第一生产力。纵观历史，人类文明的每一次进步都是由重大科学发现和技术革命所引领和支撑的。进入 21 世纪，科学技术日益成为经济社会发展的主要驱动力。我们国家的发展必须以科学发展为主题，以加快转变经济发展方式为主线。而实现科学发展、加快转变经济发展方式，最根本的是要依靠科技的力量，最关键的是要大幅提高自主创新能力。党的十八大报告特别强调，科技创新是提高社会生产力和综合国力的重要支撑，必须摆在国家发展全局的核心位置，提出了实施"创新驱动发展战略"。

面对未来发展之重任，中国工程院将进一步加强国家工程科技思想库的建设，充分发挥院士和优秀专家的集体智慧，以前瞻性、战略性、宏观性思维开展学术交流与研讨，为国家战略决策提供科学思想和系统方案，以科学咨询支持科学决策，以科学决策引领科学发展。

工程院历来重视对前沿热点问题的研究及其与工程实践应用的结合。2000年元月，中国工程院创办了中国工程科技论坛，旨在搭建学术性交流平台，组织院士专家就工程科技领域的热点、难点、重点问题聚而论道。十余年来，中国工程科技论坛以灵活多样的组织形式、和谐宽松的学术氛围，打造了一个百花齐放、百家争鸣的学术交流平台，在活跃学术思想、引领学科发展、服务科学决策等方面发挥着积极作用。

中国工程科技论坛已成为中国工程院乃至中国工程科技界的品牌学术活动。中国工程院学术与出版委员会将论坛有关报告汇编成书陆续出版，愿以此为实现美丽中国的永续发展贡献出自己的力量。

中国工程院